실전

미적분학 1

윤형성 지음

서울대학교출판문화원

(실전) 미적분학 1

초판 1쇄 발행 2024년 8월 20일

지은이 윤형성

펴낸곳 서울대학교출판문화원
주소 08826 서울 관악구 관악로 1
도서주문 02-889-4424, 02-880-7995
홈페이지 www.snupress.com
페이스북 @snupress1947
인스타그램 @snupress
이메일 snubook@snu.ac.kr
출판등록 제15-3호

ISBN 978-89-521-3675-6 94410
978-89-521-3651-0 (세트)

머리말

이 책은 대학교 1학년 이공계 학부생을 대상으로 대학 미적분학의 정리들을 쉽게 이해할 수 있도록 구성되었으며, 기본 개념과 응용문제를 다루기 위한 목적으로 집필하였다. 기존 미적분학 교재들이 주로 수학적인 증명에 집중하는 경향이 있는 반면, 이 책은 정의, 정리 등을 도입할 때, 수학적인 개념의 Motivation, 발견적 교수법 및 기하학적 의미를 이해하는 것에 중점을 두고 있다. 이것은 이 책이 기존 미적분학 교재와 구별되는 가장 주목할 만한 특징이다. 이러한 접근 방식은 독자들이 추상적인 수학 개념을 시각적으로 이해하고 응용할 수 있도록 돕는다. 또한, 독자들의 학습 편차와 이해도의 차이를 고려하여 자세한 설명과 다양한 예시를 통해 내용을 쉽게 이해하고 습득할 수 있도록 하였다.

본문은 선별된 다양한 난이도의 예제들을 통해 정의와 정리 등을 응용하고 스스로 점검해 볼 수 있도록 구성하였다. 또한 저자가 강의 시간에 퀴즈로 출제했던 독창적인 유형의 문제와 서울대학교 교양수학 중간·기말고사 기출 변형 문제 및 시험에 자주 출제되는 유형의 문제들을 추가로 수록하였다. 이를 통해 독자들은 다양한 유형의 문제를 풀며 문제 해결 능력과 수학적인 사고력을 향상시킬 수 있을 것으로 기대된다.

1권에서는 테일러 전개, 기초적인 선형대수학 이론 및 곡선 이론을 다루었으며, 2권에서는 다변수함수의 미적분학과 벡터 해석을 주로 다루었다. 이 책은 주로 고등학교 자연계열에서 미적분학을 공부한 학생들을 대상으로 하며, 대학 미적분학의 초보적인 기법과 응용을 소개하는 데 초점을 두고 있기 때문에 이 책을 학습하기 전에 *Calculus* 9th Edition(Cengage Learning, 2020)의 1-5장을 먼저 학습하는 것을 권장한다. 이 책에 수록된 정리의 증명이 궁금한 독자는 기존 미적분학 서적에서 쉽게 찾을

수 있으며 대부분의 증명은 『미적분학 1·2(제3개정판)』(서울대학교출판문화원, 2023)에서 찾아볼 수 있다. 또한 본문에 사용된 그림은 모두 지오지브라(GeoGebra)를 이용하여 그렸음을 밝힌다.

수학은 어렵고 복잡한 분야일 수 있지만, 꾸준한 노력과 이해를 통해 독자들은 논리적인 사고와 문제 해결 능력을 키워 나가며, 수학의 아름다움과 실용성을 발견할 수 있다. 이 책이 학업과 성장을 향해 함께 나아가는 여정에서 동반자가 되길 희망한다. 저자는 이 책의 원고를 수년간 교정하며 오류를 바로잡았다. 그럼에도 불구하고 발견될 수 있는 모든 오류에 대한 책임은 전적으로 저자에게 있음을 밝힌다.

2024년 7월

윤형성

차례

머리말 iii

프롤로그 1

제1장 수열과 급수

1.1 수열의 극한 5
1.2 상극한과 하극한 7
1.3 단조 수렴 정리 10
1.4 급수의 정의와 성질 13
1.5 비교 판정법 15
1.6 거듭제곱근 판정법과 비율 판정법 23
1.7 적분 판정법 36
1.8 교대급수 판정법 42

제2장 거듭제곱급수

2.1 거듭제곱급수 51
2.2 거듭제곱급수의 기본정리 56
2.3 초월함수의 거듭제곱급수 63
2.3.1 이항급수 63
2.3.2 지수함수, 로그함수, 삼각함수의 거듭제곱급수 65
2.3.3 쌍곡함수 71
2.3.4 쌍곡함수의 거듭제곱급수 75

2.3.5 역함수 정리 76
2.3.6 역삼각함수의 미분법 78
2.3.7 역삼각함수의 거듭제곱급수 83
2.3.8 역쌍곡함수의 미분법 84
2.3.9 역쌍곡함수의 거듭제곱급수 86
2.4 미분방정식의 급수해 87

제3장 테일러 전개

3.1 미분가능성 계층과 함수공간 91
3.2 로피탈의 정리 93
3.2.1 지수함수와 로그함수의 증가율 95
3.2.2 수열의 극한과 로피탈의 정리 99
3.3 Little-o 표기법과 근사다항식 103
3.4 테일러 정리 112
3.4.1 테일러 정리와 근삿값 이론 112
3.4.2 테일러 급수 117
3.4.3 $x = a$에서 테일러 전개 119

제4장 좌표공간

4.1 n차원 좌표공간 125
4.2 거리공간 129
4.3 극좌표계 133
4.3.1 극좌표계의 정의 133
4.3.2 극좌표계와 직교좌표계의 관계 134
4.3.3 원뿔곡선과 극좌표계 139
4.4 원기둥좌표계와 구면좌표계 145

제5장 벡터와 공간의 기하학

5.1 유향선분과 벡터 151
5.2 벡터의 합과 상수배 152
5.3 위치벡터와 성분 153
5.4 표준단위벡터 156

5.5 벡터의 내적 157
5.5.1 내적의 성질 159
5.5.2 두 벡터 사이의 각 160
5.5.3 정사영 165
5.5.4 코시-슈바르츠 부등식과 삼각부등식 168
5.6 평면과 직선의 방정식 170
5.7 기하학적 중심과 질량중심 177
5.8 일차독립과 일차종속 178

제6장 행렬과 선형사상

6.1 행렬 189
6.1.1 행렬의 연산 190
6.1.2 전치행렬 191
6.1.3 정사각행렬 192
6.2 선형사상 198
6.3 선형대수학의 기본정리 202

제7장 행렬식

7.1 역행렬 213
7.1.1 2차 정사각행렬의 역행렬 216
7.2 치환 218
7.3 행렬식 220
7.3.1 2차 정사각행렬과 3차 정사각행렬의 행렬식 222
7.3.2 대각행렬과 삼각행렬의 행렬식 225
7.3.3 라플라스 전개와 수반행렬 226
7.3.4 행렬식의 성질 229
7.3.5 행렬식의 기하학적 의미 236

제8장 벡터곱

8.1 벡터곱의 정의 247
8.2 벡터곱의 성질 253

8.3 벡터곱의 응용 256
8.3.1 점과 직선 사이의 거리 256
8.3.2 두 직선 사이의 거리 257

제9장 곡선

9.1 곡선의 매개화 259
9.2 곡선의 미분 262
9.2.1 미분가능 곡선과 속도벡터 262
9.2.2 가속도벡터 272
9.3 접촉평면 275
9.4 극좌표계와 영역의 넓이 277
9.5 재매개화와 곡선의 길이 282
9.5.1 재매개화 283
9.5.2 곡선의 길이 289
9.5.3 호의 길이와 재매개화 295
9.6 선적분 303
9.6.1 선적분의 정의 303
9.6.2 함수의 평균값 306
9.6.3 곡선의 중심과 질량중심 307
9.7 곡선의 곡률 312
9.7.1 곡률의 정의 313
9.7.2 평면곡선과 공간곡선의 곡률 317
9.7.3 접촉원 322
9.7.4 평면곡선의 곡률벡터와 곡률중심 327

참고문헌 331
찾아보기 333

프롤로그

자연현상에서 발생하는 물리량들은 시간, 공간 등의 변수를 가지는 함수로 이해할 수 있다. 미적분학에서 다루는 기본적인 대상은 함수이며, 미적분학의 이론을 이용하면 함수가 가지는 여러 가지 성질을 파악할 수 있다. 그러나 함수의 성질을 직접 파악하기가 어려울 경우 이러한 함수들은 상대적으로 다루기 쉬운 함수로 근사하여 그 성질을 파악한다. 여기서 상대적으로 다루기 쉬운 함수란 도함수와 부정적분을 초등함수로 표현할 수 있고, 함숫값의 계산이 용이하여 그래프를 쉽게 그릴 수 있어 함수의 성질이 쉽게 파악되는 함수를 의미한다. 초등함수는 다항함수, 지수함수, 로그함수, 삼각함수 및 이들의 역함수에 대한 사칙연산과 함수의 합성으로 표현할 수 있는 함수를 의미한다.

예제 다음 함수에 대하여 $f(1)$ 과 도함수를 구하시오. 또 부정적분을 구하고 초등함수로 표현 가능한지 판정하시오.

(1) $f(x) = x^6 + 9x^5 + 8x^4 + 6x^3 + 6x^2 + x + 4$

(2) $g(x) = \sin(x^2)$

(3) $h(x) = \displaystyle\int_{x^2}^{x^3+1} \frac{1}{y} e^{xy^2}\, dy$

풀이 (1) $f(1) = 35$ 이고, 함수 f 의 도함수는 다음과 같다.

$$f'(x) = 6x^5 + 45x^4 + 32x^3 + 18x^2 + 12x + 1.$$

또한 함수 f 의 부정적분은

$$\int f(x)\, dx = \frac{1}{7}x^7 + \frac{3}{2}x^6 + \frac{8}{5}x^5 + \frac{3}{2}x^4 + 2x^3 + \frac{1}{2}x^2 + 4x + C$$

이므로 초등함수로 표현 가능하다.

(2) $g(1) = \sin 1$ 이고, 함수 g 의 도함수는 연쇄법칙에 의해

$$g'(x) = 2x\cos(x^2)$$

이다. 한편 함수 g 의 부정적분은

$$G(x) = \int_a^x \sin(t^2)\,dt$$

이므로 초등함수로 표현할 수 없다.

(3) 함수 $\frac{1}{y}e^{y^2}$ 의 부정적분은 초등함수로 표현할 수 없으므로

$$h(1) = \int_1^2 \frac{1}{y}e^{y^2}\,dy$$

의 참값 역시 초등함수의 함숫값으로 표현할 수 없다. 함수 h 의 도함수

$$h'(x) = \frac{d}{dx}\int_{x^2}^{x^3+1} \frac{1}{y}e^{xy^2}\,dy$$

는 적분 구간뿐만 아니라 피적분 함수 $\frac{1}{y}e^{xy^2}$ 이 x 에 의존하므로 미적분학의 기본정리를 바로 적용할 수 없고, 지금까지 공부한 미적분 이론만으로는 도함수를 구할 수가 없다. 실제로 라이프니츠 정리를 배우게 되면

$$h'(x) = \frac{7x^3+1}{2x(x^3+1)}\,e^{x(x^3+1)^2} - \frac{5}{2x}\,e^{x^5}$$

임을 안다. 끝으로 함수 h 의 부정적분은

$$H(x) = \int_a^x \int_{t^2}^{t^3+1} \frac{1}{y}e^{ty^2}\,dy\,dt$$

이므로 초등함수로 표현할 수 없다. □

앞의 예제는 다항함수가 다른 함수들에 비해 상대적으로 다루기 쉬운 함수라는 것을 보여 준다. 실제로 다항함수 f 는 도함수와 부정적분을 구하는 데 있어 어려움이 없고 함수식이 사칙연산으로만 구성되어 있어 함숫값 계산이 용이하다. 한편 함수 g 는 비교적 간단한 형태임에도 불구하고 부정적분을 초등함수로 표현할 수 없었다. 또한 $g(1)$ 의 값을 구했지만, 이 값을 공학 문제에 적용할 경우 기호로 표기된 $\sin 1$ 대신 이

값의 근삿값 $0.8415\,(\approx \sin 1)$를 주로 사용한다. 함수 h와 같이 적분으로 정의된 함수의 경우 함숫값, 도함수 및 부정적분에 대한 어떠한 정보도 얻지 못했다. 이와 같이 주어진 함수의 성질을 직접 파악하기 어려운 경우에는 그 함수와 닮은 다항함수를 찾아 성질을 파악하면 주어진 함수의 성질을 추론할 수 있다. 그렇다면 주어진 함수와 닮은 다항식이라는 것은 어떤 의미일까?

원점 근방에서 정의된 무한 번 미분가능한 함수 $f(x)$를 다음과 같이 n차 다항함수 $p_n(x)$로 근사하였다고 가정하자.

$$f(x) \approx p_n(x) = a_0 + a_1x + a_2x^2 + a_3x^3 + \cdots + a_nx^n.$$

함수 $f(x)$와 다항함수 $p_n(x)$가 닮았다는 의미는 함수 $f(x)$와 다항함수 $p_n(x)$의 원점에서 함숫값 및 n계 이하의 모든 미분계수가 같은 것으로 이해할 수 있다. 이때 각 $k = 0, 1, 2, \cdots, n$에 대하여 $p_n^{(k)}(0) = k!a_k$이므로 다음이 성립한다.

$$a_k = \frac{f^{(k)}(0)}{k!}.$$

이때 근사다항식 $p_n(x)$는 차수가 늘어남에 따라 함수 $f(x)$와 일치하는 정보가 하나씩 늘어난다. 다시 말해 차수가 늘어남에 따라 함수 $f(x)$와 다항식 $p_n(x)$의 오차가 줄어든다는 것을 추론할 수 있는데, 만일 차수를 무한히 늘린다면 더 이상 근사가 아니라 등식이 성립할 수 있을까?

$$f(x) \stackrel{?}{=} a_0 + a_1x + a_2x^2 + a_3x^3 + \cdots . \qquad (\star)$$

특수한 함수의 경우, 우리는 이미 그 답을 알고 있다. 예를 들면 유리함수

$$f(x) = \frac{1}{1-x}$$

에 대하여 $|x| < 1$이면, $f(x)$는 첫째 항이 1이고 공비가 x인 무한등비급수의 합이므로

$$f(x) = \frac{1}{1-x} = 1 + x + x^2 + x^3 + x^4 + \cdots$$

임을 안다.

우리의 목적은 원점 근방에서 식 $(\star)$가 성립함을 보이는 것이다. 테일러 정리를 배우게 되면, 이 질문에 대한 답을 말할 수 있을 것이다. 식 $(\star)$가 성립함을 보이기에 앞서 확인해야 할 일이 있는데, 식 $(\star)$의 우변은 급수이므로 함수 $f(x)$가 정의되기 위해서는 급수의 수렴성을 판단하는 것이 먼저이다. 따라서 급수에 대한 성질을 먼저 공부한다.

제 1 장

수열과 급수

1.1 수열의 극한

수열 (a_n) 이 실수 L 에 수렴한다는 것은 n 의 값이 한없이 커질 때, a_n 의 값이 L 에 한없이 가까워진다는 것을 말한다. 여기서 "한없이 크다", "한없이 가깝다" 같은 표현은 수학적으로 의미가 명확하지 않으므로 좋은 표현이 아니다. 따라서 극한의 정의를 수학적으로 엄밀히 정의할 필요가 있다. 수열 (a_n) 이 실수 L 에 수렴한다는 것은 달리 표현하면 아무리 작은 양수 ε 이 주어지더라도 충분히 큰 자연수 N 이 존재하여 그 수열의 유한개의 항을 제외하고 N 번째 항 이후의 모든 항은 실수 L 로부터 ε 만큼 떨어진 거리 안에 있다는 의미이며, 이를 수학적으로 엄밀히 표현하면 다음과 같다.

정의 1.1.1 수열 (a_n) 과 실수 L 이 주어져 있을 때, 임의의 양수 $\varepsilon > 0$ 에 대하여

$$n \geq N \quad \Longrightarrow \quad |a_n - L| < \varepsilon$$

을 만족하는 자연수 N 이 존재하면 $n \to \infty$ 일 때 a_n 이 L 로 수렴한다고 하며, 이것을 기호로 다음과 같이 표기한다.

$$\lim_{n\to\infty} a_n = L.$$

예제 1.1.2 다음을 보이시오.

$$\lim_{n\to\infty} \frac{1}{n} = 0.$$

풀이 임의의 양수 $\varepsilon > 0$ 에 대하여

$$N > \frac{1}{\varepsilon}$$

인 자연수 N이 존재함을 안다. 따라서

$$n \geq N \quad \Longrightarrow \quad \left|\frac{1}{n} - 0\right| = \frac{1}{n} \leq \frac{1}{N} < \varepsilon$$

이므로

$$\lim_{n\to\infty} \frac{1}{n} = 0$$

이다. □

수렴하는 수열의 극한은 다음 성질을 가진다.

정리 1.1.3 수렴하는 수열 $(a_n), (b_n)$과 실수 c, L 및 연속함수 $f : I \to \mathbb{R}$에 대하여 다음이 성립한다.

(i) $\lim_{n\to\infty} (a_n + b_n) = \lim_{n\to\infty} a_n + \lim_{n\to\infty} b_n, \qquad \lim_{n\to\infty} ca_n = c \lim_{n\to\infty} a_n$

(ii) $\lim_{n\to\infty} a_n b_n = \left(\lim_{n\to\infty} a_n\right)\left(\lim_{n\to\infty} b_n\right)$

(iii) $b_n \neq 0, \quad \lim_{n\to\infty} b_n \neq 0 \quad \Longrightarrow \quad \lim_{n\to\infty} \frac{a_n}{b_n} = \frac{\lim_{n\to\infty} a_n}{\lim_{n\to\infty} b_n}$

(iv) $a_n \in I, \quad \lim_{n\to\infty} a_n \in I \quad \Longrightarrow \quad \lim_{n\to\infty} f(a_n) = f\left(\lim_{n\to\infty} a_n\right)$

(v) $a_n \leq b_n \quad \Longrightarrow \quad \lim_{n\to\infty} a_n \leq \lim_{n\to\infty} b_n$

(vi) $a_n \leq c_n \leq b_n, \quad \lim_{n\to\infty} a_n = L = \lim_{n\to\infty} b_n \quad \Longrightarrow \quad \lim_{n\to\infty} c_n = L$

예제 1.1.4 다음 수열의 극한값을 구하시오.

(1) $a_n = \dfrac{\log n}{n}$　　　(2) $b_n = n^{1/n}$

풀이 (1) 부등식

$$\log x < x \quad (x > 0)$$

를 이용하면, 모든 자연수 n에 대하여

$$\log \sqrt{n} < \sqrt{n} \quad \Longrightarrow \quad 0 \leq \frac{\log n}{n} < \frac{2}{\sqrt{n}}$$

이므로 샌드위치 정리에 의해

$$\lim_{n\to\infty} \frac{\log n}{n} = 0$$

임을 안다.

(2) $\exp(x) = e^x$ 는 연속함수이므로

$$\lim_{n\to\infty} n^{1/n} = \lim_{n\to\infty} \exp\left(\frac{\log n}{n}\right) = \exp\left(\lim_{n\to\infty} \frac{\log n}{n}\right) = e^0 = 1$$

이다. □

정의 1.1.5 (유계수열) 수열 (a_n)과 실수 α, β가 모든 자연수 n에 대하여

(i) $a_n \le \alpha$를 만족할 때, 수열 (a_n)을 위로 유계라고 한다.

(ii) $a_n \ge \beta$를 만족할 때, 수열 (a_n)을 아래로 유계라고 한다.

또한 위로 유계인 동시에 아래로 유계인 수열을 유계수열이라고 부른다.

예제 1.1.6 수렴하는 수열은 유계임을 보이시오.

풀이 수열 (a_n)이 실수 L로 수렴한다고 가정하면, 정의 1.1.1 에 의해

$$n \ge N \implies |a_n - L| < 1$$

을 만족하는 자연수 N이 존재한다. 이제

$$\alpha = \max\{a_1, a_2, \cdots, a_{N-1}, L-1, L+1\},$$
$$\beta = \min\{a_1, a_2, \cdots, a_{N-1}, L-1, L+1\}$$

이라 두면, 모든 자연수 n에 대하여

$$\beta \le a_n \le \alpha$$

이므로 (a_n)은 유계이다. □

1.2 상극한과 하극한

일반적으로 실수의 부분집합 A가 항상 최댓값과 최솟값을 가지는 것은 아니다. 예를 들면 구간

$$I = (0,1) = \{x \in \mathbb{R} \mid 0 < x < 1\}$$

은 0과 1을 포함하지 않으므로 구간 I는 최댓값과 최솟값을 갖지 않는다. 상한과 하한은 최댓값과 최솟값의 개념을 일반화한 것으로 구간 I와 같이 최댓값과 최솟값을 갖지 않는 집합에 적용할 수 있다.

정의 1.2.1 집합 $A \subset \mathbb{R}$에 대하여

$$a \in A \quad \Longrightarrow \quad a \leq \alpha$$

를 만족하는 실수 $\alpha \in \mathbb{R}$가 존재할 때, 집합 A를 위로 유계라고 하고, 이때 실수 α를 A의 상계라고 한다. 상계 중 가장 작은 수를 상한이라 하며 기호로

$$\sup A$$

로 표기한다. 마찬가지로

$$a \in A \quad \Longrightarrow \quad a \geq \beta$$

를 만족하는 실수 $\beta \in \mathbb{R}$가 존재할 때, 집합 A를 아래로 유계라고 하고, 이때 실수 β를 A의 하계라고 한다. 하계 중 가장 큰 수를 하한이라 하며 기호로

$$\inf A$$

로 표기한다. 또한 위로 유계인 동시에 아래로 유계인 집합을 유계라고 부른다.

특히 실수 $a, b\ (a < b)$에 대하여

$$\inf\,(a,b) = \inf\,(a,b] = \inf\,[a,b) = \inf\,[a,b] = a,$$
$$\sup\,(a,b) = \sup\,(a,b] = \sup\,[a,b) = \sup\,[a,b] = b$$

이다.

예제 1.2.2 다음 집합의 상한과 하한을 구하시오.

(1) $A = \left\{ \frac{1}{2}, \frac{2}{3}, \frac{3}{4}, \frac{4}{5}, \cdots \right\}$ (2) $B = \{x \mid (x-1)(x-2)(x-3)(x-4) < 0\}$

풀이 (1) 집합 A의 모든 원소는 $1/2$보다 크거나 같으므로 $1/2$은 집합 A의 하계이고, 하계 중 가장 큰 수이므로 $\inf A = 1/2$이다. 한편 집합 A의 모든 원소는 1보다

작으므로 1은 집합 A의 상계이다. 이제 1보다 작은 상계가 존재한다고 가정하자. 즉 적당한 양수 ε_0이 존재하여

$$n \geq 1 \implies \frac{n}{n+1} \leq 1 - \varepsilon_0$$

이면

$$\lim_{n\to\infty} \frac{n}{n+1} = 1 \leq 1 - \varepsilon_0$$

이므로 모순이다. 따라서 $\sup A = 1$이다.

(2) $B = (1,2) \cup (3,4)$이므로 $\inf B = 1$, $\sup B = 4$이다. □

수렴하는 수열은 극한값 근방에서 무한히 많은 항이 밀집되어 있고, 그러한 점은 유일하다. 그러나 수렴하지 않는 유계수열은 근방에서 무한히 많은 항이 밀집되는 점이 두 개 이상 존재할 수 있다. 유계수열의 상극한과 하극한은 수렴하는 부분수열의 극한값 중 최댓값과 최솟값을 의미한다.

정의 1.2.3 (상극한과 하극한) 수열 (a_n)에 대하여

$$\limsup_{n\to\infty} a_n = \lim_{n\to\infty} \sup\{a_k \mid k \geq n\}, \qquad \liminf_{n\to\infty} a_n = \lim_{n\to\infty} \inf\{a_k \mid k \geq n\}$$

을 각각 (a_n)의 상극한, 하극한이라고 한다.

예제 1.2.4 다음 수열의 상극한과 하극한을 구하시오.

(1) $a_n = \sin\dfrac{n\pi}{2}$ (2) $b_n = \dfrac{1+(-1)^{n+1}}{2}\left(1-\dfrac{1}{n}\right)+\dfrac{1+(-1)^n}{2}\left(2+\dfrac{1}{n}\right)$

풀이 (1) 주어진 수열을 나열해 보면

$$1, \quad 0, \quad -1, \quad 0, \quad 1, \quad 0, \quad -1, \quad 0, \quad \cdots$$

이므로

$$\sup\{a_k \mid k \geq n\} = 1, \quad \inf\{a_k \mid k \geq n\} = -1$$

이고 따라서

$$\limsup_{n\to\infty} a_n = 1, \quad \liminf_{n\to\infty} a_n = -1$$

이다.

(2) 주어진 수열을 나열해 보면

$$0,\quad 2+\frac{1}{2},\quad 1-\frac{1}{3},\quad 2+\frac{1}{4},\quad 1-\frac{1}{5},\quad 2+\frac{1}{6},\quad 1-\frac{1}{7},\quad 2+\frac{1}{8},\quad \cdots$$

이므로

$$\sup\{b_k \mid k \geq n\} = \begin{cases} 2+\dfrac{1}{n+1} & (n\text{ 이 홀수일 때}) \\ 2+\dfrac{1}{n} & (n\text{ 이 짝수일 때}) \end{cases}$$

$$\inf\{b_k \mid k \geq n\} = \begin{cases} 1-\dfrac{1}{n} & (n\text{ 이 홀수일 때}) \\ 1-\dfrac{1}{n+1} & (n\text{ 이 짝수일 때}) \end{cases}$$

이고 따라서

$$\limsup_{n\to\infty} b_n = 2, \quad \liminf_{n\to\infty} b_n = 1$$

이다. □

1.3 단조 수렴 정리

이 절에서는 예제 1.1.6 의 역이 성립하기 위한 충분조건에 대해 공부한다.

정의 1.3.1 (단조수열) 수열 (a_n) 이 모든 자연수 n 에 대하여

(i) $a_n \leq a_{n+1}$ 을 만족할 때, 수열 (a_n) 을 증가수열이라고 한다.

(ii) $a_n \geq a_{n+1}$ 을 만족할 때, 수열 (a_n) 을 감소수열이라고 한다.

또한 증가수열과 감소수열을 통틀어 단조수열이라고 부른다.

다음 정리는 유계인 단조수열은 수렴함을 말해 준다.

정리 1.3.2 (단조 수렴 정리) 수열 (a_n) 에 대하여

(i) (a_n) 이 위로 유계인 증가수열이면, $\lim_{n\to\infty} a_n$ 이 존재한다.

(ii) (a_n) 이 아래로 유계인 감소수열이면, $\lim_{n\to\infty} a_n$ 이 존재한다.

예제 1.3.3 다음 극한값이 존재함을 보이시오.

(1) $\lim_{n\to\infty}\left(1+\frac{1}{n}\right)^n$　　(2) $\lim_{n\to\infty}\left(1+\frac{1}{2}+\frac{1}{3}+\cdots+\frac{1}{n}-\log n\right)$

풀이 (1) 이항정리에 의해 모든 자연수 n에 대하여

$$\begin{aligned}
a_n &= \left(1+\frac{1}{n}\right)^n \\
&= 1+1+\frac{n(n-1)}{2!}\cdot\frac{1}{n^2}+\cdots+\frac{n(n-1)\times\cdots\times 3\cdot 2\cdot 1}{n!}\cdot\frac{1}{n^n} \\
&= 1+1+\frac{1}{2!}\left(1-\frac{1}{n}\right)+\cdots+\frac{1}{n!}\left(1-\frac{1}{n}\right)\left(1-\frac{2}{n}\right)\times\cdots\times\left(1-\frac{n-1}{n}\right) \\
&< 1+1+\frac{1}{2!}\left(1-\frac{1}{n+1}\right)+\cdots \\
&\qquad +\frac{1}{(n+1)!}\left(1-\frac{1}{n+1}\right)\left(1-\frac{2}{n+1}\right)\times\cdots\times\left(1-\frac{n}{n+1}\right) \\
&= a_{n+1}
\end{aligned}$$

이므로 (a_n)은 증가수열이다. 한편 모든 자연수 n에 대하여

$$\begin{aligned}
a_n &= 1+1+\frac{1}{2!}\left(1-\frac{1}{n}\right)+\cdots+\frac{1}{n!}\left(1-\frac{1}{n}\right)\left(1-\frac{2}{n}\right)\times\cdots\times\left(1-\frac{n-1}{n}\right) \\
&< 1+1+\frac{1}{2!}+\frac{1}{3!}+\cdots+\frac{1}{n!} \\
&< 1+1+\frac{1}{2}+\frac{1}{2^2}+\cdots+\frac{1}{2^{n-1}} \\
&< 3
\end{aligned}$$

이므로 위로 유계이고, 따라서 단조 수렴 정리에 의해 극한값

$$\lim_{n\to\infty}\left(1+\frac{1}{n}\right)^n$$

이 존재한다.

(2) 수열 (b_n)을

$$b_n = 1+\frac{1}{2}+\frac{1}{3}+\cdots+\frac{1}{n}-\log n$$

이라 두면 $n\geq 2$인 자연수 n에 대하여

$$\log n = \int_1^n \frac{1}{x}dx < 1 + \frac{1}{2} + \frac{1}{3} + \cdots + \frac{1}{n-1} < 1 + \frac{1}{2} + \frac{1}{3} + \cdots + \frac{1}{n}$$

이고 $b_1 = 1$ 이므로 수열 (b_n) 은 양수의 수열이며 아래로 유계이다. 한편 모든 자연수 n 에 대하여

$$b_{n+1} - b_n = \frac{1}{n+1} - \log(n+1) + \log n = \frac{1}{n+1} - \int_n^{n+1} \frac{1}{x}dx < 0$$

이므로 수열 (b_n) 은 감소수열이다. 따라서 단조 수렴 정리에 의해 극한값

$$\lim_{n\to\infty}\left(1 + \frac{1}{2} + \frac{1}{3} + \cdots + \frac{1}{n} - \log n\right)$$

이 존재한다. □

예제 1.3.4 수열 (a_n) 이

$$\begin{cases} a_{n+1} = \sqrt{2a_n + 3} \quad (n \geq 1) \\ a_1 = 2 \end{cases}$$

를 만족한다고 하자. $\lim_{n\to\infty} a_n$ 이 수렴함을 보이고, 극한값을 구하시오.

풀이 먼저 수학적 귀납법을 이용하여 모든 자연수 n 에 대하여

$$a_n < a_{n+1} < 3 \tag{$\star$}$$

임을 보이자.

(i) $n = 1$ 일 때,

$$a_1 = 2 < \sqrt{7} = a_2 < 3$$

이므로 식 $(\star)$가 성립한다.

(ii) $n = k$ 일 때, 식 $(\star)$가 성립한다고 가정하면,

$$a_{k+2}^2 - a_{k+1}^2 = 2(a_{k+1} - a_k) > 0 \quad \Longrightarrow \quad a_{k+2} > a_{k+1}$$

이고

$$a_{k+2} = \sqrt{2a_{k+1} + 3} < \sqrt{2 \cdot 3 + 3} = 3$$

이다. 따라서 $n = k + 1$ 일 때도 식 $(\star)$가 성립한다.

(i), (ii)에 의해 모든 자연수 n에 대하여 식 $(\star)$가 성립한다. 따라서 수열 (a_n)은 위로 유계인 증가수열이므로 단조 수렴 정리에 의해 $\lim_{n\to\infty} a_n = \alpha > 0$이 존재한다. 주어진 점화식으로부터

$$\alpha = \lim_{n\to\infty} a_{n+1} = \lim_{n\to\infty} \sqrt{2a_n+3} = \sqrt{2\alpha+3}$$

이므로

$$\alpha^2 - 2\alpha - 3 = (\alpha-3)(\alpha+1) = 0$$

이고 따라서 $\alpha = 3$을 얻는다. □

1.4 급수의 정의와 성질

수열 (a_n)에 대하여 다음 수열

$$S_n = \sum_{k=1}^{n} a_k = a_1 + a_2 + \cdots + a_n$$

을 (a_n)의 부분합수열이라고 한다. (S_n)이 실수 S로 수렴하면 기호로

$$\sum_{n=1}^{\infty} a_n = S$$

으로 표기하고 급수 $\sum_{n=1}^{\infty} a_n$이 S로 수렴한다고 한다. (S_n)이 발산하면 급수 $\sum_{n=1}^{\infty} a_n$이 발산한다고 한다.

예제 1.4.1 다음 급수의 수렴·발산을 판정하시오.

(1) $\sum_{n=1}^{\infty} \frac{1}{n}$ (2) $\sum_{n=1}^{\infty} \frac{1}{n^2}$

풀이 (1) 모든 자연수 $k = 1, 2, \cdots$에 대하여

$$\begin{aligned}\sum_{n=1}^{2^k} \frac{1}{n} &= 1 + \frac{1}{2} + \left(\frac{1}{3}+\frac{1}{4}\right) + \left(\frac{1}{5}+\cdots+\frac{1}{8}\right) + \cdots + \left(\frac{1}{2^{k-1}+1}+\cdots+\frac{1}{2^k}\right)\\ &> 1 + \frac{1}{2} + 2\times\frac{1}{4} + 4\times\frac{1}{8} + 8\times\frac{1}{16} + \cdots + 2^{k-1}\times\frac{1}{2^k}\\ &> 1 + \frac{k}{2}\end{aligned}$$

이고

$$\lim_{n\to\infty}\left(1+\frac{k}{2}\right)=\infty$$

이므로 주어진 급수는 발산한다.

(2) 부분합수열 $S_n = \sum_{k=1}^{n} \frac{1}{n^2}$ 은

$$S_{n+1}-S_n=\frac{1}{(n+1)^2}>0 \quad (n=1,2,\cdots)$$

이므로 증가수열이다. 한편 임의의 자연수 $k \in \mathbb{N}$ 에 대하여

$$\begin{aligned}\sum_{n=1}^{2^{k+1}-1}\frac{1}{n^2} &= 1+\left(\frac{1}{2^2}+\frac{1}{3^2}\right)+\left(\frac{1}{4^2}+\cdots+\frac{1}{7^2}\right)+\left(\frac{1}{8^2}+\cdots+\frac{1}{15^2}\right)+\cdots \\ &\qquad +\left(\frac{1}{2^{2k}}+\cdots+\frac{1}{(2^{k+1}-1)^2}\right) \\ &< 1+2\times\frac{1}{2^2}+2^2\times\frac{1}{4^2}+2^3\times\frac{1}{8^2}+\cdots+2^k\times\frac{1}{2^{2k}} \\ &= 1+\frac{1}{2}+\frac{1}{2^2}+\frac{1}{2^3}+\cdots+\frac{1}{2^k} \\ &< 2\end{aligned}$$

이므로 위로 유계이고, 따라서 단조 수렴 정리에 의해 주어진 급수는 수렴한다. □

급수 $\sum_{n=1}^{\infty} a_n$ 이 실수 S 로 수렴하면

$$\lim_{n\to\infty} a_n = \lim_{n\to\infty}(S_n - S_{n-1}) = S - S = 0$$

이다. 이 명제의 대우는 주어진 급수가 발산임을 보일 때 주로 사용된다.

정리 1.4.2 (일반항 판정법) 수열 (a_n) 에 대하여 극한 $\lim_{n\to\infty} a_n \neq 0$ 이거나 존재하지 않으면, 급수

$$\sum_{n=1}^{\infty} a_n$$

은 발산한다.

예제 1.4.3 다음 급수의 수렴·발산을 판정하시오.

$$\sum_{n=1}^{\infty} \frac{n^n}{n! + 2n^n}.$$

풀이 모든 자연수 $n = 1, 2, \cdots$에 대하여

$$0 < \frac{n!}{n^n} \leq \frac{1}{n}$$

이므로 샌드위치 정리에 의해

$$\lim_{n\to\infty} \frac{n!}{n^n} = 0$$

이다. 따라서

$$\lim_{n\to\infty} \frac{n^n}{n! + 2n^n} = \lim_{n\to\infty} \frac{1}{\dfrac{n!}{n^n} + 2} = \frac{1}{2} \neq 0$$

이므로 일반항 판정법에 의해 발산한다. □

수렴하는 급수는 다음 성질을 가진다.

정리 1.4.4 수렴하는 두 급수 $\sum_{n=1}^{\infty} a_n$과 $\sum_{n=1}^{\infty} b_n$ 및 실수 c에 대하여 다음이 성립한다.

(i) $\sum_{n=1}^{\infty}(a_n + b_n) = \sum_{n=1}^{\infty} a_n + \sum_{n=1}^{\infty} b_n$

(ii) $\sum_{n=1}^{\infty} ca_n = c\sum_{n=1}^{\infty} a_n$

1.5 비교 판정법

비교 판정법은 급수의 수렴성을 판정하기 위해 사용되는 가장 기본이 되는 판정법이다. 주어진 급수의 수렴성을 조사하기 위해 수렴·발산 여부가 널리 알려진 급수와 비교하여 판정하는 것이 특징이다. 주로 등비급수, 조화급수, p-급수 등을 이용하여 비교한다. 이 절에서는 주로 다음과 같이 주어진 급수들을 이용하여 비교 판정법을 적용한다.

$$\sum_{n=1}^{\infty} r^n = \frac{1}{1-r} \ (|r| < 1), \qquad \sum_{n=1}^{\infty} \frac{1}{n} = \infty, \qquad \sum_{n=1}^{\infty} \frac{1}{n^2} = \frac{\pi^2}{6}.$$

정리 1.5.1 (비교 판정법) 두 수열 (a_n)과 (b_n)이 모든 자연수 n에 대하여 $0 \leq a_n \leq b_n$을 만족할 때,

(i) 급수 $\displaystyle\sum_{n=1}^{\infty} b_n$이 수렴하면, 급수 $\displaystyle\sum_{n=1}^{\infty} a_n$도 수렴한다.

(ii) 급수 $\displaystyle\sum_{n=1}^{\infty} a_n$이 발산하면, 급수 $\displaystyle\sum_{n=1}^{\infty} b_n$도 발산한다.

예제 1.5.2 다음 급수의 수렴·발산을 판정하시오.

$$\sum_{n=1}^{\infty} \tan\left(\frac{1}{\sqrt{n}}\right).$$

풀이 부등식

$$x < \tan x \qquad \left(0 < x < \frac{\pi}{2}\right)$$

를 이용하면, 모든 자연수 n에 대하여

$$\frac{1}{n} \leq \frac{1}{\sqrt{n}} < \tan\left(\frac{1}{\sqrt{n}}\right)$$

이다. 이때 급수 $\displaystyle\sum_{n=1}^{\infty} \frac{1}{n}$이 발산하므로 비교 판정법에 의해 주어진 급수는 발산한다.

□

예제 1.5.3 다음 급수의 수렴·발산을 판정하시오.

(1) $\displaystyle\sum_{n=2}^{\infty} \frac{1}{n\log(n!)}$

(2) $\displaystyle\sum_{n=1}^{\infty} \frac{1}{n^{1+\sin\frac{1}{n}}}$

(3) $\displaystyle\sum_{n=2}^{\infty} \frac{1}{\log(1+\log n)}$

(4) $\displaystyle\sum_{n=2}^{\infty} \frac{1}{(\log n)^p} \quad (p > 0)$

(5) $\displaystyle\sum_{n=1}^{\infty} r^{n\sqrt{n}} \quad (0 < r < 1)$

(6) $\displaystyle\sum_{n=2}^{\infty} \sin\left(\frac{n+1}{n\sqrt{n}-1}\right)$

풀이 (1) 모든 자연수 n에 대하여 부등식

$$n! \geq 2^{n-1}$$

이 성립하므로 $n \geq 2$ 이면,

$$\frac{1}{n\log(n!)} \leq \frac{1}{n\log 2^{n-1}} = \frac{1}{\log 2} \times \frac{1}{n(n-1)}$$

임을 안다. 이때

$$\begin{aligned}\sum_{n=2}^{\infty} \frac{1}{n(n-1)} &= \lim_{n\to\infty} \sum_{k=2}^{n} \frac{1}{k(k-1)} \\ &= \lim_{n\to\infty} \sum_{k=2}^{n} \left(\frac{1}{k-1} - \frac{1}{k}\right) \\ &= \lim_{n\to\infty} \left(1 - \frac{1}{n}\right) = 1\end{aligned}$$

이므로 비교 판정법에 의해 주어진 급수는 수렴한다.

(2) 부등식

$$\sin x < x \quad (x > 0)$$

를 이용하면, 모든 자연수 n 에 대하여

$$\begin{aligned}\sin\frac{1}{n} < \frac{1}{n} \quad &\Longrightarrow \quad n^{\sin\frac{1}{n}} \leq n^{\frac{1}{n}} < (2^n)^{\frac{1}{n}} = 2 \\ &\Longrightarrow \quad \frac{1}{n^{1+\sin\frac{1}{n}}} = \frac{1}{n^{\sin\frac{1}{n}}} \times \frac{1}{n} > \frac{1}{2} \times \frac{1}{n} = \frac{1}{2n}\end{aligned}$$

임을 안다. 이때 급수 $\displaystyle\sum_{n=1}^{\infty} \frac{1}{2n}$ 이 발산하므로 비교 판정법에 의해 주어진 급수는 발산한다.

(3) 부등식

$$\log(1+x) \leq x \quad (x > -1)$$

를 이용하면, 모든 자연수 n 에 대하여

$$\log(1+\log n) \leq \log n < \log(1+n) < n \quad \Longrightarrow \quad \frac{1}{\log(1+\log n)} > \frac{1}{n}$$

이다. 이때 급수 $\displaystyle\sum_{n=2}^{\infty} \frac{1}{n}$ 이 발산하므로 비교 판정법에 의해 주어진 급수는 발산한다.

(4) 부등식

$$\log x < x \quad (x > 0)$$

를 이용하면, 모든 자연수 n에 대하여

$$\log n^{1/p} < n^{1/p} \quad \Longrightarrow \quad \frac{1}{(\log n)^p} > \frac{1}{p^p n}$$

임을 안다. 이때 급수 $\displaystyle\sum_{n=2}^{\infty} \frac{1}{p^p n}$ 이 발산하므로 비교 판정법에 의해 주어진 급수는 발산한다.

(5) $0 < r < 1$이므로 모든 자연수 n에 대하여

$$r^{n\sqrt{n}} \le r^n$$

이고,

$$\sum_{n=1}^{\infty} r^n = \frac{r}{1-r}$$

이다. 따라서 비교 판정법에 의해 주어진 급수는 수렴한다.

(6) 부등식

$$\sin x \ge \frac{2}{\pi} x \quad \left(0 \le x \le \frac{\pi}{2}\right)$$

를 이용하면, 자연수 $n \ge 3$에 대하여

$$\sin\left(\frac{n+1}{n\sqrt{n}-1}\right) > \frac{2}{\pi} \times \frac{n+1}{n\sqrt{n}-1} > \frac{2}{\pi} \times \frac{n}{n\sqrt{n}} > \frac{2}{\pi n}$$

임을 안다. 이때 급수 $\displaystyle\sum_{n=3}^{\infty} \frac{2}{\pi n}$ 가 발산하므로 비교 판정법에 의해 주어진 급수는 발산한다. □

예제 1.5.4 다음 급수가 수렴함을 보이시오.

$$\sum_{n=1}^{\infty} \frac{1}{a^{n^p}} \quad (a > 1,\ p > 0).$$

풀이 부등식

$$\log x < x \quad (x > 0)$$

를 이용하면, 모든 자연수 n 에 대하여

$$\log n^{p/2} < n^{p/2} \quad \Longrightarrow \quad \frac{\log n}{n^p} < \frac{2}{p} \times \frac{1}{n^{p/2}}$$

이므로 샌드위치 정리에 의해

$$\lim_{n\to\infty} \frac{\log n}{n^p} = 0$$

임을 안다. 따라서

$$\begin{aligned} n \geq N \quad &\Longrightarrow \quad \frac{\log n}{n^p} < \frac{\log a}{2} \\ &\Longrightarrow \quad \log_a n^2 < n^p \\ &\Longrightarrow \quad n^2 < a^{n^p} \\ &\Longrightarrow \quad \frac{1}{a^{n^p}} < \frac{1}{n^2} \end{aligned}$$

을 만족하는 자연수 N 이 존재하고, 급수 $\displaystyle\sum_{n=N}^{\infty} \frac{1}{n^2}$ 이 수렴하므로 비교 판정법에 의해 주어진 급수는 수렴한다. □

양수의 수열 (a_n) 의 처음 유한개의 항을 제외하고 다음에 나타나는 무한히 많은 항이 양수의 수열 (b_n) 의 상수배에 근사한다고 가정하자. 즉

$$n \gg 1 \quad \Longrightarrow \quad a_n \approx Lb_n \quad \Longleftrightarrow \quad \frac{a_n}{b_n} \approx L$$

이고 이것은

$$\lim_{n\to\infty} \frac{a_n}{b_n} = L$$

을 의미한다. 이때 충분히 큰 자연수 N 이 존재하여

$$\sum_{n=N}^{\infty} a_n \approx L \sum_{n=N}^{\infty} b_n$$

이고, 급수의 수렴성은 처음 유한개의 항에 의존하지 않으므로 두 수열 (a_n) 과 (b_n) 의 수렴·발산 여부는 동일하다고 추론할 수 있다.

정리 1.5.5 (극한비교 판정법) 양항급수 $\sum_{n=1}^{\infty} a_n$ 과 $\sum_{n=1}^{\infty} b_n$ 에 대하여

$$\lim_{n\to\infty} \frac{a_n}{b_n} = L \in (0, \infty)$$

이면, 둘 다 수렴하거나, 둘 다 발산한다.

예제 1.5.6 실수 p, q 가 모든 자연수 n 에 대하여 $pn + q \neq 0$ 이라고 하자. 이때 조화급수

$$\sum_{n=1}^{\infty} \frac{1}{pn+q}$$

의 수렴·발산을 판정하시오.

풀이 $p = 0$ 이면,

$$\lim_{n\to\infty} \frac{1}{pn+q} = \frac{1}{q} \neq 0$$

이므로 일반항 판정법에 의해 주어진 급수는 발산한다. 한편 $p \neq 0$ 이면,

$$\sum_{n=1}^{\infty} \frac{1}{pn+q} = \frac{1}{p} \sum_{n=1}^{\infty} \frac{1}{n+q/p}$$

이고, 충분히 큰 자연수 N 이 존재하여

$$n \geq N \quad \Longrightarrow \quad \frac{1}{n+q/p} > 0$$

임을 안다. 따라서 급수 $\sum_{n=1}^{\infty} \frac{1}{pn+q}$ 이 수렴할 필요충분조건은 양항급수 $\sum_{n=N}^{\infty} \frac{1}{n+q/p}$ 이 수렴하는 것이다. 이제 다음 극한값을 확인해 보면

$$\lim_{n\to\infty} \frac{\frac{1}{n+q/p}}{\frac{1}{n}} = 1$$

이고 급수 $\sum_{n=N}^{\infty} \frac{1}{n}$ 이 발산하므로 극한비교 판정법에 의해 급수 $\sum_{n=N}^{\infty} \frac{1}{n+q/p}$ 은 발산한다. 따라서 주어진 조화급수 역시 발산한다. □

모든 항이 양수인 감소수열 (a_n) 에 대하여

$$\sum_{n=1}^{2^{k+1}-1} a_n \leq \sum_{n=0}^{k} 2^n a_{2^n} \leq 2\sum_{n=1}^{2^k} a_n \quad (k=1,2,3,\cdots)$$

이 성립한다. 이 결과를 이용하면 다음 정리를 얻는다.

정리 1.5.7 (코시 응집 판정법) 양수의 수열 (a_n) 이 감소수열이라고 하자. 이때 급수

$$\sum_{n=1}^{\infty} a_n$$

이 수렴할 필요충분조건은 급수

$$\sum_{n=0}^{\infty} 2^n a_{2^n}$$

이 수렴하는 것이다.

예제 1.5.8 다음 급수의 수렴·발산을 판정하시오.

$$\sum_{n=2}^{\infty} \frac{(\log n)^2}{2n + n(\log n)^5}.$$

풀이 함수 f 를

$$f(x) = \frac{(\log x)^2}{2x + x(\log x)^5} \quad (x \geq e)$$

이라 두면

$$f'(x) = \frac{(4 - 2\log x - 3(\log x)^5 - (\log x)^6)\log x}{x^2\big(2 + (\log x)^5\big)^2} < 0$$

이므로 함수 f 는 감소함수이다. 따라서 수열

$$f(n) = \frac{(\log n)^2}{2n + n(\log n)^5} \quad (n \geq 3)$$

은 감소수열이고, 정리 1.5.7 에 의해 주어진 급수가 수렴할 필요충분조건은 급수

$$\sum_{n=1}^{\infty} 2^n \cdot \frac{(\log 2^n)^2}{2 \cdot 2^n + 2^n(\log 2^n)^5} = \sum_{n=1}^{\infty} \frac{n^2(\log 2)^2}{2 + n^5(\log 2)^5}$$

가 수렴하는 것이다. 또한

$$\lim_{n\to\infty} \frac{\dfrac{n^2(\log 2)^2}{2+n^5(\log 2)^5}}{\dfrac{1}{n^3}} = \lim_{n\to\infty} \frac{n^5(\log 2)^2}{2+n^5(\log 2)^5} = \frac{1}{(\log 2)^3}$$

이고 급수 $\displaystyle\sum_{n=1}^{\infty} \frac{1}{n^3}$ 이 수렴하므로 극한비교 판정법에 의해 주어진 급수는 수렴한다. □

예제 1.5.9 p-급수

$$\sum_{n=1}^{\infty} \frac{1}{n^p}$$

이 수렴하기 위한 p 의 범위를 구하시오.

풀이 $p \le 0$ 인 경우,

$$\lim_{n\to\infty} \frac{1}{n^p} = \begin{cases} 1 & (p=0) \\ \infty & (p<0) \end{cases}$$

이므로 일반항 판정법에 의해 주어진 급수는 발산한다. 한편 $p > 0$ 인 경우, 수열 $\left(\dfrac{1}{n^p}\right)$ 은 감소수열이므로 정리 1.5.7 에 의해 p-급수가 수렴할 필요충분조건은 급수

$$\sum_{n=0}^{\infty} 2^n \cdot \frac{1}{(2^n)^p} = \sum_{n=0}^{\infty} \left(2^{1-p}\right)^n$$

이 수렴하는 것이다. 이 급수는 공비가 2^{1-p} 인 등비급수이므로 주어진 급수가 수렴할 필요충분조건은

$$p > 1$$

이다. □

예제 1.5.10 다음 급수의 수렴·발산을 판정하시오.

$$\sum_{n=1}^{\infty} \left(\frac{\log n}{n}\right)^p \quad (p>2).$$

풀이 부등식

$$\log x < x \quad (x>0)$$

를 이용하면, 모든 자연수 n에 대하여

$$\log n^{1/p} < n^{1/p} \quad \Longrightarrow \quad \left(\frac{\log n}{n}\right)^p < \frac{p^p}{n^{p-1}}$$

임을 안다. 이때 급수 $\displaystyle\sum_{n=1}^{\infty} \frac{p^p}{n^{p-1}}$가 수렴하므로 비교 판정법에 의해 주어진 급수는 수렴한다. □

예제 1.5.11 다음 급수의 수렴 여부를 판정하시오.

(1) $\displaystyle\sum_{n=1}^{\infty} n^q \sin^p \frac{1}{n} \quad (p > q+1)$ (2) $\displaystyle\sum_{n=1}^{\infty} \frac{6n^2 - 7n - 5}{n^5 + 2n^4 - 3n^3 + 4n^2 + 5n - 6}$

풀이 (1) 수열 $\left(\dfrac{1}{n^{p-q}}\right)$에 대하여

$$\lim_{n\to\infty} \frac{n^q \sin^p \frac{1}{n}}{\frac{1}{n^{p-q}}} = \lim_{n\to\infty} \left(\frac{\sin \frac{1}{n}}{\frac{1}{n}}\right)^p = 1$$

이고 급수 $\displaystyle\sum_{n=1}^{\infty} \frac{1}{n^{p-q}}$이 수렴하므로 극한비교 판정법에 의해 주어진 급수는 수렴한다.

(2) 수열 $\left(\dfrac{1}{n^3}\right)$에 대하여

$$\lim_{n\to\infty} \frac{\frac{6n^2 - 7n - 5}{n^5 + 2n^4 - 3n^3 + 4n^2 + 5n - 6}}{\frac{1}{n^3}} = \lim_{n\to\infty} \frac{6n^5 - 7n^4 - 5n^3}{n^5 + 2n^4 - 3n^3 + 4n^2 + 5n - 6} = 6$$

이고 급수 $\displaystyle\sum_{n=1}^{\infty} \frac{1}{n^3}$이 수렴하므로 극한비교 판정법에 의해 주어진 급수는 수렴한다. □

1.6 거듭제곱근 판정법과 비율 판정법

비교 판정법과 극한비교 판정법을 적용하기 위해서는 주어진 급수의 형태를 보고 비교대상이 되는 급수를 추론해야 하는 단점이 있는데 이는 미적분학을 처음 접하는 이들에겐 다소 어렵다. 이 절에서는 거듭제곱근 판정법과 비율 판정법에 대해 공부한다. 이 판정법들은 비교 판정법과 달리 비교대상을 구할 필요가 없다는 장점이 있다. 우선 거듭제곱근 판정법에 대해 알아보자. 급수의 수렴성은 처음 유한개의 항은 영향을

주지 않으므로 수열 (a_n)의 처음 유한개의 항을 제외하고 다음에 나타나는 무한히 많은 항이 상대적으로 다루기 쉬운 수열 (b_n)을 닮아 있다면, 수열 (b_n)의 성질로부터 주어진 급수의 수렴성을 추론해 볼 수 있다. 이때 상대적으로 다루기 쉬운 수열이란 무엇일까? 이 수열은 급수의 수렴·발산 여부 및 합을 바로 알 수 있는 등비수열이다. 만일 양수의 수열 (a_n)의 처음 유한개의 항을 제외하고 다음에 나타나는 무한히 많은 항이 등비수열 (r^n)을 닮아 있다고 가정하자. 즉

$$n \gg 1 \quad \Longrightarrow \quad a_n \approx r^n \quad \Longrightarrow \quad \sqrt[n]{a_n} \approx r$$

이고, 이것은

$$\lim_{n\to\infty} \sqrt[n]{a_n} = r$$

을 의미한다. 따라서 등비급수 $\sum_{n=1}^{\infty} r^n$의 수렴성이 양항급수 $\sum_{n=1}^{\infty} a_n$의 수렴성과 관련이 있음을 추론할 수 있다.

정리 1.6.1 (거듭제곱근 판정법) 양항급수 $\sum_{n=1}^{\infty} a_n$에 대하여

$$\lim_{n\to\infty} \sqrt[n]{a_n} = r$$

이라 하자. 이때

(i) $r < 1$이면, 급수 $\sum_{n=1}^{\infty} a_n$은 수렴한다.

(ii) $r > 1$이면, 급수 $\sum_{n=1}^{\infty} a_n$은 발산한다.

거듭제곱근 판정법에서 $\lim_{n\to\infty} \sqrt[n]{a_n}$을 거듭제곱근 극한이라고 부른다.

예제 1.6.2 다음 급수의 수렴·발산을 판정하시오.

(1) $\sum_{n=1}^{\infty} \frac{10^n}{n^{\sqrt{n}}}$ (2) $\sum_{n=1}^{\infty} \left(1 - \tan\frac{1}{n}\right)^{n^2}$

풀이 (1) 거듭제곱근 극한이

$$\lim_{n\to\infty} \sqrt[n]{\frac{10^n}{n^{\sqrt{n}}}} = \lim_{n\to\infty} \frac{10}{n^{\frac{1}{\sqrt{n}}}}$$

이고

$$\lim_{n\to\infty} n^{\frac{1}{\sqrt{n}}} = \lim_{n\to\infty} \exp\left(\frac{\log n}{\sqrt{n}}\right) = \exp\left(\lim_{n\to\infty} \frac{\log n}{\sqrt{n}}\right) = e^0 = 1$$

이므로 거듭제곱근 판정법에 의해 주어진 급수는 발산한다.

(2) 자연상수 e의 정의로부터

$$\lim_{x\to 0}(1-x)^{1/x} = e^{-1}$$

이므로 거듭제곱근 극한이

$$\lim_{n\to\infty} \sqrt[n]{\left(1-\tan\frac{1}{n}\right)^{n^2}} = \lim_{n\to\infty} \left\{\left(1-\tan\frac{1}{n}\right)^{\frac{1}{\tan\frac{1}{n}}}\right\}^{\frac{\tan\frac{1}{n}}{\frac{1}{n}}} = e^{-1} < 1$$

이고, 거듭제곱근 판정법에 의해 주어진 급수는 수렴한다. □

예제 1.6.3 다음 급수의 수렴·발산을 판정하시오.

(1) $\displaystyle\sum_{n=1}^{\infty}\left(1-\sin\frac{1}{n}\right)^n$ (2) $\displaystyle\sum_{n=1}^{\infty}\left(1-\sin\frac{1}{\sqrt{n}}\right)^n$

풀이 (1) 자연상수 e의 정의로부터

$$\lim_{x\to 0}(1-x)^{1/x} = e^{-1}$$

이므로 주어진 급수의 일반항의 극한이

$$\lim_{n\to\infty}\left(1-\sin\frac{1}{n}\right)^n = \lim_{n\to\infty}\left\{\left(1-\sin\frac{1}{n}\right)^{\frac{1}{\sin\frac{1}{n}}}\right\}^{\frac{\sin\frac{1}{n}}{\frac{1}{n}}} = e^{-1} \neq 0$$

임을 알 수 있다. 일반항 판정법에 의해 주어진 급수는 발산한다.

(2) 함수 f를

$$f(x) = (1-x)^{1/x} \quad (0 < x \leq 1)$$

이라 두면

$$f'(x) = -\frac{\big(x+(1-x)\log(1-x)\big)(1-x)^{1/x}}{x^2(1-x)}$$

이다. 이때 $g(x) = (1-x)\log(1-x)$ 라 두면, 임의의 $x \in (0,1)$ 에 대하여 평균값 정리에 의해

$$\frac{(1-x)\log(1-x)}{x} = \frac{g(x)-g(0)}{x-0} = g'(c) = -1-\log(1-c)$$

인 실수 $c \in (0,x)$ 가 존재한다. $\log(1-c) < 0$ 이므로

$$(1-x)\log(1-x) > -x \quad (0<x<1) \quad \Longrightarrow \quad f'(x) < 0 \quad (0<x<1)$$

이고, 따라서 f 는 감소함수이다. 즉 부등식

$$(1-x)^{1/x} = f(x) \le \lim_{x\to 0^+}(1-x)^{1/x} = e^{-1} \quad (0 < x \le 1)$$

이 성립하므로, 모든 자연수 n 에 대하여

$$\left(1-\sin\frac{1}{\sqrt{n}}\right)^{\frac{1}{\sin\frac{1}{\sqrt{n}}}} \le e^{-1} \quad \Longrightarrow \quad \left(1-\sin\frac{1}{\sqrt{n}}\right)^{n} \le e^{-n\sin\frac{1}{\sqrt{n}}} \le e^{-\frac{2}{\pi}\sqrt{n}}$$

임을 안다. 한편 예제 1.5.4 에 의해 급수

$$\sum_{n=1}^{\infty} e^{-\frac{2}{\pi}\sqrt{n}} = \sum_{n=1}^{\infty} (e^{\frac{2}{\pi}})^{-n^{1/2}}$$

이 수렴하므로 비교 판정법에 주어진 급수는 수렴한다. □

예제 1.6.3 에서 주어진 두 급수는 거듭제곱근 극한이 각각

$$\lim_{n\to\infty}\sqrt[n]{\left(1-\sin\frac{1}{n}\right)^{n}} = \lim_{n\to\infty}\left(1-\sin\frac{1}{n}\right) = 1,$$
$$\lim_{n\to\infty}\sqrt[n]{\left(1-\sin\frac{1}{\sqrt{n}}\right)^{n}} = \lim_{n\to\infty}\left(1-\sin\frac{1}{\sqrt{n}}\right) = 1$$

이다. 거듭제곱근 극한이 1 인 경우 수렴하는 급수와 발산하는 급수가 모두 존재하므로 이 경우 거듭제곱근 판정법이 유용하지 않다.

예제 1.6.4 다음 급수의 수렴 여부를 판정하시오.

(1) $\displaystyle\sum_{n=1}^{\infty}\left(1-\frac{1}{\sqrt{n}}\right)^{n^3}$ (2) $\displaystyle\sum_{n=1}^{\infty}\left(\frac{n^3}{n^3+n^2+2}\right)^{n^2}$

풀이 (1) 모든 자연수 n에 대하여

$$\left(1-\frac{1}{\sqrt{n}}\right)^{n^3} \le \left(1-\frac{1}{n}\right)^{n^3} \le \left(1-\frac{1}{n}\right)^{n^2}$$

임을 안다. 우변의 수열에 대한 거듭제곱근 극한이

$$\lim_{n\to\infty} \sqrt[n]{\left(1-\frac{1}{n}\right)^{n^2}} = \lim_{n\to\infty} \left(1-\frac{1}{n}\right)^{n} = \frac{1}{e} < 1$$

이므로 거듭제곱근 판정법에 의해 급수 $\displaystyle\sum_{n=1}^{\infty}\left(1-\frac{1}{n}\right)^{n^2}$ 은 수렴한다. 따라서 비교 판정법에 의해 주어진 급수는 수렴한다.

(2) 모든 자연수 n에 대하여

$$\left(\frac{n^3}{n^3+n^2+2}\right)^{n^2} = \left(1+\frac{1}{n}+\frac{2}{n^3}\right)^{-n^2} < \left(1+\frac{1}{n}\right)^{-n^2}$$

임을 안다. 우변의 수열에 대한 거듭제곱근 극한이

$$\lim_{n\to\infty} \sqrt[n]{\left(1+\frac{1}{n}\right)^{-n^2}} = \lim_{n\to\infty} \frac{1}{\left(1+\frac{1}{n}\right)^{n}} = \frac{1}{e} < 1$$

이므로 거듭제곱근 판정법에 의해 급수 $\displaystyle\sum_{n=1}^{\infty}\left(1+\frac{1}{n}\right)^{-n^2}$ 은 수렴한다. 따라서 비교 판정법에 의해 주어진 급수는 수렴한다. □

예제 1.6.5 다음 급수가 수렴하기 위한 양수 p의 범위를 구하시오.

$$\sum_{n=1}^{\infty}\left(\frac{pn^2}{n^2+3}\right)^{n}.$$

풀이 거듭제곱근 극한이

$$\lim_{n\to\infty} \sqrt[n]{\left(\frac{pn^2}{n^2+3}\right)^{n}} = \lim_{n\to\infty} \frac{pn^2}{n^2+3} = p$$

이므로 거듭제곱근 판정법에 의해 주어진 급수는 $0 < p < 1$ 이면 수렴하고, $p > 1$ 이면

발산한다. 한편 $p=1$ 인 경우,

$$\lim_{n\to\infty}\left(\frac{n^2}{n^2+3}\right)^n = \lim_{n\to\infty}\frac{1}{\left(\left(1+\frac{3}{n^2}\right)^{n^2/3}\right)^{3/n}} = 1 \neq 0$$

이므로 일반항 판정법에 의해 주어진 급수는 발산한다. □

예제 1.6.6 다음 급수가 수렴하기 위한 실수 p, q 의 범위를 구하시오.

$$\sum_{n=2}^{\infty}\frac{e^{1/n}-1}{n^p(\log n)^q}.$$

풀이 수열 $\left(\dfrac{1}{n^{p+1}(\log n)^q}\right)$ 에 대하여

$$\lim_{n\to\infty}\frac{\dfrac{e^{1/n}-1}{n^p(\log n)^q}}{\dfrac{1}{n^{p+1}(\log n)^q}} = \lim_{n\to\infty}\frac{e^{1/n}-1}{1/n} = 1$$

이므로 극한비교 판정법에 의해 주어진 급수가 수렴할 필요충분조건은 다음 급수가 수렴하는 것이다.

$$\sum_{n=2}^{\infty}\frac{1}{n^{p+1}(\log n)^q}. \qquad (\star)$$

(i) $p<-1$ 일 때, 실수 q 의 값에 관계없이

$$\lim_{n\to\infty}\frac{1}{n^{p+1}(\log n)^q} = \lim_{n\to\infty}\frac{n^{-p-1}}{(\log n)^q} = \infty$$

이므로 일반항 판정법에 의해 발산한다.

(ii) $p=-1$ 일 때, $q\le 0$ 이면

$$\lim_{n\to\infty}\frac{1}{n^{p+1}(\log n)^q} = \lim_{n\to\infty}(\log n)^{-q} \neq 0$$

이므로 일반항 판정법에 의해 발산한다. 한편 $q>0$ 이면, 부등식

$$\log x < x \quad (x>0)$$

로부터 모든 자연수 n 에 대하여

$$\log n^{1/q} < n^{1/q} \quad \Longrightarrow \quad \frac{1}{(\log n)^q} > \frac{1}{q^q n}$$

임을 안다. 이때 급수 $\displaystyle\sum_{n=1}^{\infty} \frac{1}{q^q n}$ 이 발산하므로 비교 판정법에 의해 급수 $(\star)$는 발산한다.

(iii) $p > -1$ 일 때,

$$f(x) = \frac{1}{x^{p+1}(\log x)^q} \quad \left(x > \max\{1, e^{-q/(p+1)}\}\right)$$

이라 두면

$$f'(x) = -\frac{(p+1)\log x + q}{x^{p+2}(\log x)^{q+1}} < 0$$

이므로 함수 f 는 감소함수이다. 따라서 충분히 큰 자연수 $N > \max\{1, e^{-q/(p+1)}\}$ 에 대하여 수열

$$f(n) = \frac{1}{n^{p+1}(\log n)^q} \quad (n \geq N)$$

은 감소수열이므로 정리 1.5.7 에 의해 급수 $(\star)$가 수렴할 필요충분조건은 급수

$$\sum_{n=1}^{\infty} \frac{2^n}{2^{n(p+1)}(\log 2^n)^q} = \frac{1}{(\log 2)^q} \sum_{n=1}^{\infty} \frac{1}{2^{np} n^q}$$

이 수렴하는 것이다. 이 급수의 거듭제곱근 극한을 구하면 임의의 실수 q 에 대하여

$$\lim_{n \to \infty} \sqrt[n]{\frac{1}{2^{np} n^q}} = \lim_{n \to \infty} \frac{1}{2^p (n^{1/n})^q} = \frac{1}{2^p}$$

이므로 거듭제곱근 판정법에 의해 $p > 0$ 일 때 수렴, $-1 < p < 0$ 일 때 발산한다. 마지막으로 $p = 0$ 인 경우, 급수 $\displaystyle\frac{1}{(\log 2)^q} \sum_{n=1}^{\infty} \frac{1}{n^q}$ 은 p-급수 판정법에 의해 $q > 1$ 일 때 수렴한다.

따라서 주어진 급수가 수렴하기 위한 실수 p, q 의 범위는

$$\begin{cases} p = 0 \\ q > 1 \end{cases} \qquad \text{또는} \qquad \begin{cases} p > 0 \\ q \in \mathbb{R} \end{cases}$$

이다. □

예제 1.6.7 양의 실수 p에 대하여 다음 급수의 수렴 여부를 판정하시오.

$$\sum_{n=1}^{\infty} \log\left(1+\left(1-\frac{1}{n^p}\right)^{n^{p+1}}\right).$$

풀이 부등식

$$\log(1+x) \le x \quad (x \ge 0)$$

를 이용하면, 모든 자연수 n에 대하여

$$\log\left(1+\left(1-\frac{1}{n^p}\right)^{n^{p+1}}\right) \le \left(1-\frac{1}{n^p}\right)^{n^{p+1}}$$

임을 안다. 우변의 수열에 대한 거듭제곱근 극한이

$$\lim_{n\to\infty} \sqrt[n]{\left(1-\frac{1}{n^p}\right)^{n^{p+1}}} = \lim_{n\to\infty}\left(1-\frac{1}{n^p}\right)^{n^p} = \frac{1}{e} < 1$$

이므로 거듭제곱근 판정법에 의해 급수 $\sum_{n=1}^{\infty}\left(1-\frac{1}{n^p}\right)^{n^{p+1}}$ 은 수렴한다. 따라서 비교 판정법에 의해 주어진 급수는 수렴한다. □

예제 1.6.8 다음 급수의 수렴·발산을 판정하시오.

$$\sum_{n=1}^{\infty}\left(\frac{3n+4}{5n+6}\right)^n\left(\frac{n+2}{n+1}\right)^{n^2}.$$

풀이 거듭제곱근 극한이

$$\begin{aligned}
\lim_{n\to\infty}\sqrt[n]{\left(\frac{3n+4}{5n+6}\right)^n\left(\frac{n+2}{n+1}\right)^{n^2}} &= \lim_{n\to\infty}\frac{3n+4}{5n+6}\left(\frac{n+2}{n+1}\right)^n \\
&= \lim_{n\to\infty}\frac{3n+4}{5n+6}\left(1+\frac{1}{n+1}\right)^{n+1}\frac{n+1}{n+2} \\
&= \frac{3e}{5} > 1
\end{aligned}$$

이므로 거듭제곱근 판정법에 의해 주어진 급수는 발산한다. □

다음으로 비율 판정법에 대해 알아보자. 만일 양수의 수열 (a_n)의 처음 유한개의 항을 제외하고 다음에 나타나는 무한히 많은 항이 등비수열의 점화식

$$a_{n+1} = ra_n$$

을 닮아 있다고 가정하자. 즉

$$n \gg 1 \quad \Longrightarrow \quad a_{n+1} \approx ra_n \quad \Longrightarrow \quad \frac{a_{n+1}}{a_n} \approx r$$

이고 이것은

$$\lim_{n\to\infty} \frac{a_{n+1}}{a_n} = r$$

을 의미한다. 따라서 공비가 r인 등비급수의 수렴성이 양항급수 $\sum_{n=1}^{\infty} a_n$의 수렴성과 관련이 있음을 추론할 수 있다.

정리 1.6.9 (비율 판정법) 양항급수 $\sum_{n=1}^{\infty} a_n$에 대하여

$$\lim_{n\to\infty} \frac{a_{n+1}}{a_n} = r$$

이라 하자. 이때

(i) $r < 1$이면, 급수 $\sum_{n=1}^{\infty} a_n$은 수렴한다.

(ii) $r > 1$이면, 급수 $\sum_{n=1}^{\infty} a_n$은 발산한다.

예제 1.6.10 다음 급수가 수렴하는 x의 범위를 구하시오.

(1) $\sum_{n=1}^{\infty} \frac{\sqrt{n!}}{n^n} x^{2n}$ (2) $\sum_{n=1}^{\infty} \frac{(n!)^2}{(n^2)!} x^{2n+1}$

풀이 (1) 모든 실수 x에 대하여

$$\lim_{n\to\infty} \frac{\dfrac{\sqrt{(n+1)!}}{(n+1)^{n+1}} x^{2n+2}}{\dfrac{\sqrt{n!}}{n^n} x^{2n}} = \lim_{n\to\infty} \frac{x^2}{\left(1+\frac{1}{n}\right)^n \sqrt{n+1}} = 0 < 1$$

이므로 비율 판정법에 의해 주어진 급수는 모든 실수 x에 대하여 수렴한다.

(2) 주어진 급수는

$$\sum_{n=1}^{\infty} \frac{(n!)^2}{(n^2)!} x^{2n+1} = x \sum_{n=1}^{\infty} \frac{(n!)^2}{(n^2)!} x^{2n}$$

이므로 주어진 급수가 수렴할 필요충분조건은 급수 $\sum_{n=1}^{\infty} \frac{(n!)^2}{(n^2)!} x^{2n}$ 이 수렴하는 것이다. 그런데 모든 실수 x 에 대하여

$$\lim_{n\to\infty} \frac{\frac{\left((n+1)!\right)^2}{\left((n+1)^2\right)!} x^{2n+2}}{\frac{(n!)^2}{(n^2)!} x^{2n}} = \lim_{n\to\infty} \frac{(n+1)^2}{(n^2+2n+1)(n^2+2n)\times\cdots\times(n^2+1)} x^2 = 0 < 1$$

이므로 비율 판정법에 의해 주어진 급수는 모든 실수 x 에 대하여 수렴한다. □

예제 1.6.11 다음 급수의 수렴·발산을 판정하시오.

(1) $\sum_{n=1}^{\infty} \frac{n^{100}}{3^n}$ (2) $\sum_{n=1}^{\infty} \frac{1.01^n}{n^{100}}$

(3) $\sum_{n=1}^{\infty} \frac{n\log n}{5^n}$ (4) $\sum_{n=1}^{\infty} \frac{2^n n!}{(n+\sqrt{n})^n}$

풀이 (1) 이 급수의 일반비의 극한이

$$\lim_{n\to\infty} \frac{\frac{(n+1)^{100}}{3^{n+1}}}{\frac{n^{100}}{3^n}} = \lim_{n\to\infty} \frac{(n+1)^{100}}{3n^{100}} = \frac{1}{3} < 1$$

이므로 비율 판정법에 의해 주어진 급수는 수렴한다.

(2) 이 급수의 일반비의 극한이

$$\lim_{n\to\infty} \frac{\frac{1.01^{n+1}}{(n+1)^{100}}}{\frac{1.01^n}{n^{100}}} = \lim_{n\to\infty} \frac{1.01\times n^{100}}{(n+1)^{100}} = 1.01 > 1$$

이므로 비율 판정법에 의해 주어진 급수는 발산한다.

(3) 이 급수의 일반비의 극한이

$$\lim_{n\to\infty} \frac{\frac{(n+1)\log(n+1)}{5^{n+1}}}{\frac{n\log n}{5^n}} = \lim_{n\to\infty} \frac{n+1}{5n}\left(\frac{1}{\log n}\cdot\log\left(1+\frac{1}{n}\right)+1\right) = \frac{1}{5} < 1$$

이므로 비율 판정법에 의해 주어진 급수는 수렴한다.

(4) 모든 자연수 n에 대하여

$$\frac{2^n n!}{(n+\sqrt{n})^n} < \frac{2^n n!}{n^n}$$

임을 안다. 우변의 수열에 대한 일반비의 극한이

$$\lim_{n\to\infty} \frac{\frac{2^{n+1}(n+1)!}{(n+1)^{n+1}}}{\frac{2^n n!}{n^n}} = \lim_{n\to\infty} \frac{2}{\left(1+\frac{1}{n}\right)^n} = \frac{2}{e} < 1$$

이므로 비율 판정법에 의해 급수 $\sum_{n=1}^{\infty} \frac{2^n n!}{n^n}$은 수렴한다. 따라서 비교 판정법에 의해 주어진 급수는 수렴한다. □

예제 1.6.12 수열

$$a_n = \begin{cases} \frac{n}{3^n} & (n\text{ 이 홀수일 때}) \\ \frac{1}{3^n} & (n\text{ 이 짝수일 때}) \end{cases}$$

에 대하여

(1) 극한 $\lim_{n\to\infty} \frac{a_{n+1}}{a_n}$ 의 수렴·발산을 판정하시오.

(2) 극한 $\lim_{n\to\infty} \sqrt[n]{a_n}$ 의 수렴·발산을 판정하시오.

(3) 급수 $\sum_{n=1}^{\infty} a_n$ 의 수렴·발산을 판정하시오.

풀이 (1) 수열 (a_n)의 일반비를 구하면 다음과 같다.

$$\frac{a_{n+1}}{a_n} = \begin{cases} \frac{1}{3n} & (n\text{ 이 홀수일 때}) \\ \frac{n+1}{3} & (n\text{ 이 짝수일 때}) \end{cases}$$

따라서 극한값

$$\lim_{n\to\infty}\frac{a_{n+1}}{a_n}$$

은 진동하므로 발산한다.

(2) 수열 $(\sqrt[n]{a_n})$ 은

$$\sqrt[n]{a_n}=\begin{cases}\dfrac{n^{1/n}}{3} & (n\text{ 이 홀수일 때})\\ \dfrac{1}{3} & (n\text{ 이 짝수일 때})\end{cases}$$

이므로

$$\lim_{n\to\infty}\sqrt[n]{a_n}=\frac{1}{3}$$

이 되어 수렴한다.

(3) 거듭제곱근 판정법에 의해 주어진 급수는 수렴한다. □

예제 1.6.12 에서 비율 판정법을 적용할 수 없지만 거듭제곱근 판정법을 적용할 수 있는 급수의 예를 보았다. 다음 예제는 비율 판정법이 가능한 급수는 항상 거듭제곱근 판정법이 가능함을 보여 준다. 즉 비율 판정법보다 거듭제곱근 판정법으로 다룰 수 있는 수열의 종류가 더 많음을 알 수 있다.

예제 1.6.13 양수의 수열 (a_n) 에 대하여 다음을 보이시오.

$$\lim_{n\to\infty}\frac{a_{n+1}}{a_n}=r \qquad\Longrightarrow\qquad \lim_{n\to\infty}\sqrt[n]{a_n}=r$$

풀이 $\displaystyle\lim_{n\to\infty}\frac{a_{n+1}}{a_n}=r$ 이므로 임의의 양수 $\varepsilon>0$ 에 대하여

$$n\geq N \quad\Longrightarrow\quad \left|\frac{a_{n+1}}{a_n}-r\right|<\varepsilon$$

을 만족하는 자연수 N 이 존재한다. 따라서

$$(r-\varepsilon)a_N<a_{N+1}<(r+\varepsilon)a_N,$$

$$(r-\varepsilon)^2a_N<a_{N+2}<(r+\varepsilon)^2a_N,$$

$$\vdots$$

$$(r-\varepsilon)^ka_N<a_{N+k}<(r+\varepsilon)^ka_N$$

이므로

$$n > N \quad \Longrightarrow \quad (r-\varepsilon)^{n-N} a_N < a_n < (r+\varepsilon)^{n-N} a_N$$

이 성립한다. 만일 $r = 0$ 이면,

$$0 < \sqrt[n]{a_n} < \varepsilon^{1-N/n} \sqrt[n]{a_N}$$

이고 $\lim_{n\to\infty} \varepsilon^{1-N/n} \sqrt[n]{a_N} = \varepsilon$ 이므로

$$0 \le \liminf_{n\to\infty} \sqrt[n]{a_n} \le \limsup_{n\to\infty} \sqrt[n]{a_n} \le \varepsilon$$

이다. ε은 임의의 양수이므로

$$\liminf_{n\to\infty} \sqrt[n]{a_n} = 0 = \limsup_{n\to\infty} \sqrt[n]{a_n}$$

이고, 따라서

$$\lim_{n\to\infty} \sqrt[n]{a_n} = 0$$

을 얻는다. 한편 $r > 0$ 이면, 임의의 양수 $\varepsilon < r$ 에 대하여

$$n > N \quad \Longrightarrow \quad (r-\varepsilon)\left(\frac{a_N}{(r-\varepsilon)^N}\right)^{1/n} < \sqrt[n]{a_n} < (r+\varepsilon)\left(\frac{a_N}{(r+\varepsilon)^N}\right)^{1/n}$$

이다. 또한

$$\lim_{n\to\infty}\left(\frac{a_N}{(r-\varepsilon)^N}\right)^{1/n} = 1 = \lim_{n\to\infty}\left(\frac{a_N}{(r+\varepsilon)^N}\right)^{1/n}$$

이므로

$$r - \varepsilon \le \liminf_{n\to\infty} \sqrt[n]{a_n} \le \limsup_{n\to\infty} \sqrt[n]{a_n} \le r + \varepsilon$$

이다. ε은 임의의 양수이므로

$$\liminf_{n\to\infty} \sqrt[n]{a_n} = r = \limsup_{n\to\infty} \sqrt[n]{a_n}$$

이고, 따라서

$$\lim_{n\to\infty} \sqrt[n]{a_n} = r$$

을 얻는다. □

1.7 적분 판정법

이 절에서는 적분 구간이 유계가 아닌 경우의 정적분과 이를 이용한 급수의 수렴·발산 판정을 공부한다.

정의 1.7.1 (특이적분) 함수 $f : [a, \infty) \to \mathbb{R}$ 와 임의의 $t \geq a$ 에 대하여 정적분 $\displaystyle\int_a^t f(x)\,dx$ 가 존재한다고 가정하자. 이때 구간 $[a, \infty)$ 에서 함수 f 의 특이적분을 $\displaystyle\int_a^\infty f(x)\,dx$ 로 나타내고

$$\int_a^\infty f(x)\,dx = \lim_{t\to\infty} \int_a^t f(x)\,dx$$

로 정의한다.

예제 1.7.2 다음 특이적분이 수렴하기 위한 실수 p 의 범위를 구하시오.

$$\int_1^\infty \frac{1}{x^p}\,dx.$$

풀이 특이적분의 정의에 의해

$$\int_1^\infty \frac{1}{x^p}\,dx = \lim_{t\to\infty} \int_1^t \frac{1}{x^p}\,dx = \begin{cases} \displaystyle\lim_{t\to\infty} \frac{1}{1-p}\left(\frac{1}{t^{p-1}} - 1\right) & (p \neq 1) \\ \displaystyle\lim_{t\to\infty} \log t & (p = 1) \end{cases}$$

이므로 $p > 1$ 일 때

$$\int_1^\infty \frac{1}{x^p}\,dx = \frac{1}{p-1}$$

로 수렴한다. □

예제 1.7.2 로부터

$$\int_1^\infty \frac{1}{x^p}\,dx < \infty \quad \Longleftrightarrow \quad p > 1$$

임을 안다. 또한 앞 절의 예제 1.5.9 에서

$$\sum_{n=1}^\infty \frac{1}{n^p} < \infty \quad \Longleftrightarrow \quad p > 1$$

임을 공부했다. 위의 두 결과로부터

$$\int_1^\infty \frac{1}{x^p}\,dx < \infty \quad \Longleftrightarrow \quad \sum_{n=1}^\infty \frac{1}{n^p} < \infty$$

임을 알 수 있는데 여기서 주목해야 할 점은 급수 $\sum_{n=1}^\infty \frac{1}{n^p}$ 의 값을 구하는 것은 매우 어렵다는 점이다. p가 5 이상의 홀수일 경우의 p-급수의 값은 현재까지도 알려지지 않았다. 반면 특이적분 $\int_1^\infty \frac{1}{x^p}\,dx$ 의 값을 구할 경우 미적분학의 기본정리를 이용할 수 있다는 장점이 있기 때문에 급수의 값을 구하는 것보다 상대적으로 쉽게 구할 수 있다. 즉 특이적분의 수렴·발산 판정이 급수의 수렴·발산 판정보다 상대적으로 쉬움을 의미한다. 다음 정리는 미적분학의 기본정리를 이용하여 주어진 급수의 수렴·발산 판정이 가능함을 보여 준다.

정리 1.7.3 (적분 판정법) 연속함수 $f:[1,\infty)\to(0,\infty)$가 감소함수일 때 급수

$$\sum_{n=1}^\infty f(n)$$

이 수렴할 필요충분조건은 특이적분

$$\int_1^\infty f(x)\,dx$$

가 수렴하는 것이다.

예제 1.7.4 다음 급수의 수렴·발산을 판정하시오.

(1) $\displaystyle\sum_{n=2}^\infty \frac{1}{n\log n}$ (2) $\displaystyle\sum_{n=2}^\infty \frac{\sin\left(\tan\frac{1}{n}\right)}{\log n}$

(3) $\displaystyle\sum_{n=2}^\infty (-1+\log_n(n+1))$

풀이 (1) 함수 f를

$$f(x) = \frac{1}{x\log x} \quad (x>1)$$

이라 두면

$$f'(x) = -\frac{1+\log x}{x^2(\log x)^2} < 0$$

이므로 함수 f는 감소함수이다. 따라서 수열

$$f(n) = \frac{1}{n\log n} \quad (n \geq 2)$$

은 감소수열이고,

$$\begin{aligned}
\int_2^\infty \frac{1}{x\log x}\,dx &= \lim_{t\to\infty}\int_2^t \frac{1}{x\log x}\,dx \\
&= \lim_{t\to\infty}\int_{\log 2}^{\log t} \frac{1}{u}\,du \quad \left(\because u=\log x,\quad du=\frac{1}{x}\,dx\right) \\
&= \lim_{t\to\infty}\Big[\log u\Big]_{\log 2}^{\log t} \\
&= \lim_{t\to\infty}\left(\log\log t - \log\log 2\right) \\
&= \infty
\end{aligned}$$

이므로 적분 판정법에 의해 주어진 급수는 발산한다.

(2) 수열 $\left(\dfrac{1}{n\log n}\right)$에 대하여

$$\lim_{n\to\infty}\frac{\dfrac{\sin\left(\tan\frac{1}{n}\right)}{\log n}}{\dfrac{1}{n\log n}} = \lim_{n\to\infty}\frac{\sin\left(\tan\frac{1}{n}\right)}{\tan\frac{1}{n}}\cdot\frac{\tan\frac{1}{n}}{\frac{1}{n}} = 1$$

이고 급수 $\displaystyle\sum_{n=2}^\infty \frac{1}{n\log n}$이 발산하므로 극한비교 판정법에 의해 주어진 급수는 발산한다.

(3) 수열 $\left(\dfrac{1}{n\log n}\right)$에 대하여

$$\lim_{n\to\infty}\frac{-1+\log_n(n+1)}{\dfrac{1}{n\log n}} = \lim_{n\to\infty}\log\left(1+\frac{1}{n}\right)^n = \log e = 1$$

임을 안다. 이때 급수 $\displaystyle\sum_{n=2}^\infty \frac{1}{n\log n}$이 발산하므로 극한비교 판정법에 의해 주어진 급수는 발산한다. □

예제 1.7.5 다음 급수의 수렴·발산을 판정하시오.

(1) $\displaystyle\sum_{n=2}^{\infty} \frac{1}{n(\log n)^p} \quad (p > 1)$ (2) $\displaystyle\sum_{n=3}^{\infty} \frac{1}{n\sqrt{\log\log n}\log n}$

풀이 (1) 함수 f를

$$f(x) = \frac{1}{x(\log x)^p} \quad (x > 1)$$

이라 두면

$$f'(x) = -\frac{p + \log x}{x^2(\log x)^{1+p}} < 0$$

이므로 함수 f는 감소함수이다. 따라서 수열

$$f(n) = \frac{1}{n(\log n)^p} \quad (n \geq 2)$$

은 감소수열이고,

$$\begin{aligned}\int_2^{\infty} \frac{1}{x(\log x)^p}\,dx &= \lim_{t\to\infty}\int_2^t \frac{1}{x(\log x)^p}\,dx = \lim_{t\to\infty}\int_{\log 2}^{\log t} u^{-p}\,du = \lim_{t\to\infty}\left[\frac{1}{1-p}u^{1-p}\right]_{\log 2}^{\log t} \\ &= \lim_{t\to\infty}\frac{1}{p-1}\left(\frac{1}{(\log 2)^{p-1}} - \frac{1}{(\log t)^{p-1}}\right) = \frac{1}{(p-1)(\log 2)^{p-1}}\end{aligned}$$

이므로 적분 판정법에 의해 주어진 급수는 수렴한다.

(2) 함수 f를

$$f(x) = \frac{1}{x\sqrt{\log\log x}\log x} \quad (x > e)$$

이라 두면

$$f'(x) = -\frac{1 + 2(1 + \log x)\log\log x}{2x^2(\log x)^2(\log\log x)^{3/2}} < 0$$

이므로 함수 f는 감소함수이다. 따라서 수열

$$f(n) = \frac{1}{n\sqrt{\log\log n}\log n} \quad (n \geq 3)$$

은 감소수열이고,

$$\begin{aligned}\int_3^{\infty} \frac{1}{x\sqrt{\log\log x}\log x}\,dx &= \lim_{t\to\infty}\int_3^t \frac{1}{x\sqrt{\log\log x}\log x}\,dx = \lim_{t\to\infty}\int_{\log\log 3}^{\log\log t} u^{-1/2}\,du \\ &= \lim_{t\to\infty}\left[2\sqrt{u}\right]_{\log\log 3}^{\log\log t} = \lim_{t\to\infty} 2\left(\sqrt{\log\log t} - \sqrt{\log\log 3}\right) = \infty\end{aligned}$$

이므로 적분 판정법에 의해 주어진 급수는 발산한다. □

예제 1.7.6 다음 급수가 수렴하기 위한 실수 p의 범위를 구하시오.

$$\sum_{n=1}^{\infty} \frac{\log n}{n^p}.$$

풀이 1 $p \le 0$인 경우 일반항 판정법에 의해 주어진 급수는 발산한다. $p > 0$인 경우

$$f(x) = \frac{\log x}{x^p} \quad (x > e^{1/p})$$

라 두면

$$f'(x) = \frac{1 - p\log x}{x^{p+1}} < 0$$

이므로 함수 f는 감소함수이다. 따라서 자연수 $N \ge e^{1/p}$에 대하여 수열

$$f(n) = \frac{\log n}{n^p} \quad (n \ge N)$$

은 감소수열이다.

$$\begin{aligned}
\int_N^{\infty} \frac{\log x}{x^p}\,dx &= \lim_{t\to\infty} \int_N^t \frac{\log x}{x^p}\,dx = \lim_{t\to\infty} \int_{\log N}^{\log t} ue^{(1-p)u}\,du \\
&= \begin{cases} \lim\limits_{t\to\infty} \left[\dfrac{1}{(1-p)^2} \cdot \dfrac{(1-p)u - 1}{e^{(p-1)u}}\right]_{\log N}^{\log t} & (p \ne 1) \\ \lim\limits_{t\to\infty} \left[\dfrac{1}{2}u^2\right]_{\log N}^{\log t} & (p = 1) \end{cases} \\
&= \begin{cases} \lim\limits_{t\to\infty} \dfrac{1}{(1-p)^2} \left(\dfrac{(1-p)\log t - 1}{t^{p-1}} - \dfrac{(1-p)\log N - 1}{N^{p-1}}\right) & (p \ne 1) \\ \lim\limits_{t\to\infty} \dfrac{1}{2}\left((\log t)^2 - (\log N)^2\right) & (p = 1) \end{cases} \\
&= \begin{cases} \dfrac{1}{(1-p)^2} & (p > 1) \\ \infty & (p \le 1) \end{cases}
\end{aligned}$$

이므로 적분 판정법에 의해 $p > 1$일 때 주어진 급수는 수렴한다. □

풀이 2 $p \le 0$인 경우 일반항 판정법에 의해 주어진 급수는 발산한다. $p > 0$인 경우

$$f(x) = \frac{\log x}{x^p} \quad (x > e^{1/p})$$

라 두면

$$f'(x) = \frac{1 - p\log x}{x^{p+1}} < 0$$

이므로 함수 f는 감소함수이다. 따라서 수열

$$f(n) = \frac{\log n}{n^p} \quad (n > e^{1/p})$$

은 감소수열이므로 정리 1.5.7에 의해 주어진 급수가 수렴할 필요충분조건은 충분히 큰 자연수 N에 대하여 급수

$$\sum_{n=N}^{\infty} 2^n \cdot \frac{\log 2^n}{(2^n)^p} = \sum_{n=N}^{\infty} n2^{n(1-p)} \log 2$$

가 수렴하는 것이다. $p = 1$인 경우 일반항 판정법에 의해 발산하고, 이 급수의 거듭제곱근 극한이

$$\lim_{n\to\infty} \sqrt[n]{n2^{n(1-p)}\log 2} = \lim_{n\to\infty} n^{1/n} \cdot 2^{1-p}(\log 2)^{1/n} = 2^{1-p}$$

이므로 거듭제곱근 판정법에 의해 $p > 1$이면 수렴, $p < 1$이면 발산한다. □

풀이 3 $p \le 0$인 경우 일반항 판정법에 의해 주어진 급수는 발산한다. $0 < p \le 1$인 경우

$$n \ge 3 \quad \Longrightarrow \quad \frac{\log n}{n^p} > \frac{1}{n^p}$$

이고, 이때 급수 $\sum_{n=3}^{\infty} \frac{1}{n^p}$이 발산하므로 비교 판정법에 의해 주어진 급수는 발산한다. 한편 $p > 1$인 경우 $p = 1 + \varepsilon$ $(\varepsilon > 0)$이라 두면,

$$\lim_{n\to\infty} \frac{\log n}{n^{\varepsilon/2}} = 0$$

이므로

$$\begin{aligned} n \ge N \quad &\Longrightarrow \quad \frac{\log n}{n^{\varepsilon/2}} < 1 \\ &\Longrightarrow \quad \frac{\log n}{n^p} < \frac{n^{\varepsilon/2}}{n^{1+\varepsilon}} = \frac{1}{n^{1+\varepsilon/2}} \end{aligned}$$

을 만족하는 자연수 N이 존재하고, 급수 $\sum_{n=N}^{\infty} \frac{1}{n^{1+\varepsilon/2}}$이 수렴하므로 비교 판정법에 의해 주어진 급수는 수렴한다. □

1.8 교대급수 판정법

양수의 수열 (a_n) 에 대하여 함수

$$f(x) = \sum_{n=0}^{\infty} a_n x^n$$

이 음의 실수 $x = -c$ $(c > 0)$ 에서 정의되는지 확인하기 위해서는 다음 급수

$$f(-c) = \sum_{n=0}^{\infty} (-1)^n a_n c^n = a_0 - a_1 c + a_2 c^2 - a_3 c^3 + \cdots$$

의 수렴 여부를 판정해야 한다. 이와 같이 각 항에 음수와 양수가 교대로 나오는 급수를 교대급수라고 한다.

정의 1.8.1 (교대급수) 양수의 수열 (a_n) 에 대하여 급수

$$\sum_{n=1}^{\infty} (-1)^{n+1} a_n = a_1 - a_2 + a_3 - a_4 + \cdots$$

를 교대급수라고 부른다.

예제 1.8.2 교대급수

$$\sum_{n=1}^{\infty} (-1)^{n+1} \frac{1}{n}$$

의 부분합 $S_n = \displaystyle\sum_{k=1}^{n} (-1)^{k+1} \frac{1}{k}$ 에 대하여 다음에 답하시오.

(1) 수열 (S_{2n-1}) 이 감소수열임을 보이시오.

(2) 수열 (S_{2n}) 이 증가수열임을 보이시오.

(3) 수열 (S_{2n-1}) 과 수열 (S_{2n}) 이 수렴함을 보이고 $\lim_{n\to\infty} S_{2n-1} = \lim_{n\to\infty} S_{2n}$ 임을 보이시오.

풀이 (1) 모든 자연수 n 에 대하여

$$S_{2n+1} - S_{2n-1} = -\frac{1}{2n} + \frac{1}{2n+1} = -\frac{1}{2n(2n+1)} < 0$$

이므로 수열 (S_{2n-1}) 은 감소수열이다.

(2) 모든 자연수 n에 대하여

$$S_{2n+2} - S_{2n} = \frac{1}{2n+1} - \frac{1}{2n+2} = \frac{1}{(2n+1)(2n+2)} > 0$$

이므로 수열 (S_{2n})은 증가수열이다.

(3) 모든 자연수 n에 대하여

$$S_1 > S_{2n-1} > S_{2n-1} - \frac{1}{2n} = S_{2n} > S_2$$

이므로 단조 수렴 정리에 의해 수열 (S_{2n-1})과 수열 (S_{2n})은 수렴한다. 또한

$$\lim_{n\to\infty} |S_{2n} - S_{2n-1}| = \lim_{n\to\infty} \frac{1}{2n} = 0$$

이므로

$$\lim_{n\to\infty} S_{2n-1} = \lim_{n\to\infty} S_{2n}$$

을 얻는다.

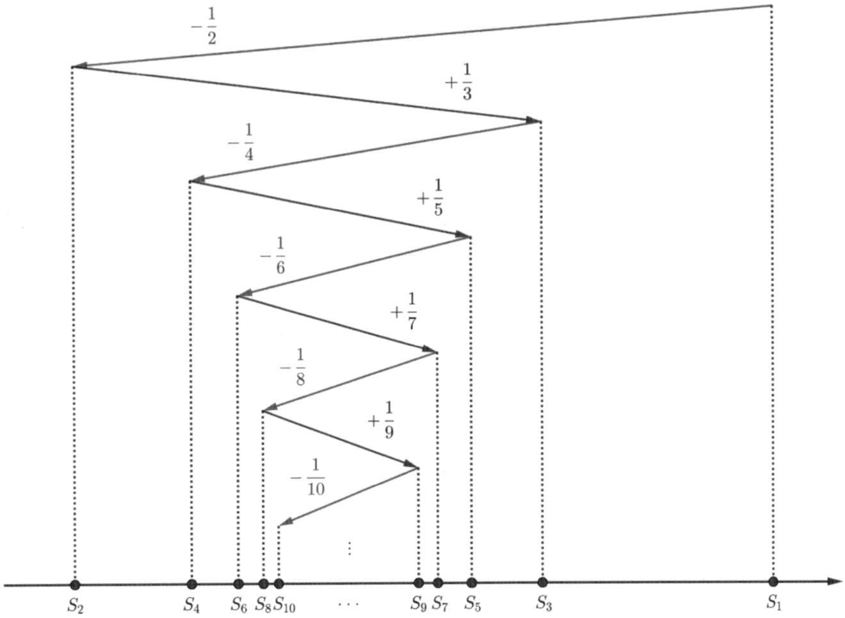

□

단조 수렴 정리를 이용하면 예제 1.8.2 의 결과를 다음과 같이 일반화할 수 있다.

정리 1.8.3 (교대급수 판정법) 양수의 수열 (a_n) 이 감소수열이고 $\lim_{n\to\infty} a_n = 0$ 이면 교대급수

$$\sum_{n=1}^{\infty}(-1)^{n+1}a_n = a_1 - a_2 + a_3 - a_4 + \cdots$$

은 수렴한다.

예제 1.8.4 다음 급수의 수렴 여부를 판정하시오.

$$\sum_{n=1}^{\infty}(-1)^n \sin\left(\frac{3}{n}\right).$$

풀이 함수 $f(x) = \sin x$ 는 구간 $[-\pi/2, \pi/2]$ 에서 증가함수이므로 자연수 $n \geq 2$ 에 대하여

$$\sin\left(\frac{3}{n}\right) > \sin\left(\frac{3}{n+1}\right)$$

이 성립한다. 또한

$$\lim_{n\to\infty} \sin\left(\frac{3}{n}\right) = 0$$

이므로 교대급수 판정법에 의해 주어진 급수는 수렴한다. □

급수 $\sum_{n=1}^{\infty} a_n$ 의 부분합 $S_n = \sum_{k=1}^{n} a_k$ 를 급수의 근삿값으로 사용하기 위해서는 급수의 합과 부분합의 오차

$$\left|\sum_{n=1}^{\infty} a_n - \sum_{k=1}^{n} a_k\right|$$

가 충분히 작아야 한다. 다음 정리는 교대급수의 합과 부분합의 오차를 급수의 일반항을 이용하여 쉽게 계산할 수 있음을 보여 준다.

정리 1.8.5 양수의 수열 (a_n) 이 감소수열이고 $\lim_{n\to\infty} a_n = 0$ 이면

$$\left|\sum_{n=1}^{\infty}(-1)^{n+1}a_n - \sum_{k=1}^{n}(-1)^{k+1}a_k\right| \leq a_{n+1}$$

이다.

예제 1.8.6 다음 급수가 수렴함을 보이고 그 값을 오차 범위 5×10^{-4} 이내가 되도록 구하시오.

$$\sum_{n=1}^{\infty}(-1)^{n+1}\frac{1}{n^2 2^n}.$$

풀이 수열 $\left(\dfrac{1}{n^2 2^n}\right)$ 은 감소수열이고

$$\lim_{n\to\infty}\frac{1}{n^2 2^n}=0$$

이므로 교대급수 판정법에 의해 주어진 급수는 수렴한다. 또한

$$a_6=\frac{1}{2304}<\frac{1}{2000}=5\times 10^{-4}$$

이므로 정리 1.8.5 에 의해

$$\left|\sum_{n=1}^{\infty}(-1)^{n+1}\frac{1}{n^2 2^n}-\sum_{k=1}^{5}(-1)^{k+1}\frac{1}{k^2 2^k}\right|\le a_6<5\times 10^{-4}$$

이다. 따라서 구하는 근삿값은

$$S_5=\sum_{k=1}^{5}(-1)^{k+1}\frac{1}{k^2 2^k}=\frac{25847}{57600}\approx 0.44873$$

이다. □

우리는 지금까지 양항급수에 대해 공부하였다. 임의의 부호를 가지는 수열 (a_n) 에 대하여 수열 $(|a_n|)$ 은 양수의 수열이므로 양항급수에 대해 성립하는 모든 판정법을 적용할 수 있다. 즉 급수 $\sum_{n=1}^{\infty} a_n$ 의 수렴·발산을 판정하는 것보다 급수 $\sum_{n=1}^{\infty}|a_n|$ 의 수렴·발산을 판정하는 것이 상대적으로 쉽다.

> **정의 1.8.7 (절대수렴)** 급수 $\sum_{n=1}^{\infty} a_n$ 에 대하여 급수 $\sum_{n=1}^{\infty}|a_n|$ 이 수렴하면 이 급수는 절대수렴한다고 한다.

급수가 수렴하지만 절대수렴하지 않으면 조건수렴한다고 한다. 다음 정리는 임의의 부호를 가지는 급수의 수렴성은 절대수렴함을 보임으로써 수렴 판정이 가능함을 말해 준다.

정리 1.8.8 급수 $\sum_{n=1}^{\infty}|a_n|$ 이 수렴하면 급수 $\sum_{n=1}^{\infty}a_n$ 은 수렴한다.

위 정리의 대우를 생각하면 발산하는 급수는 절대수렴하지 않음을 알 수 있다.

예제 1.8.9 다음 급수의 수렴 여부를 판정하시오.

$$\sum_{n=1}^{\infty}\frac{\sin n + 2\cos(n^2)}{n^3}.$$

풀이 모든 자연수 n 에 대하여

$$\left|\frac{\sin n + 2\cos(n^2)}{n^3}\right| \le \frac{3}{n^3}$$

이고 급수 $\sum_{n=1}^{\infty}\frac{3}{n^3}$ 이 수렴하므로 비교 판정법에 의해 급수 $\sum_{n=1}^{\infty}\left|\frac{\sin n + 2\cos(n^2)}{n^3}\right|$ 은 수렴한다. 따라서 정리 1.8.8 에 의해 주어진 급수는 수렴한다. □

예제 1.8.10 다음 급수의 수렴 여부를 판정하시오.

$$\sum_{n=1}^{\infty}\left(1+\frac{1}{2}+\frac{1}{3}+\cdots+\frac{1}{n}-\log n\right)^n \sin(e^n).$$

풀이 수열 (a_n) 을

$$a_n = 1+\frac{1}{2}+\frac{1}{3}+\cdots+\frac{1}{n}-\log n$$

이라 두면 $n \ge 2$ 인 자연수 n 에 대하여

$$\log n = \int_1^n \frac{1}{x}dx < 1+\frac{1}{2}+\frac{1}{3}+\cdots+\frac{1}{n-1} < 1+\frac{1}{2}+\frac{1}{3}+\cdots+\frac{1}{n} \quad \Longrightarrow \quad a_n > 0$$

이고 $a_1 = 1$ 이므로 모든 자연수 n에 대하여 $a_n > 0$ 이다. 또한 모든 자연수 n 에 대하여

$$a_{n+1} - a_n = \frac{1}{n+1} - \log(n+1) + \log n = \frac{1}{n+1} - \int_n^{n+1}\frac{1}{x}dx < 0$$

이므로 (a_n) 은 감소수열이다. 따라서 단조수렴정리에 의해 극한값

$$\lim_{n\to\infty} a_n = \gamma$$

가 존재한다. $n \geq 3$일 때

$$0 < a_n \leq a_3 = 1 + \frac{1}{2} + \frac{1}{3} - \log 3 < \frac{5}{6}$$

이므로 $\gamma < 5/6$ 임을 안다. 한편

$$\left|\left(1 + \frac{1}{2} + \frac{1}{3} + \cdots + \frac{1}{n} - \log n\right)^n \sin(e^n)\right| \leq \left(1 + \frac{1}{2} + \frac{1}{3} + \cdots + \frac{1}{n} - \log n\right)^n$$

이고

$$\begin{aligned}\lim_{n\to\infty} \sqrt[n]{\left(1 + \frac{1}{2} + \frac{1}{3} + \cdots + \frac{1}{n} - \log n\right)^n} &= \lim_{n\to\infty}\left(1 + \frac{1}{2} + \frac{1}{3} + \cdots + \frac{1}{n} - \log n\right)\\ &= \gamma < \frac{5}{6}\end{aligned}$$

이므로 거듭제곱근 판정법에 의해 급수

$$\sum_{n=1}^{\infty}\left(1 + \frac{1}{2} + \frac{1}{3} + \cdots + \frac{1}{n} - \log n\right)^n$$

은 수렴한다. 따라서 비교 판정법에 의해 주어진 급수는 절대수렴하므로 수렴한다. □

예제 1.8.11 다음 급수의 수렴·발산을 판정하시오. 또 절대수렴하는지 판정하시오.

(1) $\displaystyle\sum_{n=1}^{\infty}(-1)^{n+1}(n^{1/n} - 1)$

(2) $\displaystyle\sum_{n=1}^{\infty}(-1)^{n+1}\frac{\sqrt{n} + \log n}{n+1}$

(3) $\displaystyle\sum_{n=1}^{\infty}(-1)^{n+1}\frac{n^p}{e^n} \quad (p > 0)$

(4) $\displaystyle\sum_{n=1}^{\infty}(-1)^{n+1}\frac{e^n}{n^n}$

(5) $\displaystyle\sum_{n=1}^{\infty}(-1)^{n+1}\log\left(1 + \frac{1}{\sqrt{n}}\right)$

풀이 (1) 함수 f를

$$f(x) = x^{1/x} - 1 \quad (x \geq 3)$$

이라 두면

$$f'(x) = \frac{x^{1/x}(1 - \log x)}{x^2} < 0$$

이므로 함수 f는 감소함수이다. 따라서 수열

$$f(n) = n^{1/n} - 1 \quad (n \geq 3)$$

은 감소수열이고

$$\lim_{n\to\infty}(n^{1/n}-1)=0$$

이므로 교대급수 판정법에 의해 주어진 급수는 수렴한다. 한편 부등식

$$\log(1+x)\le x \quad (x>-1)$$

를 이용하면, 모든 자연수 n에 대하여

$$\log[1+(n^{1/n}-1)]\le n^{1/n}-1 \quad\Longrightarrow\quad n^{1/n}-1\ge\frac{\log n}{n}$$

임을 안다. 이때 급수 $\displaystyle\sum_{n=1}^{\infty}\frac{\log n}{n}$이 발산하므로 비교 판정법에 의해 급수

$$\sum_{n=1}^{\infty}\left|(-1)^{n+1}(n^{1/n}-1)\right|=\sum_{n=1}^{\infty}(n^{1/n}-1)$$

은 발산한다. 따라서 주어진 급수는 조건수렴한다.

(2) 함수 f를

$$f(x)=\frac{\sqrt{x}+\log x}{x+1}$$

라 두면, $x\ge e^2$일 때

$$f'(x)=\frac{-x\sqrt{x}+2x+\sqrt{x}-2x\log x+2}{2x(x+1)^2}\le\frac{2x(1-\log x)+2}{2x(x+1)^2}\le\frac{-2x+2}{2x(x+1)^2}<0$$

이므로 함수 f는 감소함수이다. 따라서 수열

$$f(n)=\frac{\sqrt{n}+\log n}{n+1} \quad (n\ge 8)$$

은 감소수열이고

$$\lim_{n\to\infty}\frac{\sqrt{n}+\log n}{n+1}=0$$

이므로 교대급수 판정법에 의해 주어진 급수는 수렴한다. 한편

$$\lim_{n\to\infty}\frac{\dfrac{\sqrt{n}+\log n}{n+1}}{\dfrac{1}{\sqrt{n}}}=\lim_{n\to\infty}\frac{1+\frac{\log n}{\sqrt{n}}}{1+\frac{1}{n}}=1$$

이고 급수 $\sum_{n=1}^{\infty} \frac{1}{\sqrt{n}}$ 은 발산하므로 극한비교 판정법에 의해 급수

$$\sum_{n=1}^{\infty} \left| (-1)^{n+1} \frac{\sqrt{n} + \log n}{n+1} \right| = \sum_{n=1}^{\infty} \frac{\sqrt{n} + \log n}{n+1}$$

은 발산한다. 따라서 주어진 급수는 조건수렴한다.

(3) 함수 f 를

$$f(x) = \frac{x^p}{e^x} \quad (x \geq p)$$

라 두면

$$f'(x) = \frac{(p-x)x^{p-1}}{e^x} < 0$$

이므로 함수 f 는 감소함수이다. 따라서 수열

$$f(n) = \frac{n^p}{e^n} \quad (n \geq p)$$

는 감소수열이고

$$\lim_{n \to \infty} \frac{n^p}{e^n} = 0$$

이므로 교대급수 판정법에 의해 주어진 급수는 수렴한다. 또한

$$\lim_{n \to \infty} \sqrt[n]{\frac{n^p}{e^n}} = \lim_{n \to \infty} \frac{(n^{1/n})^p}{e} = \frac{1}{e} < 1$$

이므로 거듭제곱근 판정법에 의해 급수

$$\sum_{n=1}^{\infty} \left| (-1)^{n+1} \frac{n^p}{e^n} \right| = \sum_{n=1}^{\infty} \frac{n^p}{e^n}$$

는 수렴한다. 따라서 주어진 급수는 절대수렴한다.

(4) 수열 (a_n) 을

$$a_n = \frac{e^n}{n^n}$$

이라 두면, 예제 1.3.3 의 (1)로부터 수열 $\left((1 + \frac{1}{n})^n\right)$ 은 증가수열이므로 모든 자연수

n에 대하여

$$\frac{a_{n+1}}{a_n} = \frac{e^{n+1}}{(n+1)^{n+1}} \cdot \frac{n^n}{e^n} = \frac{e}{n+1} \cdot \frac{1}{(1+\frac{1}{n})^n} \le \frac{e}{4} < 1 \quad \Longrightarrow \quad a_{n+1} < a_n$$

이 되어 (a_n)은 감소수열임을 안다. 또한 $n \ge 3$일 때

$$0 < \frac{e^n}{n^n} \le \left(\frac{e}{3}\right)^n \quad \Longrightarrow \quad \lim_{n\to\infty} \frac{e^n}{n^n} = 0$$

이므로 교대급수 판정법에 의해 주어진 급수는 수렴한다. 한편 등비급수 $\displaystyle\sum_{n=3}^{\infty}\left(\frac{e}{3}\right)^n$이 수렴하므로 비교 판정법에 의해 급수

$$\sum_{n=1}^{\infty}\left|(-1)^{n+1}\frac{e^n}{n^n}\right| = \sum_{n=1}^{\infty}\frac{e^n}{n^n}$$

은 수렴한다. 따라서 주어진 급수는 절대수렴한다.

(5) 수열 $\left(\log(1+\frac{1}{\sqrt{n}})\right)$은 감소수열이고

$$\lim_{n\to\infty}\log\left(1+\frac{1}{\sqrt{n}}\right) = 0$$

이므로 교대급수 판정법에 의해 주어진 급수는 수렴한다. 한편 모든 자연수 n에 대하여

$$\log\left(1+\frac{1}{\sqrt{n}}\right) \ge \log\left(1+\frac{1}{n}\right)$$

이고

$$\sum_{n=1}^{\infty}\log\left(1+\frac{1}{n}\right) = \lim_{n\to\infty}\sum_{k=1}^{n}(\log(k+1)-\log k) = \lim_{n\to\infty}\log(n+1) = \infty$$

이므로 비교 판정법에 의해 급수

$$\sum_{n=1}^{\infty}\left|(-1)^{n+1}\log\left(1+\frac{1}{\sqrt{n}}\right)\right| = \sum_{n=1}^{\infty}\log\left(1+\frac{1}{\sqrt{n}}\right)$$

은 발산한다. 따라서 주어진 급수는 조건수렴한다. □

제 2 장

거듭제곱급수

2.1 거듭제곱급수

함수 $f(x)$가 주어졌을 때 원점 근방에서 다음 등식이 성립함을 보이는 것이 우리의 목적임을 밝힌 바 있다.

$$f(x) \stackrel{?}{=} a_0 + a_1x + a_2x^2 + a_3x^3 + \cdots .$$

특수한 함수의 경우, 우리는 이미 그 답을 알고 있다. 예를 들면 유리함수

$$f(x) = \frac{1}{1-2x}$$

에 대하여 $|x| < 1/2$이면, $f(x)$는 첫째 항이 1이고 공비가 $2x$인 무한등비급수의 합이므로

$$f(x) = \frac{1}{1-2x} = 1 + 2x + 4x^2 + 8x^3 + 16x^4 + \cdots$$

임을 안다. 이와 같은 사실을 임의로 주어진 함수 $f(x)$에 대하여 일반화하기 위해 먼저 위 식에서 우변의 형태로 주어진 급수를 정의할 필요가 있다.

정의 2.1.1 (거듭제곱급수) 실수 x에 대하여 급수

$$\sum_{n=0}^{\infty} a_nx^n = a_0 + a_1x + a_2x^2 + a_3x^3 + \cdots$$

가 수렴하면, 이 급수는 x에 대한 함수로 이해할 수 있다. 이와 같이 표현된 급수를 거듭제곱급수라고 부른다.

예제 2.1.2 거듭제곱급수

$$\sum_{n=2}^{\infty} \frac{x^n}{n^\pi - n^e}$$

이 수렴하는 x 의 범위를 구하시오.

풀이 일반항의 절댓값에 대한 거듭제곱근 극한이

$$\begin{aligned}\lim_{n\to\infty} \sqrt[n]{\left|\frac{x^n}{n^\pi - n^e}\right|} &= \lim_{n\to\infty} \frac{|x|}{(n^\pi - n^e)^{1/n}} \\ &= \lim_{n\to\infty} \frac{|x|}{n^{\pi/n}\left(1 - \dfrac{1}{n^{\pi-e}}\right)^{1/n}} \\ &= |x|\end{aligned}$$

이므로 $|x| < 1$ 일 경우 거듭제곱근 판정법에 의해 주어진 급수는 절대수렴하므로 수렴한다. $|x| > 1$ 일 경우

$$\lim_{n\to\infty} \left|\frac{x^n}{n^\pi - n^e}\right| = \lim_{n\to\infty} \frac{|x|^n}{n^\pi - n^e} \geq \lim_{n\to\infty} \frac{|x|^n}{n^4} = \infty$$

이므로 일반항 판정법에 의해 주어진 급수는 발산한다. 한편 $x = 1$ 일 경우

$$\lim_{n\to\infty} \frac{\dfrac{1}{n^\pi - n^e}}{\dfrac{1}{n^\pi}} = \lim_{n\to\infty} \frac{1}{1 - \frac{1}{n^{\pi-e}}} = 1$$

이고 급수 $\displaystyle\sum_{n=1}^{\infty} \frac{1}{n^\pi}$ 은 수렴하므로 극한비교 판정법에 의해 주어진 급수는 $x = 1$ 일 때 수렴한다. 마지막으로 $x = -1$ 일 경우 절대수렴하므로 수렴한다. 따라서 주어진 급수가 수렴하는 x 의 범위는

$$-1 \leq x \leq 1$$

이다. □

주어진 거듭제곱급수의 한 점에서 수렴·발산 여부를 알면 거듭제곱급수가 수렴하는 x 의 범위에 대한 정보를 알 수 있다.

정리 2.1.3 거듭제곱급수

$$f(x) = \sum_{n=0}^{\infty} a_n x^n = a_0 + a_1 x + a_2 x^2 + a_3 x^3 + \cdots$$

에 대하여

(i) $f(a)$가 수렴하면, $|x| < |a|$인 임의의 실수 x에 대하여 $f(x)$가 절대수렴한다.

(ii) $f(b)$가 발산하면, $|x| > |b|$인 임의의 실수 x에 대하여 $f(x)$가 발산한다.

위 정리로부터 수렴하는 점과 발산하는 점이 모두 존재하면 거듭제곱급수가 수렴하는 실수 x의 상한이 존재함을 안다. 이 값을 거듭제곱급수 $\sum_{n=0}^{\infty} a_n x^n$의 수렴반경이라고 부른다. 만일 거듭제곱급수가 모든 실수에서 수렴하면 수렴반경이 ∞라고 한다. 다음 정리는 수렴반경을 구하는 방법을 제시한다.

정리 2.1.4 거듭제곱급수

$$\sum_{n=0}^{\infty} a_n x^n = a_0 + a_1 x + a_2 x^2 + a_3 x^3 + \cdots$$

에 대하여

(i) $\lim_{n\to\infty} \left| \frac{a_{n+1}}{a_n} \right| = \rho \in [0, \infty]$이면, 거듭제곱급수 $\sum_{n=0}^{\infty} a_n x^n$의 수렴반경은 $R = \frac{1}{\rho}$이다.

(ii) $\lim_{n\to\infty} \sqrt[n]{|a_n|} = \rho \in [0, \infty]$이면, 거듭제곱급수 $\sum_{n=0}^{\infty} a_n x^n$의 수렴반경은 $R = \frac{1}{\rho}$이다.

예제 2.1.5 다음 급수가 수렴하는 x의 범위를 구하시오.

(1) $\sum_{n=1}^{\infty} \frac{(\log a)^n}{n!} x^n \quad (a > 0)$ (2) $\sum_{n=1}^{\infty} \frac{x^n}{3^{n+\sin n}}$

(3) $\displaystyle\sum_{n=1}^{\infty} \frac{\sin(n\pi/2)}{5^n} x^n$ (4) $\displaystyle\sum_{n=1}^{\infty} \left(n^2 \tan \frac{1}{n^3}\right) x^n$

풀이 (1) $a = 1$ 인 경우는 자명하므로 $a \neq 1$ 인 경우만 고려한다.

$$\rho = \lim_{n\to\infty} \left| \frac{\dfrac{(\log a)^{n+1}}{(n+1)!}}{\dfrac{(\log a)^n}{n!}} \right| = \lim_{n\to\infty} \frac{|\log a|}{n+1} = 0$$

이므로 정리 2.1.4 에 의해 주어진 거듭제곱급수의 수렴반경은 $R = \infty$ 이다. 따라서 주어진 거듭제곱급수는 모든 실수 x 에 대하여 수렴한다.

(2) 계수의 절댓값에 대한 거듭제곱근 극한이

$$\rho = \lim_{n\to\infty} \sqrt[n]{\frac{1}{3^{n+\sin n}}} = \lim_{n\to\infty} \frac{1}{3^{1+\frac{\sin n}{n}}} = \frac{1}{3}$$

이므로 정리 2.1.4 에 의해 주어진 거듭제곱급수의 수렴반경은 $R = 3$ 이다. 한편 $|x| = 3$ 일 경우

$$\lim_{n\to\infty} \frac{3^n}{3^{n+\sin n}} = \lim_{n\to\infty} \frac{1}{3^{\sin n}} \neq 0, \quad \lim_{n\to\infty} \frac{(-3)^n}{3^{n+\sin n}} = \lim_{n\to\infty} \frac{(-1)^n}{3^{\sin n}} \neq 0$$

이므로 일반항 판정법에 의해 발산한다. 따라서 주어진 급수가 수렴하는 x 의 범위는

$$-3 < x < 3$$

이다.

(3) 주어진 급수를 다음과 같이 변형하자.

$$\sum_{n=1}^{\infty} \frac{\sin(n\pi/2)}{5^n} x^n = \frac{1}{5}x - \frac{1}{5^3}x^3 + \frac{1}{5^5}x^5 + \cdots = \sum_{n=0}^{\infty} \frac{(-1)^n}{5^{2n+1}} x^{2n+1}.$$

이때

$$\lim_{n\to\infty} \sqrt[n]{\left| \frac{(-1)^n}{5^{2n+1}} x^{2n+1} \right|} = \lim_{n\to\infty} \frac{|x|^{2+\frac{1}{n}}}{5^{2+\frac{1}{n}}} = \frac{|x|^2}{25}$$

이므로 주어진 급수는 거듭제곱근 판정법에 의해 $|x| < 5$ 일 때 절대수렴, 일반항 판정

법에 의해 $|x| \geq 5$ 일 때 발산한다. 따라서 주어진 급수가 수렴하는 x 의 범위는

$$-5 < x < 5$$

이다.

(4) 계수의 절댓값에 대한 거듭제곱근 극한이

$$\rho = \lim_{n\to\infty} \sqrt[n]{n^2 \tan\frac{1}{n^3}} = \lim_{n\to\infty} \left(\frac{\tan\frac{1}{n^3}}{\frac{1}{n^3}}\right)^{1/n} \frac{1}{n^{1/n}} = 1$$

이므로 정리 2.1.4 에 의해 주어진 거듭제곱급수의 수렴반경은 $R = 1$ 이다. 한편 $x = 1$ 일 경우

$$\lim_{n\to\infty} \frac{n^2 \tan\dfrac{1}{n^3}}{\dfrac{1}{n}} \lim_{n\to\infty} \frac{\tan\dfrac{1}{n^3}}{\dfrac{1}{n^3}} = 1$$

이고 급수 $\sum_{n=1}^{\infty} \frac{1}{n}$ 은 발산하므로 극한비교 판정법에 의해 주어진 급수는 $x = 1$ 일 때 발산한다. 마지막으로 $x = -1$ 일 경우

$$f(x) = x^2 \tan\frac{1}{x^3} \quad (x \geq 1)$$

이라 두면

$$f'(x) = \frac{x^3 \sin\frac{2}{x^3} - 3}{x^2 \cos^2\frac{1}{x^3}} \leq \frac{x^3 \cdot \frac{2}{x^3} - 3}{x^2 \cos^2\frac{1}{x^3}} \leq \frac{-1}{x^2 \cos^2\frac{1}{x^3}} < 0$$

이므로 함수 f 는 감소함수이다. 따라서 수열

$$f(n) = n^2 \tan\frac{1}{n^3}$$

은 감소수열이고

$$\lim_{n\to\infty} n^2 \tan\frac{1}{n^3} = \lim_{n\to\infty} \frac{1}{n} \frac{\tan\frac{1}{n^3}}{\frac{1}{n^3}} = 0$$

이므로 교대급수 판정법에 의해 주어진 급수는 $x = -1$ 일 때 수렴한다. 따라서 주어진 급수가 수렴하는 x 의 범위는

$$-1 \leq x < 1$$

이다. □

2.2 거듭제곱급수의 기본정리

다항식은 다른 함수들에 비해 상대적으로 도함수와 부정적분을 구하기 쉽고, 그 결과가 다시 다항식이 된다는 장점이 있다. 거듭제곱급수는 무한차수 다항식으로 이해할 수 있으며, 거듭제곱급수의 도함수와 부정적분을 구하는 방법은 급수로 표현됨을 제외하고 다항함수의 도함수와 부정적분을 구하는 방법과 동일하다. 이 절의 목적은 다항함수의 미분법과 적분법을 거듭제곱급수로 확장하는 것이다.

정리 2.2.1 (거듭제곱급수의 기본정리) 수렴반경이 R인 거듭제곱급수

$$f(x) = \sum_{n=0}^{\infty} a_n x^n = a_0 + a_1 x + a_2 x^2 + a_3 x^3 + \cdots$$

에 대하여

(i) $f'(x) = \displaystyle\sum_{n=1}^{\infty} n a_n x^{n-1}$ 이고, 수렴반경은 R이다.

(ii) $\displaystyle\int f(x)\,dx = C + \sum_{n=0}^{\infty} \frac{a_n}{n+1} x^{n+1}$ 이고, 수렴반경은 R이다.

예제 2.2.2 함수

$$f(x) = \frac{1}{2}\log\frac{1+x}{1-x} \quad (|x| < 1)$$

를 거듭제곱급수로 표현하시오.

풀이 다음 두 기하급수

$$\frac{1}{1+x} = 1 - x + x^2 - x^3 + x^4 - \cdots \quad (|x| < 1),$$
$$\frac{1}{1-x} = 1 + x + x^2 + x^3 + x^4 + \cdots \quad (|x| < 1)$$

을 양변 적분하면 거듭제곱급수의 기본정리에 의해

$$\log(1+x) = x - \frac{1}{2}x^2 + \frac{1}{3}x^3 - \frac{1}{4}x^4 + \cdots \quad (|x| < 1),$$
$$\log(1-x) = -x - \frac{1}{2}x^2 - \frac{1}{3}x^3 - \frac{1}{4}x^4 - \cdots \quad (|x| < 1)$$

이므로 $|x| < 1$일 때

$$\begin{aligned}\log\frac{1+x}{1-x} &= \log(1+x)-\log(1-x)\\ &= \left(x-\frac{1}{2}x^2+\frac{1}{3}x^3-\frac{1}{4}x^4+\cdots\right)-\left(-x-\frac{1}{2}x^2-\frac{1}{3}x^3-\frac{1}{4}x^4-\cdots\right)\\ &= 2\left(x+\frac{1}{3}x^3+\frac{1}{5}x^5+\cdots\right)\\ &= 2\sum_{n=0}^{\infty}\frac{x^{2n+1}}{2n+1}\end{aligned}$$

이다. 따라서 구하는 거듭제곱급수 표현은

$$f(x)=\sum_{n=0}^{\infty}\frac{x^{2n+1}}{2n+1}\quad(|x|<1)$$

이다. □

예제 2.2.3 다음 급수의 수렴·발산을 판정하시오.

$$\sum_{n=1}^{\infty}\int_0^{\tan(1/n)}\frac{\log(1+t)}{t}\,dt.$$

풀이 기하급수

$$\frac{1}{1+x}=1-x+x^2-x^3+x^4-\cdots\quad(|x|<1)$$

을 양변 적분하면 거듭제곱급수의 기본정리에 의해

$$\log(1+x)=x-\frac{1}{2}x^2+\frac{1}{3}x^3-\frac{1}{4}x^4+\cdots\quad(|x|<1)$$

이다. 이 식을 양변 x로 나누고 다시 적분하면 거듭제곱급수의 기본정리에 의해

$$\int_0^x\frac{\log(1+t)}{t}\,dt=\sum_{n=1}^{\infty}\frac{(-1)^{n+1}}{n^2}x^n\quad(|x|<1)$$

이다. 한편

$$\lim_{x\to0}\frac{\displaystyle\int_0^x\frac{\log(1+t)}{t}\,dt}{x}=\lim_{x\to0}\left(1+\sum_{n=2}^{\infty}\frac{(-1)^{n+1}}{n^2}x^{n-1}\right)=1$$

이므로

$$\lim_{n\to\infty}\frac{\displaystyle\int_0^{\tan(1/n)}\frac{\log(1+t)}{t}\,dt}{\dfrac{1}{n}}=\lim_{n\to\infty}\frac{\displaystyle\int_0^{\tan(1/n)}\frac{\log(1+t)}{t}\,dt}{\tan\dfrac{1}{n}}\cdot\frac{\tan\dfrac{1}{n}}{\dfrac{1}{n}}=1$$

이고 급수 $\displaystyle\sum_{n=1}^{\infty}\frac{1}{n}$ 이 발산하므로 극한비교 판정법에 의해 주어진 급수는 발산한다. □

일반적으로 급수의 수렴 여부를 판단하는 것보다 급수의 값을 구하는 것이 훨씬 어렵다. 급수의 값을 정확히 구하는 것은 매우 이례적이지만, 기하급수와 같이 값을 정확히 구할 수 있는 특수한 급수에 거듭제곱급수의 기본정리를 적용하면 다양한 급수의 값을 계산할 수 있다.

예제 2.2.4 다음 급수가 수렴함을 보이고, 급수의 합을 구하시오.

(1) $\displaystyle\sum_{n=1}^{\infty}\frac{n+1}{n2^n}$ (2) $\displaystyle\sum_{n=2}^{\infty}\frac{n(n-1)3^n}{2^{2n}}$

(3) $\displaystyle\sum_{n=1}^{\infty}(-1)^{n+1}\frac{n^2 2^n}{3^n}$ (4) $\displaystyle\sum_{n=1}^{\infty}\frac{2^{2n}}{n(n+1)5^n}$

풀이 (1) 이 급수의 거듭제곱근 극한이

$$\lim_{n\to\infty}\sqrt[n]{\frac{n+1}{n2^n}}=\lim_{n\to\infty}\frac{1}{2}\left(1+\frac{1}{n}\right)^{1/n}=\frac{1}{2}<1$$

이므로 거듭제곱근 판정법에 의해 주어진 급수는 수렴한다. 기하급수

$$\frac{1}{1-x}=\sum_{n=0}^{\infty}x^n \quad (|x|<1)$$

을 양변 적분하면 거듭제곱급수의 기본정리에 의해

$$-\log(1-x)=\sum_{n=0}^{\infty}\frac{1}{n+1}x^{n+1}=\sum_{n=1}^{\infty}\frac{1}{n}x^n \quad (|x|<1)$$

을 얻는다. 이제 $x=1/2$을 대입하면

$$\sum_{n=1}^{\infty}\frac{n+1}{n2^n}=\sum_{n=1}^{\infty}\frac{1}{2^n}+\sum_{n=1}^{\infty}\frac{1}{n2^n}=\frac{1/2}{1-1/2}+\sum_{n=1}^{\infty}\frac{1}{n2^n}=1+\log 2$$

이다.

(2) 이 급수의 일반비의 극한이

$$\lim_{n\to\infty} \frac{\dfrac{n(n+1)3^{n+1}}{2^{2n+2}}}{\dfrac{n(n-1)3^n}{2^{2n}}} = \lim_{n\to\infty} \frac{3(n+1)}{4(n-1)} = \frac{3}{4} < 1$$

이므로 비율 판정법에 의해 주어진 급수는 수렴한다. 기하급수

$$\frac{1}{1-x} = \sum_{n=0}^{\infty} x^n \quad (|x| < 1)$$

를 양변 미분하면 거듭제곱급수의 기본정리에 의해

$$\frac{1}{(1-x)^2} = \sum_{n=1}^{\infty} nx^{n-1} \quad (|x| < 1)$$

을 얻는다. 이 식을 다시 양변 미분하면

$$\frac{2}{(1-x)^3} = \sum_{n=2}^{\infty} n(n-1)x^{n-2} \quad (|x| < 1)$$

이고 양변에 x^2 을 곱하여

$$\frac{2x^2}{(1-x)^3} = \sum_{n=2}^{\infty} n(n-1)x^n \quad (|x| < 1)$$

을 얻는다. 이제 $x = 3/4$ 을 대입하면

$$\sum_{n=2}^{\infty} \frac{n(n-1)3^n}{2^{2n}} = 72$$

이다.

(3) 일반항의 절댓값에 대한 거듭제곱근 극한이

$$\lim_{n\to\infty} \sqrt[n]{\left|(-1)^n \frac{n^2 2^n}{3^n}\right|} = \lim_{n\to\infty} \frac{2(n^{1/n})^2}{3} = \frac{2}{3}$$

이므로 거듭제곱근 판정법에 의해 주어진 급수는 절대수렴한다. 기하급수

$$\frac{1}{1-x} = \sum_{n=0}^{\infty} x^n \quad (|x| < 1)$$

을 양변 미분하면 거듭제곱급수의 기본정리에 의해

$$\frac{1}{(1-x)^2} = \sum_{n=1}^{\infty} nx^{n-1} \quad (|x| < 1)$$

이고 양변에 x를 곱하면

$$\frac{x}{(1-x)^2} = \sum_{n=1}^{\infty} nx^n \quad (|x| < 1)$$

이다. 이 식을 다시 양변 미분하면

$$\frac{x+1}{(1-x)^3} = \sum_{n=1}^{\infty} n^2 x^{n-1} \quad (|x| < 1)$$

이고 양변에 다시 x를 곱하면

$$\frac{x(x+1)}{(1-x)^3} = \sum_{n=1}^{\infty} n^2 x^n \quad (|x| < 1)$$

을 얻는다. 이제 $x = -2/3$를 대입하면

$$\sum_{n=1}^{\infty} (-1)^{n+1} \frac{n^2 2^n}{3^n} = \frac{6}{125}$$

이다.

(4) 이 급수의 일반비의 극한이

$$\lim_{n\to\infty} \frac{\dfrac{2^{2n+2}}{(n+1)(n+2)5^{n+1}}}{\dfrac{2^{2n}}{n(n+1)5^n}} = \lim_{n\to\infty} \frac{4n}{5(n+2)} = \frac{4}{5} < 1$$

이므로 비율 판정법에 의해 주어진 급수는 수렴한다. 기하급수

$$\frac{1}{1-x} = \sum_{n=0}^{\infty} x^n \quad (|x| < 1)$$

을 양변 적분하면 거듭제곱급수의 기본정리에 의해

$$-\log(1-x) = \sum_{n=0}^{\infty} \frac{1}{n+1} x^{n+1} = \sum_{n=1}^{\infty} \frac{1}{n} x^n \quad (|x| < 1)$$

을 얻는다. 이 식을 다시 양변 적분하면

$$x + (1-x)\log(1-x) = \sum_{n=1}^{\infty} \frac{1}{n(n+1)} x^{n+1} \quad (|x| < 1)$$

이고 양변에 $1/x$ 을 곱하여

$$1 + \left(\frac{1}{x} - 1\right) \log(1-x) = \sum_{n=1}^{\infty} \frac{1}{n(n+1)} x^n \quad (|x| < 1)$$

을 얻는다. 이제 $x = 4/5$ 를 대입하면

$$\sum_{n=1}^{\infty} \frac{2^{2n}}{n(n+1)5^n} = 1 - \frac{\log 5}{4}$$

이다.

□

예제 2.2.5 거듭제곱급수

$$f(x) = \sum_{n=1}^{\infty} \left(1 + \frac{1}{2} + \frac{1}{3} + \cdots + \frac{1}{n}\right) x^n$$

이 수렴하는 범위와 $f(2/3)$ 의 값을 구하시오.

풀이 계수

$$a_n = 1 + \frac{1}{2} + \frac{1}{3} + \cdots + \frac{1}{n}$$

에 대한 일반비의 극한이

$$\begin{aligned}\rho &= \lim_{n\to\infty}\left|\frac{a_{n+1}}{a_n}\right| \\ &= \lim_{n\to\infty}\frac{a_n + \dfrac{1}{n+1}}{a_n} \\ &= \lim_{n\to\infty}\left(1+\frac{1}{(n+1)a_n}\right) \\ &= 1\end{aligned}$$

이므로 정리 2.1.4 에 의해 주어진 거듭제곱급수의 수렴반경은 $R = 1$ 이다. 한편 $|x| = 1$ 일 경우

$$\lim_{n\to\infty} a_n = \sum_{n=1}^{\infty}\frac{1}{n} = \infty, \qquad \lim_{n\to\infty}(-1)^n a_n \neq 0$$

이므로 일반항 판정법에 의해 발산한다. 따라서 주어진 급수가 수렴하는 x 의 범위는

$$-1 < x < 1$$

이다. 한편 수열 (a_n) 은 다음 점화식을 만족한다.

$$a_{n+1} = a_n + \frac{1}{n+1} \quad (n \geq 1)$$

이 점화식의 양변에 x^{n+1} 을 곱하고 $\sum_{n=1}^{\infty}$ 를 취하면

$$\sum_{n=1}^{\infty} a_{n+1}x^{n+1} = x\sum_{n=1}^{\infty} a_n x^n + \sum_{n=1}^{\infty}\frac{1}{n+1}x^{n+1} \tag{$\star$}$$

이다. 또한

$$\begin{aligned}\sum_{n=1}^{\infty} a_{n+1}x^{n+1} &= -a_1 x + \sum_{n=1}^{\infty} a_n x^n = -x + \sum_{n=1}^{\infty} a_n x^n \\ \sum_{n=1}^{\infty}\frac{1}{n+1}x^{n+1} &= -x + \sum_{n=1}^{\infty}\frac{1}{n}x^n = -x - \log(1-x)\end{aligned}$$

이므로 위의 두 식을 식 ($\star$)에 대입하여 $\sum_{n=1}^{\infty} a_n x^n$ 에 대하여 정리하면

$$f(x) = \sum_{n=1}^{\infty} a_n x^n = \frac{\log(1-x)}{x-1}$$

를 얻는다. 이제 $x = 2/3$를 대입하면

$$f\left(\frac{2}{3}\right) = 3\log 3$$

을 얻는다. □

2.3 초월함수의 거듭제곱급수

이 절에서는 지수함수, 로그함수, 삼각함수, 쌍곡함수 및 그 역함수의 거듭제곱급수 표현에 대해 공부한다.

2.3.1 이항급수

자연수 α에 대하여 $(1+x)^\alpha$를 전개하면 이항정리에 의해

$$(1+x)^\alpha = \sum_{n=0}^{\alpha} {}_\alpha\mathrm{C}_n x^n$$

이다. 이와 같은 사실을 임의의 실수 α에 대하여 확장한 것을 이항급수라고 한다.

정리 2.3.1 (이항급수) 임의의 실수 α에 대하여 다음이 성립한다.

$$\begin{aligned}(1+x)^\alpha &= \sum_{n=0}^{\infty} \binom{\alpha}{n} x^n \\ &= 1 + \alpha x + \frac{\alpha(\alpha-1)}{2!}x^2 + \frac{\alpha(\alpha-1)(\alpha-2)}{3!}x^3 + \cdots \quad (|x|<1).\end{aligned}$$

여기서 $\binom{\alpha}{n} = \dfrac{\alpha(\alpha-1)(\alpha-2)\times\cdots\times(\alpha-n+1)}{n!}$ 이다.

예제 2.3.2 다음 함수를 거듭제곱급수로 표현하시오.

(1) $\sqrt{1+x}$

(2) $\sqrt[3]{1+x^2}$

(3) $\dfrac{1}{\sqrt{1-2x}}$

풀이 (1) 이항급수 공식에 의해

$$\begin{aligned}\sqrt{1+x} &= (1+x)^{1/2} \\ &= \sum_{n=0}^{\infty} \binom{1/2}{n} x^n \\ &= 1 + \frac{1}{2}x - \frac{1}{8}x^2 + \frac{1}{16}x^3 + \cdots \quad (|x| < 1)\end{aligned}$$

이다.

(2) 이항급수 공식에 의해

$$\begin{aligned}\sqrt[3]{1+x^2} &= (1+x^2)^{1/3} \\ &= \sum_{n=0}^{\infty} \binom{1/3}{n} (x^2)^n \\ &= 1 + \frac{1}{3}x^2 - \frac{1}{9}x^4 + \frac{5}{81}x^6 + \cdots \quad (|x| < 1)\end{aligned}$$

이다.

(3) 이항급수 공식에 의해

$$\begin{aligned}\frac{1}{\sqrt{1-2x}} &= (1-2x)^{-1/2} \\ &= \sum_{n=0}^{\infty} \binom{-1/2}{n} (-2x)^n \\ &= 1 + x + \frac{3}{2}x^2 + \frac{5}{2}x^3 + \cdots \quad \left(|x| < \frac{1}{2}\right)\end{aligned}$$

이다. □

2.3.2 지수함수, 로그함수, 삼각함수의 거듭제곱급수

거듭제곱급수의 기본정리에 의해 함수 $f(x)$가 거듭제곱급수로 표현된 함수이면

$$f(x) = \sum_{n=0}^{\infty} \frac{f^{(n)}(0)}{n!}x^n = f(0) + f'(0)x + \frac{f''(0)}{2!}x^2 + \cdots + \frac{f^{(n)}(0)}{n!}x^n + \cdots$$

임을 안다. 이를 이용하면 여러 가지 초월함수의 거듭제곱급수 표현을 구할 수 있다.

- $e^x = \sum_{n=0}^{\infty} \frac{x^n}{n!} = 1 + x + \frac{x^2}{2!} + \frac{x^3}{3!} + \frac{x^4}{4!} + \cdots \quad (-\infty < x < \infty)$
- $\log(1+x) = \sum_{n=1}^{\infty} \frac{(-1)^{n+1}}{n}x^n = x - \frac{x^2}{2} + \frac{x^3}{3} - \frac{x^4}{4} + \cdots \quad (-1 < x \le 1)$
- $\sin x = \sum_{n=0}^{\infty} \frac{(-1)^n}{(2n+1)!}x^{2n+1} = x - \frac{x^3}{3!} + \frac{x^5}{5!} - \frac{x^7}{7!} + \cdots \quad (-\infty < x < \infty)$
- $\cos x = \sum_{n=0}^{\infty} \frac{(-1)^n}{(2n)!}x^{2n} = 1 - \frac{x^2}{2!} + \frac{x^4}{4!} - \frac{x^6}{6!} + \cdots \quad (-\infty < x < \infty)$
- $\tan x = \sum_{n=1}^{\infty} \frac{(-1)^{n+1}2^{2n}(2^{2n}-1)B_{2n}}{(2n)!}x^{2n-1}$
  $= x + \frac{1}{3}x^3 + \frac{2}{15}x^5 + \cdots \quad \left(|x| < \frac{\pi}{2}\right)$
- $\sec x = \sum_{n=0}^{\infty} \frac{(-1)^n E_{2n}}{(2n)!}x^{2n} = 1 + \frac{1}{2}x^2 + \frac{5}{24}x^4 + \frac{61}{720}x^6 + \cdots \quad \left(|x| < \frac{\pi}{2}\right)$
- $\csc x = \frac{1}{x} + \sum_{n=1}^{\infty} \frac{(-1)^{n+1}2(2^{2n-1}-1)B_{2n}}{(2n)!}x^{2n-1}$
  $= \frac{1}{x} + \frac{1}{6}x + \frac{7}{360}x^3 + \cdots \quad (0 < |x| < \pi)$
- $\cot x = \frac{1}{x} - \sum_{n=1}^{\infty} \frac{(-1)^{n+1}2^{2n}B_{2n}}{(2n)!}x^{2n-1}$
  $= \frac{1}{x} - \frac{1}{3}x - \frac{1}{45}x^3 - \frac{2}{945}x^5 + \cdots \quad (0 < |x| < \pi)$

위 급수에서 나타나는 베르누이 수 B_n과 오일러 수 E_{2n}은 다음과 같이 주어진다.

$$B_n = \sum_{k=0}^{n}\sum_{j=0}^{k}(-1)^j\binom{k}{j}\frac{j^n}{k+1}, \quad E_{2n} = i\sum_{k=1}^{2n+1}\sum_{j=0}^{k}\binom{k}{j}\frac{(-1)^j(k-2j)^{2n+1}}{k2^k i^k}.$$

예제 2.3.3 다음 극한을 구하시오.

(1) $\displaystyle\lim_{x\to 0}\frac{\sin x - x + x^3/6}{x^5}$ (2) $\displaystyle\lim_{x\to 0^+}\frac{\cos\sqrt{x} - 1 + x/2 - x^2/24}{x^3}$

(3) $\displaystyle\lim_{x\to 0}\frac{9\sqrt[3]{1+x^7} - 9 - 3x^7 + x^{14}}{x^{21}}$ (4) $\displaystyle\lim_{x\to 0}\frac{x/(e^x-1) - 1 + x/2}{x^2}$

풀이 (1) $\sin x$ 의 거듭제곱급수는

$$\sin x = \sum_{n=0}^{\infty}\frac{(-1)^n}{(2n+1)!}x^{2n+1} = x - \frac{x^3}{3!} + \frac{x^5}{5!} - \frac{x^7}{7!} + \cdots \quad (-\infty < x < \infty)$$

이므로 거듭제곱급수

$$u(x) = \sum_{n=0}^{\infty}\frac{(-1)^n}{(2n+5)!}x^{2n} = \frac{1}{5!} - \frac{x^2}{7!} + \frac{x^4}{9!} - \cdots \quad (-\infty < x < \infty)$$

에 대하여

$$\sin x = x - \frac{x^3}{6} + x^5 u(x)$$

와 같이 표현된다. 따라서

$$\lim_{x\to 0}\frac{\sin x - x + x^3/6}{x^5} = \lim_{x\to 0} u(x) = u(0) = \frac{1}{5!} = \frac{1}{120}$$

을 얻는다.

(2) $\cos x$ 의 거듭제곱급수는

$$\cos x = \sum_{n=0}^{\infty}\frac{(-1)^n}{(2n)!}x^{2n} = 1 - \frac{x^2}{2!} + \frac{x^4}{4!} - \frac{x^6}{6!} + \cdots \quad (-\infty < x < \infty)$$

이므로 거듭제곱급수

$$u(x) = \sum_{n=0}^{\infty}\frac{(-1)^{n+1}}{(2n+6)!}x^{n} = -\frac{1}{6!} + \frac{x}{8!} - \frac{x^2}{10!} + \cdots \quad (-\infty < x < \infty)$$

에 대하여

$$\cos\sqrt{x} = 1 - \frac{x}{2} + \frac{x^2}{24} + x^3 u(x)$$

와 같이 표현된다. 따라서

$$\lim_{x\to 0^+} \frac{\cos\sqrt{x} - 1 + x/2 - x^2/24}{x^3} = \lim_{x\to 0^+} v(x) = v(0) = -\frac{1}{6!} = -\frac{1}{720}$$

을 얻는다.

(3) 이항급수 공식에 의해

$$\sqrt[3]{1+x^7} = (1+x^7)^{1/3} = \sum_{n=0}^{\infty} \binom{1/3}{n} (x^7)^n = 1 + \frac{1}{3}x^7 - \frac{1}{9}x^{14} + \cdots \quad (|x| < 1)$$

이므로 거듭제곱급수

$$u(x) = \sum_{n=0}^{\infty} 9 \binom{1/3}{n+3} x^{7n} = \frac{5}{9} - \frac{10}{27}x^7 + \frac{22}{81}x^{14} + \cdots \quad (|x| < 1)$$

에 대하여

$$9\sqrt[3]{1+x^7} = 9 + 3x^7 - x^{14} + x^{21}u(x)$$

와 같이 표현된다. 따라서

$$\lim_{x\to 0} \frac{9\sqrt[3]{1+x^7} - 9 - 3x^7 + x^{14}}{x^{21}} = \lim_{x\to 0} u(x) = \frac{5}{9}$$

를 얻는다.

(4) 거듭제곱급수

$$u(x) = \frac{x}{2} + \frac{x^2}{6} + \frac{x^3}{24} + \cdots$$

은 원점에서 연속이므로 $|x|$가 충분히 작으면 $|u(x)| < 1$이다. 따라서

$$\begin{aligned}
\frac{x}{e^x - 1} &= \frac{x}{\left(1 + x + \frac{x^2}{2} + \frac{x^3}{6} + \cdots\right) - 1} = \frac{x}{x + \frac{x^2}{2} + \frac{x^3}{6} + \frac{x^4}{24} + \cdots} \\
&= \frac{1}{1 + u(x)} = 1 - u(x) + \big(u(x)\big)^2 - \big(u(x)\big)^3 + \cdots \\
&= 1 - \left(\frac{x}{2} + \frac{x^2}{6} + \frac{x^3}{24} + \cdots\right) + \left(\frac{x}{2} + \frac{x^2}{6} + \frac{x^3}{24} + \cdots\right)^2 + \cdots \\
&= 1 - \frac{1}{2}x + \frac{1}{12}x^2 - \frac{1}{720}x^4 + \frac{1}{30240}x^6 + \cdots
\end{aligned}$$

이므로

$$\lim_{x\to 0}\frac{x/(e^x-1)-1+x/2}{x^2}=\lim_{x\to 0}\left(\frac{1}{12}-\frac{1}{720}x^2+\frac{1}{30240}x^4+\cdots\right)=\frac{1}{12}$$

을 얻는다. □

함수 f의 부정적분을 초등함수로 표현할 수 없는 경우, f에 대한 정적분의 값을 정확히 구하는 것은 매우 어렵다. 그러나 함수 f가 거듭제곱급수로 표현된 함수이면, f에 대한 정적분의 값을 급수로 표현할 수 있고 이를 이용하여 정적분의 근삿값을 구하는 것이 가능하다.

예제 2.3.4 정적분 $\displaystyle\int_0^{0.5} e^{-t^2}dt$의 값을 오차 범위 5×10^{-4} 이하가 되도록 구하시오.

풀이 거듭제곱급수의 기본정리에 의해

$$\int_0^x e^{-t^2}dt=\int_0^x\sum_{n=0}^{\infty}\frac{(-t^2)^n}{n!}dt=\sum_{n=0}^{\infty}\int_0^x\frac{(-t^2)^n}{n!}dt=\sum_{n=0}^{\infty}\frac{(-1)^n}{n!(2n+1)}x^{2n+1}$$

임을 안다. 즉

$$\int_0^{0.5} e^{-t^2}dt=\sum_{n=0}^{\infty}\frac{(-1)^n}{n!(2n+1)}0.5^{2n+1}$$

이고 이 급수는 교대급수정리의 가정을 만족한다. 따라서 정리 1.8.5에 의해

$$\left|\int_0^{0.5} e^{-t^2}dt-\left(0.5-\frac{0.5^3}{3}+\frac{0.5^5}{10}\right)\right|\le\frac{1}{3!\times 7}\times 0.5^7<5\times 10^{-4}$$

이고 구하는 근삿값은

$$\int_0^{0.5} e^{-t^2}dt\approx 0.5-\frac{0.5^3}{3}+\frac{0.5^5}{10}$$

이다. □

두 거듭제곱급수 $\displaystyle\sum_{n=0}^{\infty}a_nx^n$과 $\displaystyle\sum_{n=0}^{\infty}b_nx^n$의 곱을 거듭제곱급수로 표현하면 $\displaystyle\sum_{n=0}^{\infty}c_nx^n$이라고 하자.

$$(a_0+a_1x+a_2x^2+\cdots)(b_0+b_1x+b_2x^2+\cdots)=c_0+c_1x+c_2x^2+\cdots.$$

이 식의 좌변을 전개하면 x^n 의 계수는

$$a_0b_n + a_1b_{n-1} + a_2b_{n-2} + \cdots + a_kb_{n-k} + \cdots + a_nb_0 = \sum_{k=0}^{n} a_kb_{n-k}$$

이므로

$$c_n = \sum_{k=0}^{n} a_kb_{n-k}$$

임을 안다.

정리 2.3.5 수렴반경이 R_1 인 거듭제곱급수 $\sum_{n=0}^{\infty} a_nx^n$ 과 수렴반경이 R_2 인 거듭제곱급수 $\sum_{n=0}^{\infty} b_nx^n$ 의 곱은 수렴반경이 $R \geq \min\{R_1, R_2\}$ 인 거듭제곱급수

$$\left(\sum_{n=0}^{\infty} a_nx^n\right)\left(\sum_{n=0}^{\infty} b_nx^n\right) = \sum_{n=0}^{\infty}\left(\sum_{k=0}^{n} a_kb_{n-k}\right)x^n$$

이다.

예제 2.3.6 다음 함수를 $\sum_{n=0}^{\infty} a_nx^n$ 꼴의 거듭제곱급수로 표현하시오.

$$f(x) = -\frac{\log(1-x)}{1-x}.$$

풀이 두 거듭제곱급수

$$-\log(1-x) = \sum_{n=1}^{\infty} \frac{1}{n}x^n \quad (|x| < 1), \qquad \frac{1}{1-x} = \sum_{n=0}^{\infty} x^n \quad (|x| < 1)$$

에 대하여

$$\begin{cases} a_0 = 0 \\ a_n = \dfrac{1}{n} \quad (n \geq 1) \end{cases}$$

이라 두면 정리 2.3.5 에 의해

$$\begin{aligned}-\frac{\log(1-x)}{1-x} &= \left(\sum_{n=1}^{\infty}\frac{1}{n}x^n\right)\left(\sum_{n=0}^{\infty}x^n\right) = \left(\sum_{n=0}^{\infty}a_n x^n\right)\left(\sum_{n=0}^{\infty}x^n\right)\\ &= \sum_{n=0}^{\infty}\left(\sum_{k=0}^{n}a_k\right)x^n = \sum_{n=1}^{\infty}\left(\sum_{k=1}^{n}\frac{1}{k}\right)x^n\\ &= x + \frac{3}{2}x^2 + \frac{11}{6}x^3 + \frac{25}{12}x^4 + \cdots\end{aligned}$$

을 얻는다. □

예제 2.3.7 함수

$$f(x) = \frac{\sin x}{1-5x}$$

에 대하여

$$\lim_{n\to\infty}\frac{f^{(n)}(0)}{5^n n!}$$

의 값을 구하시오.

풀이 사인 함수의 n 계 도함수는

$$\frac{d^n}{dx^n}\sin x = \sin\left(x + \frac{n\pi}{2}\right)$$

이므로

$$\sin x = \sum_{n=0}^{\infty}\frac{\sin(n\pi/2)}{n!}x^n \quad (-\infty < x < \infty)$$

이다. 또한

$$\frac{1}{1-5x} = \sum_{n=0}^{\infty}5^n x^n \quad \left(|x| < \frac{1}{5}\right)$$

이므로 정리 2.3.5 에 의해

$$\frac{\sin x}{1-5x} = \left(\sum_{n=0}^{\infty}\frac{\sin(n\pi/2)}{n!}x^n\right)\left(\sum_{n=0}^{\infty}5^n x^n\right) = \sum_{n=0}^{\infty}\left(\sum_{k=0}^{n}\frac{5^{n-k}\sin(k\pi/2)}{k!}\right)x^n$$

이고 따라서

$$\lim_{n\to\infty}\frac{f^{(n)}(0)}{5^n n!} = \sum_{k=0}^{\infty}\frac{\sin(k\pi/2)}{5^k k!} = \sin\frac{1}{5}$$

이다. □

2.3.3 쌍곡함수

원 $x^2 + y^2 = 1$ 위의 점 (x, y)는

$$x = \cos t, \qquad y = \sin t$$

와 같이 삼각함수로 매개화할 수 있다. 이와 유사하게 쌍곡선 $x^2 - y^2 = 1$ 위의 점은 쌍곡함수로 매개화할 수 있는데 쌍곡함수는 다음과 같이 정의된다.

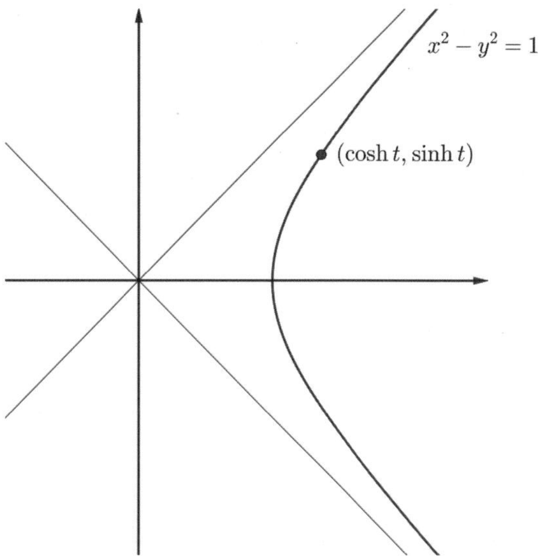

정의 2.3.8 (쌍곡함수) 쌍곡함수는 다음과 같의 정의한다.

- $\sinh x = \dfrac{e^x - e^{-x}}{2}, \quad \cosh x = \dfrac{e^x + e^{-x}}{2}, \quad \tanh x = \dfrac{\sinh x}{\cosh x}$
- $\operatorname{sech} x = \dfrac{1}{\cosh x}, \quad \operatorname{csch} x = \dfrac{1}{\sinh x}, \quad \coth x = \dfrac{\cosh x}{\sinh x}$

쌍곡함수는 다음과 같은 성질을 만족하는데 이와 같은 성질은 삼각함수가 가지는 성질과 유사하다.

- $\cosh^2 x - \sinh^2 x = 1, \ \operatorname{sech}^2 x = 1 - \tanh^2 x, \ \operatorname{csch}^2 x = \coth^2 x - 1$
- $\sinh(-x) = -\sinh x, \ \cosh(-x) = \cosh x, \ \tanh(-x) = -\tanh x$
- $\sinh(x \pm y) = \sinh x \cosh y \pm \cosh x \sinh y$
- $\cosh(x \pm y) = \cosh x \cosh y \pm \sinh x \sinh y$
- $\tanh(x \pm y) = \dfrac{\tanh x \pm \tanh y}{1 \pm \tanh x \tanh y}$
- $\sinh^2 \dfrac{x}{2} = \dfrac{\cosh x - 1}{2}, \ \cosh^2 \dfrac{x}{2} = \dfrac{\cosh x + 1}{2}$
- $\sinh x + \sinh y = 2\sinh \dfrac{x+y}{2} \cosh \dfrac{x-y}{2}$
- $\sinh x - \sinh y = 2\cosh \dfrac{x+y}{2} \sinh \dfrac{x-y}{2}$
- $\cosh x + \cosh y = 2\cosh \dfrac{x+y}{2} \cosh \dfrac{x-y}{2}$
- $\cosh x - \cosh y = 2\sinh \dfrac{x+y}{2} \sinh \dfrac{x-y}{2}$
- $\sinh x \cosh y = \dfrac{1}{2}(\sinh(x+y) + \sinh(x-y))$
- $\cosh x \sinh y = \dfrac{1}{2}(\sinh(x+y) - \sinh(x-y))$
- $\cosh x \cosh y = \dfrac{1}{2}(\cosh(x+y) + \cosh(x-y))$
- $\sinh x \sinh y = \dfrac{1}{2}(\cosh(x+y) - \cosh(x-y))$

예제 2.3.9 다음 등식이 성립함을 보이시오.

(1) $\sinh 2x = 2\sinh x \cosh x$ (2) $\cosh 2x = \cosh^2 x + \sinh^2 x$

풀이 (1) 쌍곡함수의 정의에 의해

$$2\sinh x \cosh x = 2 \cdot \frac{e^x - e^{-x}}{2} \cdot \frac{e^x + e^{-x}}{2} = \frac{e^{2x} - e^{-2x}}{2} = \sinh 2x$$

이다.

(2) 쌍곡함수의 정의에 의해

$$\cosh^2 x + \sinh^2 x = \left(\frac{e^x + e^{-x}}{2}\right)^2 + \left(\frac{e^x - e^{-x}}{2}\right)^2 = \frac{e^{2x} + e^{-2x}}{2} = \cosh 2x$$

이다. □

다음 예제는 쌍곡선 $x^2 - y^2 = 1$ 위의 점을 쌍곡함수를 이용하여 $(\cosh t, \sinh t)$와 같이 매개화할 때 매개변수 t가 가지는 기하학적 의미를 보여 준다.

예제 2.3.10 좌표평면의 영역

$$\{(x, y) \mid y \le x \tanh t,\ x^2 - y^2 \le 1,\ x \ge 0,\ y \ge 0\}$$

의 넓이는 $t/2$임을 보이시오.

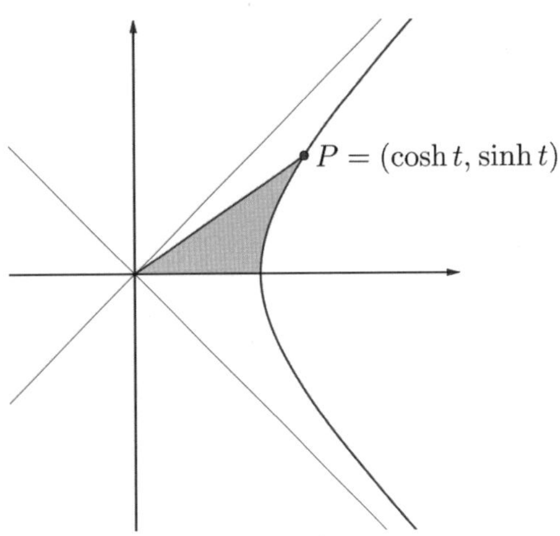

풀이 구하는 넓이는

$$\begin{aligned}\int_0^{\sinh t} \sqrt{y^2+1}\, dy - \frac{1}{2}\sinh t \cosh t &= \int_0^t \cosh^2 u\, du - \frac{1}{4}\sinh 2t \\ &= \int_0^t \frac{1}{2}(\cosh 2u + 1)\, du - \frac{1}{4}\sinh 2t \\ &= \left[\frac{1}{4}\sinh 2u + \frac{1}{2}u\right]_0^t - \frac{1}{4}\sinh 2t = \frac{t}{2}\end{aligned}$$

이다. □

다음은 쌍곡함수에 대한 미분법이다. 삼각함수에 대한 미분법과 유사하지만, 경우에 따라 부호가 상이하다는 점에 주목한다.

- $\dfrac{d}{dx}\sinh x = \cosh x, \quad \dfrac{d}{dx}\cosh x = \sinh x$
- $\dfrac{d}{dx}\operatorname{sech} x = -\operatorname{sech} x \tanh x, \quad \dfrac{d}{dx}\operatorname{csch} x = -\operatorname{csch} x \coth x$
- $\dfrac{d}{dx}\tanh x = \operatorname{sech}^2 x, \quad \dfrac{d}{dx}\coth x = -\operatorname{csch}^2 x$

예제 2.3.11 다음 함수의 도함수를 구하시오.

(1) $f(x) = e^{\cosh 3x}$ (2) $f(x) = (1 + \log \operatorname{sech} x)\operatorname{sech} x$

(3) $f(x) = x \coth \sqrt{x^2+1}$

풀이 (1) 연쇄법칙에 의해

$$f'(x) = e^{\cosh 3x} \cdot \sinh 3x \cdot 3 = 3e^{\cosh 3x}\sinh 3x$$

이다.

(2) 연쇄법칙과 곱의 미분법에 의해

$$\begin{aligned} f'(x) &= \frac{-\operatorname{sech} x \tanh x}{\operatorname{sech} x} \cdot \operatorname{sech} x + (1 + \log \operatorname{sech} x)(-\operatorname{sech} x \tanh x) \\ &= -(2 + \log \operatorname{sech} x)\operatorname{sech} x \tanh x \end{aligned}$$

이다.

(3) 연쇄법칙과 곱의 미분법에 의해

$$\begin{aligned} f'(x) &= \coth \sqrt{x^2+1} + x\left(-\operatorname{csch}^2 \sqrt{x^2+1}\right) \cdot \frac{x}{\sqrt{x^2+1}} \\ &= \coth \sqrt{x^2+1} - \frac{x^2 \operatorname{csch}^2 \sqrt{x^2+1}}{\sqrt{x^2+1}} \end{aligned}$$

이다.

□

2.3.4 쌍곡함수의 거듭제곱급수

다음은 쌍곡함수에 대한 거듭제급수 표현이다. 삼각함수에 대한 거듭제곱급수 표현과 유사하지만, 계수의 부호가 상이하다는 점에 주목한다.

- $\sinh x = \sum_{n=0}^{\infty} \frac{1}{(2n+1)!} x^{2n+1} = x + \frac{x^3}{3!} + \frac{x^5}{5!} + \frac{x^7}{7!} + \cdots \quad (-\infty < x < \infty)$
- $\cosh x = \sum_{n=0}^{\infty} \frac{1}{(2n)!} x^{2n} = 1 + \frac{x^2}{2!} + \frac{x^4}{4!} + \frac{x^6}{6!} + \cdots \quad (-\infty < x < \infty)$
- $\tanh x = \sum_{n=1}^{\infty} \frac{2^{2n}(2^{2n}-1)B_{2n}}{(2n)!} x^{2n-1}$
  $= x - \frac{1}{3}x^3 + \frac{2}{15}x^5 - \frac{17}{315}x^7 + \cdots \quad \left(|x| < \frac{\pi}{2}\right)$
- $\operatorname{sech} x = \sum_{n=0}^{\infty} \frac{E_{2n}}{(2n)!} x^{2n} = 1 - \frac{1}{2}x^2 + \frac{5}{24}x^4 - \frac{61}{720}x^6 + \cdots \quad \left(|x| < \frac{\pi}{2}\right)$
- $\operatorname{csch} x = \frac{1}{x} + \sum_{n=1}^{\infty} \frac{2(1-2^{2n-1})B_{2n}}{(2n)!} x^{2n-1}$
  $= \frac{1}{x} - \frac{1}{6}x + \frac{7}{360}x^3 + \cdots \quad (0 < |x| < \pi)$
- $\coth x = \frac{1}{x} + \sum_{n=1}^{\infty} \frac{2^{2n}B_{2n}}{(2n)!} x^{2n-1}$
  $= \frac{1}{x} + \frac{1}{3}x - \frac{1}{45}x^3 + \frac{2}{945}x^5 + \cdots \quad (0 < |x| < \pi)$

예제 2.3.12 함수 $f(x) = \cosh(x^5)$ 에 대하여 $f^{(100)}(0)$ 의 값을 구하시오.

풀이 쌍곡코사인 함수의 거듭제곱급수 표현으로부터

$$\cosh(x^5) = \sum_{n=0}^{\infty} \frac{1}{(2n)!}(x^5)^{2n} = \sum_{n=0}^{\infty} \frac{1}{(2n)!} x^{10n} \quad (-\infty < x < \infty)$$

이다. 이때 x^{10n} 의 계수는 $\frac{f^{(10n)}(0)}{(10n)!}$ 와 같으므로

$$\frac{f^{(10n)}(0)}{(10n)!} = \frac{1}{(2n)!} \quad (n = 0, 1, 2, \cdots)$$

이고 따라서

$$f^{(100)}(0) = \frac{100!}{20!}$$

을 얻는다. □

2.3.5 역함수 정리

함수 $f : A \to B$에 대하여 역함수 $f^{-1} : B \to A$가 존재할 필요충분조건은 함수 f가 일대일 대응인 것이다. 그러나 역함수의 존재성이 역함수를 우리가 잘 알고 있는 함수들로 표현이 가능함을 말해 주는 것은 아니다. 예를 들면 함수 $f(x) = x^3 + 2\sin x$는 모든 실수 x에 대하여

$$f'(x) = 3x^2 + 2\cos x > 3x^2 + 2\left(1 - \frac{x^2}{2}\right) = 2x^2 + 2 > 0$$

이므로 함수 f는 $\mathbb{R}$에서 증가함수이다. 따라서 함수 f는 일대일 대응이고 역함수가 존재함을 안다. 이제 역함수를 구하기 위해 $y = f(x)$라 두고 x와 y를 바꾸어 보면 $x = y^3 + 2\sin y$이고 우리는 이 방정식을 y에 관하여 푸는 것이 매우 어렵다는 사실을 금방 알게 된다. 즉 역함수의 존재성은 알지만 그것을 구체적으로 구한다는 것은 매우 어려운 일이다.

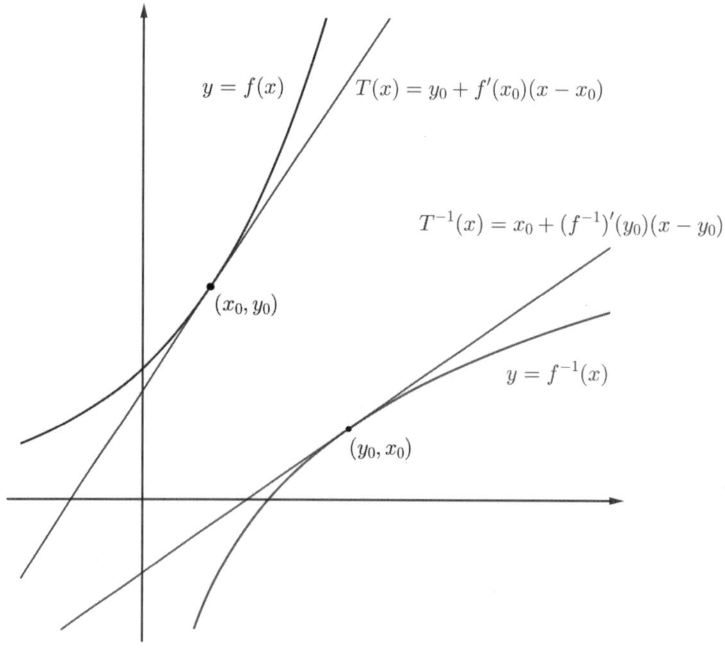

그러나 역함수 f^{-1}의 그래프와 함수 f의 그래프는 직선 $y=x$에 대칭이므로 함수 f의 그래프의 기하학적인 성질을 이용하면 역함수 f^{-1}의 그래프의 기하학적 성질을 얻을 수 있다. 접선의 기울기 또한 기하학적인 성질이므로 대칭성에 의해 역함수 f^{-1}를 직접 구하지 않고도 역함수 f^{-1}의 미분계수를 함수 f를 이용하여 구할 수 있다. 실제로 곡선 $y=f^{-1}(x)$ 위의 점 (y_0, x_0)에서의 접선의 방정식은 곡선 $y=f(x)$ 위의 점 (x_0, y_0)에서의 접선의 방정식 $T(x)=y_0+f'(x_0)(x-x_0)$의 역함수이므로

$$(f^{-1})'(y_0)=\frac{1}{f'(x_0)}$$

이다. 우리는 이것을 역함수 정리라고 부른다.

정리 2.3.13 (역함수 정리) 일급 함수 $f:[a,b]\to\mathbb{R}$가 정의역의 모든 점 $x\in(a,b)$에 대하여

$$f'(x)\neq 0$$

이면 함수 $f(x)$의 역함수 f^{-1}가 존재하고 미분가능하며

$$\frac{d}{dy}f^{-1}(y)=\frac{1}{\dfrac{d}{dx}f(x)}$$

가 성립한다.

앞으로 역함수를 가지는 함수를 가역 함수라고 부른다.

예제 2.3.14 함수

$$f(x)=\sinh x+\cos x \quad (x\in\mathbb{R})$$

에 대하여 다음에 답하시오.

(1) $y=f(x)$의 역함수 $x=g(y)$가 존재함을 보이시오.

(2) $g'(1)$과 $g''(1)$을 구하시오.

풀이 (1) 모든 실수 x에 대하여

$$\cosh x=\sum_{n=0}^{\infty}\frac{1}{(2n)!}x^{2n}\geq 1+\frac{x^2}{2}, \qquad |\sin x|\leq|x|$$

이므로

$$f'(x)=\cosh x-\sin x\geq 1+\frac{x^2}{2}-|x|\geq\frac{1}{2}$$

가 되어 함수 f는 $\mathbb{R}$에서 증가함수이다. 따라서 함수 f는 일대일 대응이고 역함수가 존재함을 안다.

(2) f는 미분가능한 함수이므로 역함수 정리에 의해

$$g'(y) = \frac{1}{f'(x)}$$

이다. 이 식을 양변 y에 대하여 미분하면 연쇄법칙에 의해

$$\begin{aligned} g''(y) &= \frac{d}{dy}\left(\frac{1}{f'(x)}\right) = \frac{d}{dx}\left(\frac{1}{f'(x)}\right) \cdot \frac{dx}{dy} \\ &= \frac{d}{dx}\left(\frac{1}{f'(x)}\right) \cdot \frac{1}{\frac{dy}{dx}} = -\frac{f''(x)}{\left(f'(x)\right)^2} \cdot \frac{1}{f'(x)} \\ &= -\frac{f''(x)}{\left(f'(x)\right)^3} \end{aligned}$$

이다. 이제 $f(0) = 1$, $f'(0) = 1$이고 $f''(x) = \sinh x - \cos x$이므로

$$g'(1) = \frac{1}{f'(0)} = 1, \quad g''(1) = -\frac{f''(0)}{\left(f'(0)\right)^3} = 1$$

을 얻는다. □

2.3.6 역삼각함수의 미분법

역삼각함수는 삼각함수의 역함수이다. 삼각함수는 일대일 대응이 아니기 때문에 역함수를 정의하려면 정의역을 제한하는 것이 필요하다. 사인 함수 $y = \sin x$의 정의역을 구간 $[-\pi/2, \pi/2]$로 제한한 함수는 증가함수이므로 일대일 대응이고, 따라서 역함수를 가진다. 이 함수를 역사인 함수라고 부르고, 기호로 arcsin 또는 $\sin^{-1}$로 표기한다. 역함수 정리에 의해 $-1 < x < 1$일 때

$$\frac{d}{dx}\arcsin x = \frac{1}{\frac{d}{dy}\sin y} = \frac{1}{\cos y} = \frac{1}{\sqrt{1-\sin^2 y}} = \frac{1}{\sqrt{1-x^2}}$$

임을 안다.

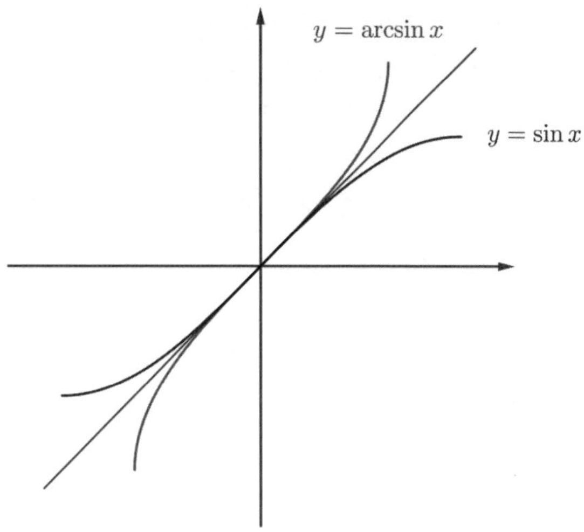

예제 2.3.15 다음 등식이 성립함을 보이시오.

(1) $\cos(\arcsin x) = \sqrt{1-x^2} \quad (-1 \le x \le 1)$

(2) $\arcsin x + \arcsin y = \arcsin(x\sqrt{1-y^2} + y\sqrt{1-x^2}) \quad \left(|\arcsin x + \arcsin y| \le \dfrac{\pi}{2}\right)$

풀이 (1) $\sin^2\theta + \cos^2\theta = 1$ 이므로 $\theta = \arcsin x$ 를 대입하면

$$\cos^2(\arcsin x) = 1 - \sin^2(\arcsin x) = 1 - x^2 \quad \Longrightarrow \quad \cos(\arcsin x) = \sqrt{1-x^2}$$

이 되어 원하는 결론을 얻는다.

(2) 사인 함수의 덧셈정리와 (1)의 결과로부터

$$\begin{aligned}\sin(\arcsin x + \arcsin y) &= \sin(\arcsin x)\cos(\arcsin y) + \cos(\arcsin x)\sin(\arcsin y)\\ &= x\sqrt{1-y^2} + y\sqrt{1-x^2}\end{aligned}$$

임을 안다. 이때 실수 $x, y \in [-1, 1]$ 가 부등식 $|\arcsin x + \arcsin y| \le \pi/2$ 을 만족하므로

$$\arcsin x + \arcsin y = \arcsin(x\sqrt{1-y^2} + y\sqrt{1-x^2})$$

을 얻는다. □

코사인 함수 $y = \cos x$ 의 정의역을 구간 $[0, \pi]$ 으로 제한한 함수는 감소함수이므로 일대일 대응이고, 따라서 역함수를 가진다. 이 함수를 역코사인 함수라고 부르고, 기호로 arccos 또는 $\cos^{-1}$ 로 표기한다. 역함수 정리에 의해 $-1 < x < 1$ 일 때

$$\frac{d}{dx}\arccos x = \frac{1}{\dfrac{d}{dy}\cos y} = -\frac{1}{\sin y} = -\frac{1}{\sqrt{1-\cos^2 y}} = -\frac{1}{\sqrt{1-x^2}}$$

임을 안다.

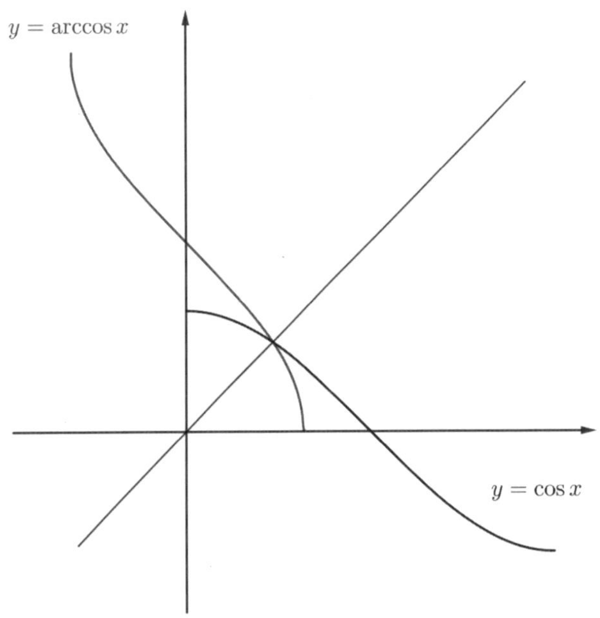

예제 2.3.16 다음 등식이 성립함을 보이시오.

(1) $\sin(\arccos x) = \sqrt{1-x^2} \quad (-1 \le x \le 1)$

(2) $\arcsin x + \arccos x = \dfrac{\pi}{2} \quad (-1 \le x \le 1)$

풀이 (1) $\sin^2\theta + \cos^2\theta = 1$ 이므로 $\theta = \arccos x$ 를 대입하면

$$\sin^2(\arccos x) = 1 - \cos^2(\arccos x) = 1 - x^2 \quad \Longrightarrow \quad \sin(\arccos x) = \sqrt{1-x^2}$$

이 되어 원하는 결론을 얻는다.

(2) $\cos\left(\frac{\pi}{2}-\theta\right)=\sin\theta$ 이므로 $\theta=\arcsin x$ 를 대입하면

$$\cos\left(\frac{\pi}{2}-\arcsin x\right)=\sin(\arcsin x)=x \quad\Longrightarrow\quad \frac{\pi}{2}-\arcsin x=\arccos x$$

가 되어 원하는 결론을 얻는다. □

탄젠트 함수 $y=\tan x$ 의 정의역을 구간 $(-\pi/2,\pi/2)$ 에 제한한 함수는 증가함수이므로 일대일 대응이고, 따라서 역함수를 가진다. 이 함수를 역탄젠트 함수라고 부르고, 기호로 arctan 또는 $\tan^{-1}$ 로 표기한다. 역함수 정리에 의해 모든 실수 x 에 대하여

$$\frac{d}{dx}\arctan x=\frac{1}{\frac{d}{dy}\tan y}=\frac{1}{\sec^2 y}=\frac{1}{1+\tan^2 y}=\frac{1}{1+x^2}$$

임을 안다.

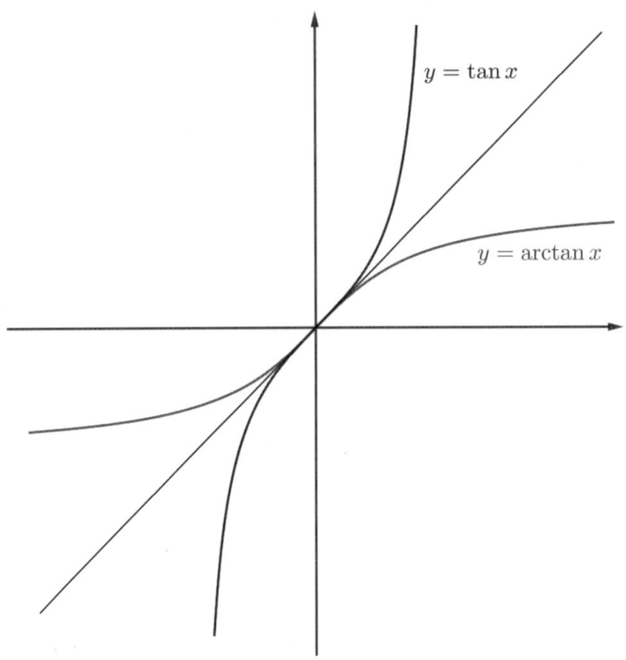

예제 2.3.17 다음 등식이 성립함을 보이시오.

$$\arctan x+\arctan\frac{1}{x}=\frac{\pi}{2}\quad(-\infty<x<\infty).$$

풀이 함수 $f(x) = \arctan x + \arctan \frac{1}{x}$ 에 대하여

$$f'(x) = \frac{1}{1+x^2} + \frac{-\frac{1}{x^2}}{1+\frac{1}{x^2}} = \frac{1}{1+x^2} - \frac{1}{1+x^2} = 0$$

이므로 f 는 상수함수이다. 또한 $f(1) = 2\arctan 1 = \pi/2$ 이므로

$$\arctan x + \arctan \frac{1}{x} = \frac{\pi}{2} \quad (-\infty < x < \infty)$$

를 얻는다. □

$\operatorname{arcsec} x$, $\operatorname{arccsc} x$ 및 $\operatorname{arccot} x$ 도 정의역을 제한하여 같은 방법으로 정의할 수 있으며, 역삼각함수의 도함수를 정리하면 다음과 같다.

- $\dfrac{d}{dx}\arcsin x = \dfrac{1}{\sqrt{1-x^2}}$, $\dfrac{d}{dx}\arccos x = -\dfrac{1}{\sqrt{1-x^2}}$
- $\dfrac{d}{dx}\operatorname{arcsec} x = \dfrac{1}{|x|\sqrt{x^2-1}}$, $\dfrac{d}{dx}\operatorname{arccsc} x = -\dfrac{1}{|x|\sqrt{x^2-1}}$
- $\dfrac{d}{dx}\arctan x = \dfrac{1}{1+x^2}$, $\dfrac{d}{dx}\operatorname{arccot} x = -\dfrac{1}{1+x^2}$

예제 2.3.18 다음 등식이 성립함을 보이시오.

(1) $\displaystyle\int \frac{1}{\sqrt{a^2-x^2}}\,dx = \arcsin\frac{x}{a} + C$ (2) $\displaystyle\int \frac{1}{x^2+a^2}\,dx = \frac{1}{a}\arctan\frac{x}{a} + C$

풀이 (1) 치환적분법에 의해

$$\int \frac{1}{\sqrt{a^2-x^2}}\,dx = \int \frac{1}{\sqrt{1-t^2}}\,dt = \arcsin t + C = \arcsin\frac{x}{a} + C$$

를 얻는다.

(2) 치환적분법에 의해

$$\int \frac{1}{x^2+a^2}\,dx = \frac{1}{a}\int \frac{1}{t^2+1}\,dt = \frac{1}{a}\arctan t + C = \frac{1}{a}\arctan\frac{x}{a} + C$$

를 얻는다. □

2.3.7 역삼각함수의 거듭제곱급수

다음은 역삼각함수의 거듭제곱급수 표현이다. 수렴반경을 벗어나거나 원점에서 정의되지 않는 경우, 해당 함수는 x^{-1} 에 대한 거듭제곱급수로 표현되었다.

- $\arcsin x = \sum_{n=0}^{\infty} \frac{(2n)!}{4^n (n!)^2 (2n+1)} x^{2n+1} \quad (|x| < 1)$
- $\arccos x = \frac{\pi}{2} - \arcsin x = \frac{\pi}{2} - \sum_{n=0}^{\infty} \frac{(2n)!}{4^n (n!)^2 (2n+1)} x^{2n+1} \quad (|x| < 1)$
- $\arctan x = \begin{cases} \sum_{n=0}^{\infty} \frac{(-1)^n}{2n+1} x^{2n+1} & (|x| < 1) \\ \frac{\pi}{2} - \sum_{n=0}^{\infty} \frac{(-1)^n}{2n+1} \frac{1}{x^{2n+1}} & (x \geq 1) \\ -\frac{\pi}{2} - \sum_{n=0}^{\infty} \frac{(-1)^n}{2n+1} \frac{1}{x^{2n+1}} & (x \leq -1) \end{cases}$
- $\operatorname{arcsec} x = \arccos \frac{1}{x} = \frac{\pi}{2} - \sum_{n=0}^{\infty} \frac{(2n)!}{4^n (n!)^2 (2n+1)} \frac{1}{x^{2n+1}} \quad (|x| > 1)$
- $\operatorname{arccsc} x = \arcsin \frac{1}{x} = \sum_{n=0}^{\infty} \frac{(2n)!}{4^n (n!)^2 (2n+1)} \frac{1}{x^{2n+1}} \quad (|x| > 1)$
- $\operatorname{arccot} x = \frac{\pi}{2} - \arctan x = \begin{cases} \frac{\pi}{2} - \sum_{n=0}^{\infty} \frac{(-1)^n}{2n+1} x^{2n+1} & (|x| < 1) \\ \sum_{n=0}^{\infty} \frac{(-1)^n}{2n+1} \frac{1}{x^{2n+1}} & (x \geq 1) \\ \pi + \sum_{n=0}^{\infty} \frac{(-1)^n}{2n+1} \frac{1}{x^{2n+1}} & (x \leq -1) \end{cases}$

예제 2.3.19 역사인 함수 $y = \arcsin x$ 의 거듭제곱급수 표현을 구하시오.

풀이 역사인 함수의 도함수는

$$\frac{d}{dx} \arcsin x = \frac{1}{\sqrt{1 - x^2}}$$

이고, 이항급수를 이용하면, $|x| < 1$ 일 때

$$\begin{aligned}\frac{1}{\sqrt{1-x^2}} &= \sum_{n=0}^{\infty}\binom{-1/2}{n}(-x^2)^n = \sum_{n=0}^{\infty}(-1)^n\frac{-\frac{1}{2}(-\frac{1}{2}-1)\cdots(-\frac{1}{2}-n+1)}{n!}x^{2n}\\ &= \sum_{n=0}^{\infty}\frac{1\cdot 3\cdot 5\times\cdots\times(2n-1)}{2^n n!}x^{2n} = \sum_{n=0}^{\infty}\frac{1\cdot 2\cdot 3\times\cdots\times 2n}{2^n n!\cdot 2\cdot 4\cdot 6\times\cdots\times 2n}x^{2n}\\ &= \sum_{n=0}^{\infty}\frac{(2n)!}{4^n(n!)^2}x^{2n}\end{aligned}$$

이다. 한편 $\arcsin 0 = 0$ 이므로 양변 적분하면 거듭제곱급수의 기본정리에 의해

$$\arcsin x = \sum_{n=0}^{\infty}\frac{(2n)!}{4^n(n!)^2(2n+1)}x^{2n+1} \quad (|x| < 1)$$

을 얻는다. □

2.3.8 역쌍곡함수의 미분법

역쌍곡함수는 쌍곡함수의 역함수이다. 쌍곡사인 함수와 쌍곡탄젠트 함수는 일대일 대응이므로 정의역을 제한하지 않아도 역함수를 갖지만 쌍곡코사인 함수는 일대일 대응이 아니므로 삼각함수와 마찬가지로 정의역을 제한하면 역쌍곡코사인 함수를 정의할 수 있다. 쌍곡함수는 지수함수를 이용하여 정의하였으므로 역쌍곡함수는 로그함수로 표현됨을 알 수 있다.

- $\operatorname{arsinh} x = \log\left(x + \sqrt{x^2+1}\right) \quad (-\infty < x < \infty)$
- $\operatorname{arcosh} x = \log\left(x + \sqrt{x^2-1}\right) \quad (x \geq 1)$
- $\operatorname{artanh} x = \frac{1}{2}\log\frac{1+x}{1-x} \quad (-1 < x < 1)$
- $\operatorname{arsech} x = \log\left(\frac{1}{x} + \frac{\sqrt{1-x^2}}{x}\right) \quad (0 < x \leq 1)$
- $\operatorname{arcsch} x = \log\left(\frac{1}{x} + \frac{\sqrt{1+x^2}}{|x|}\right) \quad (x \neq 0)$
- $\operatorname{arcoth} x = \frac{1}{2}\log\frac{x+1}{x-1} \quad (|x| > 1)$

로그함수의 미분법과 연쇄법칙을 이용하면 역함수 정리를 이용하지 않아도 역쌍곡함수의 도함수를 구할 수 있다.

- $\dfrac{d}{dx}\operatorname{arsinh} x = \dfrac{1}{\sqrt{x^2+1}}$, $\quad \dfrac{d}{dx}\operatorname{arcosh} x = \dfrac{1}{\sqrt{x^2-1}}$
- $\dfrac{d}{dx}\operatorname{arsech} x = -\dfrac{1}{x\sqrt{1-x^2}}$, $\quad \dfrac{d}{dx}\operatorname{arcsch} x = -\dfrac{1}{|x|\sqrt{1+x^2}}$
- $\dfrac{d}{dx}\operatorname{artanh} x = \dfrac{1}{1-x^2}$, $\quad \dfrac{d}{dx}\operatorname{arcoth} x = \dfrac{1}{1-x^2}$

예제 2.3.20 역쌍곡사인 함수 $y = \operatorname{arsinh} x$ 에 대하여 다음 등식이 성립함을 보이시오.

(1) $\operatorname{arsinh} x = \log(x + \sqrt{x^2+1})$ $\qquad$ (2) $\dfrac{d}{dx}\operatorname{arsinh} x = \dfrac{1}{\sqrt{x^2+1}}$

풀이 (1) $y = \operatorname{arsinh} x$ 라 두면, 쌍곡사인 함수의 정의에 의해

$$\begin{aligned} x = \sinh y = \frac{e^y - e^{-y}}{2} \quad &\Longrightarrow \quad e^{2y} - 2xe^y - 1 = 0 \\ &\Longrightarrow \quad e^y = x + \sqrt{x^2+1} \\ &\Longrightarrow \quad \operatorname{arsinh} x = y = \log(x + \sqrt{x^2+1}) \end{aligned}$$

이다.

(2) (1)의 결과로부터

$$\begin{aligned} \frac{d}{dx}\operatorname{arsinh} x &= \frac{d}{dx}\log(x + \sqrt{x^2+1}) \\ &= \frac{1}{x+\sqrt{x^2+1}} \cdot \left(1 + \frac{x}{\sqrt{x^2+1}}\right) \\ &= \frac{1}{\sqrt{x^2+1}} \end{aligned}$$

을 얻는다. □

2.3.9 역쌍곡함수의 거듭제곱급수

다음은 역쌍곡함수의 거듭제곱급수 표현이다. 원점에서 정의되지 않는 경우, 해당 함수는 x^{-1} 에 대한 거듭제곱급수로 표현되었다.

- $\operatorname{arsinh} x = \sum_{n=0}^{\infty} \frac{(-1)^n (2n)!}{4^n (n!)^2 (2n+1)} x^{2n+1} \quad (|x| < 1)$
- $\operatorname{arcosh} x = \log(2x) - \sum_{n=1}^{\infty} \frac{(2n)!}{4^n (n!)^2 2n} \frac{1}{x^{2n}} \quad (|x| > 1)$
- $\operatorname{artanh} x = \sum_{n=0}^{\infty} \frac{1}{2n+1} x^{2n+1} \quad (|x| < 1)$
- $\operatorname{arsech} x = \operatorname{arcosh} \frac{1}{x} = \log \frac{2}{x} - \sum_{n=1}^{\infty} \frac{(2n)!}{4^n (n!)^2 2n} x^{2n} \quad (0 < x \le 1)$
- $\operatorname{arcsch} x = \operatorname{arsinh} \frac{1}{x} = \sum_{n=0}^{\infty} \frac{(-1)^n (2n)!}{4^n (n!)^2 (2n+1)} \frac{1}{x^{2n+1}} \quad (|x| > 1)$
- $\operatorname{arcoth} x = \operatorname{artanh} \frac{1}{x} = \sum_{n=0}^{\infty} \frac{1}{2n+1} \frac{1}{x^{2n+1}} \quad (|x| > 1)$

예제 2.3.21 역쌍곡탄젠트 함수 $y = \operatorname{artanh} x$ 에 대하여 다음 등식이 성립함을 보이시오.

(1) $\operatorname{artanh} x = \frac{1}{2} \log \frac{1+x}{1-x}$

(2) $\frac{d}{dx} \operatorname{artanh} x = \frac{1}{1-x^2}$

(3) $\operatorname{artanh} x = \sum_{n=0}^{\infty} \frac{1}{2n+1} x^{2n+1} \quad (|x| < 1)$

풀이 (1) $y = \operatorname{artanh} x$ 라 두면, 쌍곡탄젠트 함수의 정의에 의해

$$\begin{aligned} x = \tanh y = \frac{e^y - e^{-y}}{e^y + e^{-y}} \quad &\Longrightarrow \quad e^{2y} = \frac{1+x}{1-x} \\ &\Longrightarrow \quad \operatorname{artanh} x = y = \frac{1}{2} \log \frac{1+x}{1-x} \end{aligned}$$

이다.

(2) (1)의 결과로부터

$$\begin{aligned}\frac{d}{dx}\operatorname{artanh}x &= \frac{d}{dx}\left(\frac{1}{2}\log\frac{1+x}{1-x}\right) = \frac{1}{2}\frac{d}{dx}\big(\log(1+x)-\log(1-x)\big)\\ &= \frac{1}{2}\left(\frac{1}{1+x}+\frac{1}{1-x}\right) = \frac{1}{1-x^2}\end{aligned}$$

을 얻는다.

(3) 기하급수를 이용하면

$$\frac{d}{dx}\operatorname{artanh}x = \frac{1}{1-x^2} = \sum_{n=0}^{\infty}(x^2)^n = \sum_{n=0}^{\infty}x^{2n} \quad (|x|<1)$$

이다. $\arctan 0 = 0$ 이므로 양변 적분하면 거듭제곱급수의 기본정리에 의해

$$\arctan x = \sum_{n=0}^{\infty}\frac{1}{2n+1}x^{2n+1} \quad (|x|<1)$$

을 얻는다. □

2.4 미분방정식의 급수해

자연 현상을 설명하는 원리나 법칙을 수학적으로 표현하는 방법 중 하나는 미분방정식으로 표현하는 것이다. 미분방정식이란 독립변수, 미지 함수 및 그 도함수들이 만족하는 방정식을 말한다. 특히 독립변수가 오직 하나인 경우를 상미분방정식, 둘 이상인 경우를 편미분방정식이라고 한다. 상미분방정식은 일반적으로 다음과 같이 표현된다.

$$F\left(x, y, \frac{dy}{dx}, \frac{d^2y}{dx^2}, \cdots, \frac{d^ny}{dx^n}\right) = 0$$

이 방정식을 만족하는 함수 $y=f(x)$ 를 미분방정식의 해라고 한다. 이 절에서는 거듭제곱급수를 이용한 미분방정식의 해법에 대해 공부한다.

예제 2.4.1 거듭제곱급수를 이용하여 다음 미분방정식의 해를 구하시오.

$$\begin{cases}\dfrac{dy}{dx} + x^2y - 2x^2 = 0\\ \qquad\qquad y(0) = 3\end{cases} \qquad (\star)$$

풀이 미분방정식 $(\star)$의 해가 거듭제곱급수

$$y = \sum_{n=0}^{\infty} a_n x^n$$

으로 표현된다고 가정하자. 초기조건으로부터 $a_0 = 3$이고

$$\begin{aligned} x^2 y &= x^2 \sum_{n=0}^{\infty} a_n x^n = \sum_{n=0}^{\infty} a_n x^{n+2} = \sum_{n=2}^{\infty} a_{n-2} x^n = 3x^2 + \sum_{n=3}^{\infty} a_{n-2} x^n, \\ \frac{dy}{dx} &= \sum_{n=1}^{\infty} n a_n x^{n-1} = \sum_{n=0}^{\infty} (n+1) a_{n+1} x^n = a_1 + 2a_2 x + 3a_3 x^2 + \sum_{n=3}^{\infty} (n+1) a_{n+1} x^n \end{aligned}$$

이므로 위의 두 거듭제곱급수를 미분방정식 $(\star)$에 대입하면

$$a_1 + 2a_2 x + (3a_3 + 1)x^2 + \sum_{n=3}^{\infty} [(n+1)a_{n+1} + a_{n-2}] x^n = 0$$

을 얻는다. 위 식은 x에 대한 항등식이므로

$$\begin{cases} a_1 = 0 \\ a_2 = 0 \\ a_3 = -\dfrac{1}{3} \\ a_{n+1} = -\dfrac{1}{n+1} a_{n-2} \quad (n \geq 3) \end{cases}$$

이다. 수열 $(a_n)_{n=0}^{\infty}$을 나열해 보면

$$3, \quad 0, \quad 0, \quad -\frac{1}{3}, \quad 0, \quad 0, \quad \frac{1}{3 \cdot 6}, \quad 0, \quad 0, \quad -\frac{1}{3 \cdot 6 \cdot 9}, \quad 0, \quad 0, \quad \cdots$$

이므로

$$y = 3 + \sum_{n=1}^{\infty} \frac{(-1)^n}{n! \cdot 3^n} x^{3n} = 3 + \sum_{n=0}^{\infty} \frac{1}{n!} \left(-\frac{x^3}{3} \right)^n = 2 + e^{-x^3/3}$$

을 얻는다. □

예제 2.4.1은 다음과 같이 풀 수도 있다. 주어진 미분방정식은

$$\frac{d}{dx} \log |y - 2| = \frac{1}{y-2} \frac{dy}{dx} = -x^2$$

로 표현된다. 이 식을 양변 적분하면

$$\log|y-2| = -\frac{x^3}{3} + C_0 \qquad \Longrightarrow \qquad y = 2 + Ce^{-x^3/3}$$

이고 $y(0)=3$ 이므로 $C=1$ 임을 안다.

예제 2.4.2 거듭제곱급수를 이용하여 다음 미분방정식의 해를 구하시오.

$$\begin{cases} \dfrac{d^2y}{dx^2} + x^2\dfrac{dy}{dx} + xy = 0 \\ y(0) = 1 \\ y'(0) = 0 \end{cases} \tag{$\star$}$$

풀이 미분방정식 $(\star)$의 해가 거듭제곱급수

$$y = \sum_{n=0}^{\infty} a_n x^n$$

으로 표현된다고 가정하자. 초기조건으로부터 $a_0 = 1,\ a_1 = 0$ 이고

$$\begin{aligned} xy &= x\sum_{n=0}^{\infty} a_n x^n = \sum_{n=0}^{\infty} a_n x^{n+1} = \sum_{n=1}^{\infty} a_{n-1}x^n = x + \sum_{n=3}^{\infty} a_{n-1}x^n, \\ x^2\frac{dy}{dx} &= x^2\sum_{n=1}^{\infty} na_n x^{n-1} = \sum_{n=1}^{\infty} na_n x^{n+1} = \sum_{n=3}^{\infty}(n-1)a_{n-1}x^n, \\ \frac{d^2y}{dx^2} &= \sum_{n=2}^{\infty} n(n-1)a_n x^{n-2} = \sum_{n=0}^{\infty}(n+2)(n+1)a_{n+2}x^n \\ &= 2a_2 + 6a_3x + 12a_4x^2 + \sum_{n=3}^{\infty}(n+2)(n+1)a_{n+2}x^n \end{aligned}$$

이므로 위의 두 거듭제곱급수를 미분방정식 $(\star)$에 대입하면

$$2a_2 + (6a_3+1)x + 12a_4x^2 + \sum_{n=3}^{\infty}[(n+2)(n+1)a_{n+2} + na_{n-1}]x^n = 0$$

을 얻는다. 위 식은 x 에 대한 항등식이므로

$$\begin{cases} a_2 = 0 \\ a_3 = -\dfrac{1}{3!} \\ a_4 = 0 \\ a_{n+2} = -\dfrac{n}{(n+2)(n+1)} a_{n-1} \quad (n \geq 3) \end{cases}$$

이다. 위의 점화식에 $n = 3, 4, 5, \cdots$를 차례로 대입하면,

$$a_1 = a_4 = a_7 = a_{10} = \cdots = a_{3k-2} = \cdots = 0$$
$$a_2 = a_5 = a_8 = a_{11} = \cdots = a_{3k-1} = \cdots = 0$$
$$a_6 = \frac{4^2}{6!}, \quad a_9 = -\frac{4^2 \cdot 7^2}{9!}, \quad \cdots, \quad a_{3n} = \frac{(-1)^n}{(3n)!} \prod_{k=1}^{n} (3k-2)^2, \quad \cdots$$

이므로

$$\begin{aligned} y &= 1 + \sum_{n=1}^{\infty} \frac{(-1)^n x^{3n}}{(3n)!} \prod_{k=1}^{n} (3k-2)^2 \\ &= 1 - \frac{1}{3!} x^3 + \frac{4^2}{6!} x^6 - \frac{4^2 \cdot 7^2}{9!} x^9 + \frac{4^2 \cdot 7^2 \cdot 10^2}{12!} x^{12} + \cdots \end{aligned}$$

을 얻는다. □

제 3 장

테일러 전개

우리는 지금까지 지수함수, 로그함수, 삼각함수, 쌍곡함수 및 이들의 역함수의 거듭제곱급수에 대해 공부하였다. 그러나 일반적으로 임의로 주어진 함수를 항상 거듭제곱급수로 표현할 수 있는 것은 아니다. 만일 함수 $f(x)$가 거듭제곱급수로 표현된 함수이면, 거듭제곱급수의 기본정리에 의해 함수 $f(x)$는 무한 번 미분가능하고

$$
\begin{aligned}
f(x) &= \sum_{n=0}^{\infty} \frac{f^{(n)}(0)}{n!}x^n \\
&= f(0) + f'(0)x + \frac{f''(0)}{2!}x^2 + \frac{f'''(0)}{3!}x^3 + \cdots + \frac{f^{(n)}(0)}{n!}x^n + \cdots
\end{aligned}
$$

이다. 따라서 원점에서 무한 번 미분가능하지 않은 함수는 거듭제곱급수 표현을 가질 수 없다. 이 장의 목적은 최대 $(N+1)$번 미분가능한 함수 $f(x)$는 N차 이하의 다항식으로 다음과 같이 근사시키고, 그 오차를 구하는 것이다.

$$
\begin{aligned}
f(x) &\approx \sum_{k=0}^{n} \frac{f^{(k)}(0)}{k!}x^k \\
&= f(0) + f'(0)x + \frac{f''(0)}{2!}x^2 + \frac{f'''(0)}{3!}x^3 + \cdots + \frac{f^{(n)}(0)}{n!}x^n \quad (0 \le n \le N).
\end{aligned}
$$

3.1 미분가능성 계층과 함수공간

주어진 함수의 근사다항식은 미분계수 및 고계 미분계수를 이용하여 정의하며, 고계 도함수의 최댓값을 이용하여 오차를 구하므로 고계 도함수의 연속성이 필요하다. 즉 함수의 미분가능성 정도에 따라 함수를 근사시키는 다항식의 차수와 오차가 결정되므로 함수의 미분가능성에 대해 분류할 필요가 있다.

정의 3.1.1 자연수 n과 열린구간 I에 대하여

(i) 함수 $f : I \to \mathbb{R}$가 n번 미분가능하고, n계 도함수 $f^{(n)}(x)$가 연속함수이면 함수 $f(x)$를 n급 함수라고 부르고 기호로

$$C^n(I) = \{f : I \to \mathbb{R} \mid f(x)\text{는 } n\text{급 함수}\}$$

로 표기한다.

(ii) 함수 $f : I \to \mathbb{R}$가 무한 번 미분가능하면 함수 $f(x)$를 무한급 함수라고 부르고 기호로

$$C^\infty(I) = \{f : I \to \mathbb{R} \mid f(x)\text{는 무한급 함수}\}$$

로 표기한다.

(iii) 함수 $f : I \to \mathbb{R}$가 정의역의 각 점 근방에서 거듭제곱급수 표현을 가지면 함수 $f(x)$를 해석함수라고 부르고 기호로

$$C^\omega(I) = \{f : I \to \mathbb{R} \mid f(x)\text{는 해석함수}\}$$

로 표기한다.

구간 I에서 정의된 연속함수들의 집합은

$$C(I) = \{f : I \to \mathbb{R} \mid f(x)\text{는 연속함수}\}$$

로 표현하며, 열린구간 I에 대하여 다음 포함관계를 가진다.

$$C^\omega(I) \subsetneq C^\infty(I) \subsetneq \cdots \subsetneq C^n(I) \subsetneq \cdots \subsetneq C^2(I) \subsetneq C^1(I) \subsetneq C(I).$$

예를 들면 함수

$$f(x) = \begin{cases} x^{n+1} & (x \geq 0) \\ 0 & (x < 0) \end{cases}$$

에 대하여

$$f^{(n)}(x) = \begin{cases} (n+1)!x & (x \geq 0) \\ 0 & (x < 0) \end{cases}, \quad f^{(n+1)}(x) = \begin{cases} (n+1)! & (x > 0) \\ 0 & (x < 0) \end{cases}$$

이므로 $f \in C^n(\mathbb{R})$ 이지만 $f \notin C^{n+1}(\mathbb{R})$ 이다.

3.2 로피탈의 정리

이 절에서는 도함수를 이용하여 $\frac{0}{0}$ 꼴 또는 $\frac{\infty}{\infty}$ 꼴의 부정형의 극한값을 구하는 방법에 대해 공부한다. 다항함수를 미분하면 차수가 낮아지고, 로그함수 $\log x$ 를 미분하면 유리함수 $1/x$ 이므로 주어진 함수식이 단항식 $x^n (n \in \mathbb{N})$ 또는 $\log x$ 를 포함하면 많은 경우 그 도함수는 처음 함수보다 다루기가 쉽다. 이와 같은 사실에 착안하여 고안된 방법이 바로 로피탈의 정리이다.

정리 3.2.1 (로피탈의 정리) 확장된 실수 $a \in \mathbb{R} \cup \{\pm\infty\}$ 와 미분가능한 함수 $f, g : I \to \mathbb{R}$ 에 대하여 다음 조건들을 만족시킨다고 가정하자. 단, I 는 열린구간이며, $a \neq \pm\infty$ 이면 $a \in I$ 이고, $a = \pm\infty$ 이면 $a \in \partial I$ 이다.

(i) $\lim_{x\to a} \dfrac{f'(x)}{g'(x)}$ 가 존재한다.

(ii) $\lim_{x\to a} |f(x)| = L = \lim_{x\to a} |g(x)| \quad (L = 0$ 또는 $\infty)$.

그러면 다음이 성립한다.

$$\lim_{x\to a} \frac{f(x)}{g(x)} = \lim_{x\to a} \frac{f'(x)}{g'(x)}.$$

예제 3.2.2 다음 극한을 구하시오.

(1) $\lim_{x\to 0} \dfrac{x - \sinh x}{x - \tanh x}$

(2) $\lim_{x\to 0+} (x^r + a^x)^{1/x} \quad (r > 1,\ a > 0)$

(3) $\lim_{x\to 0} \left(\dfrac{1}{\sin x} - \dfrac{1}{\sinh x} \right)$

(4) $\lim_{x\to 0+} \sin x \log x$

(5) $\lim_{x\to 0+} x^{\sin x}$

(6) $\lim_{x\to 0+} \dfrac{e^{-1/x}}{\sin(e^{-1/x}) + \arcsin(e^{-1/x})}$

풀이 (1) 로피탈의 정리는 여러 번 적용 가능하다.

$$\lim_{x\to 0}\frac{x-\sinh x}{x-\tanh x}=\lim_{x\to 0}\frac{1-\cosh x}{1-\operatorname{sech}^2 x}=\lim_{x\to 0}\frac{-\sinh x}{2\operatorname{sech}^2 x\tanh x}=\lim_{x\to 0}\frac{-\cosh^3 x}{2}=-\frac{1}{2}.$$

(2) 1^∞ 꼴의 부정형은 등식 $a^x = e^{x\log a}$ 를 이용하여 $\frac{0}{0}$ 꼴 또는 $\frac{\infty}{\infty}$ 꼴의 부정형으로 변형 후 로피탈의 정리를 적용한다.

$$\begin{aligned}\lim_{x\to 0+}(x^r+a^x)^{1/x} &= \lim_{x\to 0+}\exp\left(\frac{\log(x^r+a^x)}{x}\right)=\exp\left(\lim_{x\to 0+}\frac{\log(x^r+a^x)}{x}\right)\\ &=\exp\left(\lim_{x\to 0+}\frac{\frac{rx^{r-1}+a^x\log a}{x^r+a^x}}{1}\right)=a.\end{aligned}$$

(3) $\infty-\infty$ 꼴의 부정형은 통분하여 $\frac{0}{0}$ 꼴 또는 $\frac{\infty}{\infty}$ 꼴의 부정형으로 변형 후 로피탈의 정리를 적용한다.

$$\begin{aligned}\lim_{x\to 0}\left(\frac{1}{\sin x}-\frac{1}{\sinh x}\right) &= \lim_{x\to 0}\frac{\sinh x-\sin x}{\sin x\sinh x}=\lim_{x\to 0}\frac{\cosh x-\cos x}{\cos x\sinh x+\sin x\cosh x}\\ &=\lim_{x\to 0}\frac{\sinh x+\sin x}{2\cos x\cosh x}=0.\end{aligned}$$

(4) $0\cdot\infty$ 꼴의 부정형은 둘 중 하나의 함수를 역수로 바꾸어 $\frac{0}{0}$ 꼴 또는 $\frac{\infty}{\infty}$ 꼴의 부정형으로 변형 후 로피탈의 정리를 적용한다.

$$\lim_{x\to 0+}\sin x\log x=\lim_{x\to 0+}\frac{\log x}{\csc x}=\lim_{x\to 0+}\frac{\frac{1}{x}}{-\csc x\cot x}=-\lim_{x\to 0+}\frac{\tan x}{x}\cdot\sin x=0.$$

(5) 0^0 꼴의 부정형은 등식 $a^x=e^{x\log a}$ 를 이용하여 $\frac{0}{0}$ 꼴 또는 $\frac{\infty}{\infty}$ 꼴의 부정형으로 변형 후 로피탈의 정리를 적용한다.

$$\lim_{x\to 0+}x^{\sin x}=\lim_{x\to 0+}\exp(\sin x\log x)=\exp\left(\lim_{x\to 0+}\sin x\log x\right)=e^0=1.$$

(6) 식이 복잡한 경우 치환을 통해 단순화한 후 로피탈의 정리를 적용한다.

$$\lim_{x\to 0+}\frac{e^{-1/x}}{\sin(e^{-1/x})+\arcsin(e^{-1/x})}=\lim_{t\to 0+}\frac{t}{\sin t+\arcsin t}=\lim_{t\to 0+}\frac{1}{\cos t+\frac{1}{\sqrt{1-t^2}}}=\frac{1}{2}.$$

□

로피탈의 정리를 계속 적용해도 부정형의 극한이 항상 나타나는 경우도 있다. 이 경우 로피탈의 정리만을 이용하여 문제를 해결하기가 쉽지 않으므로 주의해야 한다.

예제 3.2.3 다음 극한을 구하시오.

$$\lim_{x\to 0^+} \frac{(1-\cos x)^{3/2}}{x-\sin x}.$$

풀이 로피탈의 정리를 두 번 적용해 보면

$$\begin{aligned}
\lim_{x\to 0^+} \frac{(1-\cos x)^{3/2}}{x-\sin x} &= \frac{3}{2}\lim_{x\to 0^+} \frac{(1-\cos x)^{1/2}\sin x}{1-\cos x} \\
&= \frac{3}{2}\lim_{x\to 0^+} \frac{\sin x}{(1-\cos x)^{1/2}} \\
&= 3\lim_{x\to 0^+} \frac{\cos x}{(1-\cos x)^{-1/2}\sin x} \\
&= 3\lim_{x\to 0^+} \frac{(1-\cos x)^{1/2}\cos x}{\sin x}
\end{aligned}$$

이므로 로피탈의 정리를 계속 적용하면 다음 극한이 번갈아 가며 나타남을 알 수 있다.

$$\lim_{x\to 0^+} \frac{\sin x}{(1-\cos x)^{1/2}}, \qquad \lim_{x\to 0^+} \frac{(1-\cos x)^{1/2}}{\sin x}.$$

한편

$$\lim_{x\to 0^+} \frac{\sin x}{(1-\cos x)^{1/2}} = \lim_{x\to 0^+} \frac{(1+\cos x)^{1/2}\sin x}{(1-\cos^2 x)^{1/2}} = \lim_{x\to 0^+} (1+\cos x)^{1/2} = \sqrt{2}$$

이므로

$$\lim_{x\to 0^+} \frac{(1-\cos x)^{3/2}}{x-\sin x} = \frac{3\sqrt{2}}{2}$$

를 얻는다. □

3.2.1 지수함수와 로그함수의 증가율

이 절에서는 지수함수와 로그함수의 증가율에 대해 알아본다.

예제 3.2.4 임의의 양수 α에 대하여 다음을 보이시오.

$$\lim_{x\to\infty} \frac{\log x}{x^\alpha} = 0.$$

풀이 $x^\alpha = t$ 라 치환하고 로피탈의 정리를 적용하면

$$\lim_{x\to\infty} \frac{\log x}{x^\alpha} = \lim_{t\to\infty} \frac{\log t^{1/\alpha}}{t} = \lim_{t\to\infty} \frac{\log t}{\alpha t} = \lim_{t\to\infty} \frac{1/t}{\alpha} = 0$$

을 얻는다. □

예제 3.2.4 로부터 로그함수는 임의의 양수 α 에 대하여 함수 $f(x) = x^\alpha$ 보다 느리게 증가하는 함수임을 안다. 특히 상수함수가 아닌 n 차 다항함수 $p(x) = \sum_{k=0}^{n} a_k x^k$ 에 대하여

$$\lim_{x\to\infty} \frac{\log x}{p(x)} = \lim_{x\to\infty} \frac{\log x}{x^n} \cdot \frac{x^n}{p(x)} = 0 \cdot \frac{1}{a_n} = 0$$

이므로 로그함수는 다항함수보다 느리게 증가하는 함수임을 안다.

예제 3.2.5 임의의 실수 α 에 대하여 다음을 보이시오.

$$\lim_{x\to\infty} \frac{x^\alpha}{e^x} = 0.$$

풀이 $\alpha \le 0$ 인 경우는 자명하므로 $\alpha > 0$ 인 경우만 고려해도 충분하다.

$$\lim_{x\to\infty} \frac{x^\alpha}{e^x} = \lim_{t\to\infty} \frac{(\log t)^\alpha}{t} = \lim_{t\to\infty} \left(\frac{\log t}{t^{1/\alpha}}\right)^\alpha = \left(\lim_{t\to\infty} \frac{\log t}{t^{1/\alpha}}\right)^\alpha$$

이고 예제 3.2.4 에 의해

$$\lim_{t\to\infty} \frac{\log t}{t^{1/\alpha}} = 0$$

이므로

$$\lim_{x\to\infty} \frac{x^\alpha}{e^x} = 0$$

을 얻는다. □

예제 3.2.5 로부터 지수함수는 임의의 양수 α 에 대하여 함수 $f(x) = x^\alpha$ 보다 빠르게 증가하는 함수임을 안다. 특히 n 차 다항함수 $p(x) = \sum_{k=0}^{n} a_k x^k$ 에 대하여

$$\lim_{x\to\infty} \frac{p(x)}{e^x} = \sum_{k=0}^{n} a_k \left(\lim_{x\to\infty} \frac{x^k}{e^x}\right) = 0$$

이므로 지수함수는 다항함수보다 빠르게 증가하는 함수임을 안다. 또한 지수함수의

거듭제곱급수 표현으로부터 임의의 실수 a에 대하여

$$\sum_{n=0}^{\infty} \frac{a^n}{n!} = e^a$$

이므로

$$\lim_{n\to\infty} \frac{a^n}{n!} = 0$$

임을 안다. 위의 극한을 실수 범위까지 확장하면

$$\lim_{x\to\infty} \frac{a^x}{x!} = 0$$

이다. 여기서 계승함수 $x!$은 다음과 같이 모든 양의 실수 x로 확장할 수 있다.

$$\Gamma(x) = (x-1)! = \int_0^{\infty} t^{x-1}e^{-t}\,dt.$$

즉 지수함수는 계승함수보다 느리게 증가하는 함수임을 알 수 있다.

예제 3.2.6 임의의 실수 α, β, p, q에 대하여 다음 극한을 구하시오.

$$\lim_{x\to\infty} \left((x+\alpha)^{1+\frac{1}{x+p}} - (x+\beta)^{1+\frac{1}{x+q}} \right).$$

풀이 1 주어진 함수를 다음과 같이 변형하자.

$$\begin{aligned}
&(x+\alpha)^{1+\frac{1}{x+p}} - (x+\beta)^{1+\frac{1}{x+q}} \\
&\quad = x\left((x+\alpha)^{\frac{1}{x+p}} - (x+\beta)^{\frac{1}{x+q}} \right) + \alpha(x+\alpha)^{\frac{1}{x+p}} - \beta(x+\beta)^{\frac{1}{x+q}} \\
&\quad = (x+\beta)^{\frac{1}{x+q}} \times \frac{\left((x+\alpha)^{\frac{1}{x+p}}(x+\beta)^{-\frac{1}{x+q}} - 1 \right)}{\frac{1}{x}} + \alpha(x+\alpha)^{\frac{1}{x+p}} - \beta(x+\beta)^{\frac{1}{x+q}}.
\end{aligned}$$

이때

$$\begin{aligned}
\lim_{x\to\infty} (x+\alpha)^{\frac{1}{x+p}} &= \lim_{x\to\infty} \exp\left(\frac{\log(x+\alpha)}{x+p} \right) = \exp\left(\lim_{x\to\infty} \frac{\log(x+\alpha)}{x+p} \right) = e^0 = 1, \\
\lim_{x\to\infty} (x+\beta)^{\frac{1}{x+q}} &= \lim_{x\to\infty} \exp\left(\frac{\log(x+\beta)}{x+q} \right) = \exp\left(\lim_{x\to\infty} \frac{\log(x+\beta)}{x+q} \right) = e^0 = 1
\end{aligned}$$

이고, 로피탈의 정리에 의해

$$\begin{aligned}
&\lim_{x\to\infty} \frac{(x+\alpha)^{\frac{1}{x+p}}(x+\beta)^{-\frac{1}{x+q}}-1}{\frac{1}{x}} \\
&= \lim_{x\to\infty} \frac{(x+\alpha)^{\frac{1}{x+p}}(x+\beta)^{-\frac{1}{x+q}}\left(\frac{1}{(x+\alpha)(x+p)}-\frac{\log(x+\alpha)}{(x+p)^2}-\frac{1}{(x+\beta)(x+q)}+\frac{\log(x+\beta)}{(x+q)^2}\right)}{-\frac{1}{x^2}} \\
&= \lim_{x\to\infty} \frac{(x+\alpha)^{\frac{1}{x+p}}}{(x+\beta)^{\frac{1}{x+q}}}\left(\frac{x^2}{(x+\beta)(x+q)}-\frac{x^2}{(x+\alpha)(x+p)}+\log\frac{x+\alpha}{x+\beta}\right. \\
&\qquad\left. -\frac{2px+p^2}{x+p}\cdot\frac{\log(x+\alpha)}{x+p}+\frac{2qx+q^2}{x+q}\cdot\frac{\log(x+\beta)}{x+q}\right) \\
&= \frac{1}{1}(1-1+\log 1-2p\cdot 0+2q\cdot 0)=0
\end{aligned}$$

이므로

$$\begin{aligned}
&\lim_{x\to\infty}\left((x+\alpha)^{1+\frac{1}{x+p}}-(x+\beta)^{1+\frac{1}{x+q}}\right) \\
&\quad= \lim_{x\to\infty}(x+\beta)^{\frac{1}{x+q}}\times\lim_{x\to\infty}\frac{\left((x+\alpha)^{\frac{1}{x+p}}(x+\beta)^{-\frac{1}{x+q}}-1\right)}{\frac{1}{x}} \\
&\qquad\qquad +\alpha\lim_{x\to\infty}(x+\alpha)^{\frac{1}{x+p}}-\beta\lim_{x\to\infty}(x+\beta)^{\frac{1}{x+q}} \\
&\quad= 1\cdot 0+\alpha\cdot 1-\beta\cdot 1=\alpha-\beta
\end{aligned}$$

이다. □

풀이 2 주어진 함수를 다음과 같이 변형하자.

$$\begin{aligned}
&(x+\alpha)^{1+\frac{1}{x+p}}-(x+\beta)^{1+\frac{1}{x+q}} \\
&\quad= x\left((x+\alpha)^{\frac{1}{x+p}}-(x+\beta)^{\frac{1}{x+q}}\right)+\alpha(x+\alpha)^{\frac{1}{x+p}}-\beta(x+\beta)^{\frac{1}{x+q}} \\
&\quad= x(x+\beta)^{\frac{1}{x+q}}\left((x+\alpha)^{\frac{1}{x+p}}(x+\beta)^{-\frac{1}{x+q}}-1\right)+\alpha(x+\alpha)^{\frac{1}{x+p}}-\beta(x+\beta)^{\frac{1}{x+q}} \\
&\quad= x(x+\beta)^{\frac{1}{x+q}}\left\{\exp\left(\frac{\log(x+\alpha)}{x+p}-\frac{\log(x+\beta)}{x+q}\right)-1\right\} \\
&\qquad\qquad +\alpha(x+\alpha)^{\frac{1}{x+p}}-\beta(x+\beta)^{\frac{1}{x+q}} \\
&\quad= (x+\beta)^{\frac{1}{x+q}}\cdot\frac{\exp\left(\frac{\log(x+\alpha)}{x+p}-\frac{\log(x+\beta)}{x+q}\right)-1}{\frac{\log(x+\alpha)}{x+p}-\frac{\log(x+\beta)}{x+q}}\cdot x\left(\frac{\log(x+\alpha)}{x+p}-\frac{\log(x+\beta)}{x+q}\right) \\
&\qquad\qquad +\alpha(x+\alpha)^{\frac{1}{x+p}}-\beta(x+\beta)^{\frac{1}{x+q}}.
\end{aligned}$$

이때

$$\lim_{x\to\infty}(x+\alpha)^{\frac{1}{x+p}} = \lim_{x\to\infty}\exp\left(\frac{\log(x+\alpha)}{x+p}\right) = \exp\left(\lim_{x\to\infty}\frac{\log(x+\alpha)}{x+p}\right) = e^0 = 1,$$
$$\lim_{x\to\infty}(x+\beta)^{\frac{1}{x+q}} = \lim_{x\to\infty}\exp\left(\frac{\log(x+\beta)}{x+q}\right) = \exp\left(\lim_{x\to\infty}\frac{\log(x+\beta)}{x+q}\right) = e^0 = 1,$$

$$\lim_{x\to\infty}\frac{\exp\left(\frac{\log(x+\alpha)}{x+p}-\frac{\log(x+\beta)}{x+q}\right)-1}{\frac{\log(x+\alpha)}{x+p}-\frac{\log(x+\beta)}{x+q}} = \lim_{t\to 0}\frac{e^t-1}{t} = 1$$

이고

$$\begin{aligned}
&\lim_{x\to\infty} x\left(\frac{\log(x+\alpha)}{x+p}-\frac{\log(x+\beta)}{x+q}\right)\\
&= \lim_{x\to\infty}\left(\log\frac{x+\alpha}{x+\beta} - p\cdot\frac{\log(x+\alpha)}{x+p} + q\cdot\frac{\log(x+\beta)}{x+q}\right)\\
&= \log 1 - p\cdot 0 + q\cdot 0\\
&= 0
\end{aligned}$$

이므로

$$\begin{aligned}
&\lim_{x\to\infty}\left((x+\alpha)^{1+\frac{1}{x+p}} - (x+\beta)^{1+\frac{1}{x+q}}\right)\\
&= \lim_{x\to\infty}(x+\beta)^{\frac{1}{x+q}} \times \lim_{x\to\infty}\frac{\exp\left(\frac{\log(x+\alpha)}{x+p}-\frac{\log(x+\beta)}{x+q}\right)-1}{\frac{\log(x+\alpha)}{x+p}-\frac{\log(x+\beta)}{x+q}}\\
&\quad \times \lim_{x\to\infty} x\left(\frac{\log(x+\alpha)}{x+p}-\frac{\log(x+\beta)}{x+q}\right) + \alpha\lim_{x\to\infty}(x+\alpha)^{\frac{1}{x+p}} - \beta\lim_{x\to\infty}(x+\beta)^{\frac{1}{x+q}}\\
&= 1\cdot 1\cdot 0 + \alpha\cdot 1 - \beta\cdot 1\\
&= \alpha - \beta
\end{aligned}$$

이다. □

3.2.2 수열의 극한과 로피탈의 정리

수열은 자연수의 집합 $\mathbb{N}$ 에서 정의된 함수이므로 도함수를 생각할 수 없다. 그러나 다음 성질을 이용하면 수열의 극한을 로피탈의 정리를 이용하여 구할 수 있다.

명제 3.2.7 함수 $f : [1, \infty) \to \mathbb{R}$와 실수 L에 대하여 다음이 성립한다.

$$\lim_{x\to\infty} f(x) = L \quad \Longrightarrow \quad \lim_{n\to\infty} f(n) = L$$

위 명제의 역은 성립하지 않음을 알 수 있다. 예를 들면 함수 $f(x) = \sin(\pi x)$에 대하여

$$\lim_{n\to\infty} f(n) = 0$$

이지만 극한값

$$\lim_{x\to\infty} f(x)$$

는 존재하지 않는다.

예제 3.2.8 1보다 큰 자연수 N과 양의 실수 $a_1, a_2, \cdots, a_N$에 대하여 다음 극한을 구하시오.

$$\lim_{n\to\infty} \left(\frac{1}{N} \sum_{k=1}^{N} a_k^{1/n} \right)^n .$$

풀이 주어진 극한은 1^∞꼴의 부정형이므로 등식 $a^x = e^{x \log a}$를 이용하여 $\frac{0}{0}$꼴 또는 $\frac{\infty}{\infty}$꼴의 부정형으로 변형 후 로피탈의 정리를 적용한다.

$$\begin{aligned}
\lim_{x\to\infty} \left(\frac{1}{N} \sum_{k=1}^{N} a_k^{1/x} \right)^x &= \lim_{t\to 0^+} \left(\frac{1}{N} \sum_{k=1}^{N} a_k^t \right)^{1/t} = \lim_{t\to 0^+} \exp\left(\frac{1}{t} \log \frac{a_1^t + a_2^t + \cdots + a_N^t}{N} \right) \\
&= \exp\left(\lim_{t\to 0^+} \frac{\log(a_1^t + a_2^t + \cdots + a_N^t) - \log N}{t} \right) \\
&= \exp\left(\lim_{t\to 0^+} \frac{\dfrac{a_1^t \log a_1 + a_2^t \log a_2 + \cdots + a_N^t \log a_N}{a_1^t + a_2^t + \cdots + a_N^t}}{1} \right) \\
&= \exp\left(\frac{\log a_1 + \log a_2 + \cdots + \log a_N}{N} \right) = \sqrt[N]{a_1 a_2 \cdots a_N}
\end{aligned}$$

이므로 명제 3.2.7에 의해

$$\lim_{n\to\infty} \left(\frac{1}{N} \sum_{k=1}^{N} a_k^{1/n} \right)^n = \sqrt[N]{a_1 a_2 \cdots a_N}$$

을 얻는다. □

예제 3.2.9 다음 극한을 구하시오.

(1) $\displaystyle\lim_{n\to\infty}\frac{1}{n^p}\sum_{k=1}^{mn}\frac{1}{k}\quad(p>0,\ m\in\mathbb{N})$ (2) $\displaystyle\lim_{n\to\infty}\frac{1}{\sqrt[3]{n}}\left(1+\frac{1}{2}+\frac{1}{3}+\cdots+\frac{1}{10n}\right)^5$

풀이 (1) 모든 자연수 m, n 에 대하여

$$\frac{1}{2}+\frac{1}{3}+\cdots+\frac{1}{mn}<\int_1^{mn}\frac{1}{x}\,dx=\log mn$$

이므로

$$0<\frac{1}{n^p}\sum_{k=1}^{mn}\frac{1}{k}<\frac{1+\log mn}{n^p}$$

임을 안다. 한편 임의의 $p>0$ 에 대하여

$$\lim_{n\to\infty}\frac{1+\log mn}{n^p}=\lim_{n\to\infty}\left(\frac{1+\log m}{n^p}+\frac{\log n}{n^p}\right)=0$$

이므로 샌드위치 정리에 의해

$$\lim_{n\to\infty}\frac{1}{n^p}\sum_{k=1}^{mn}\frac{1}{k}=0$$

을 얻는다.

(2) 주어진 급수는

$$\frac{1}{\sqrt[3]{n^2}}\left(1+\frac{1}{2}+\frac{1}{3}+\cdots+\frac{1}{10n}\right)^5=\left(\frac{1}{n^{2/15}}\sum_{k=1}^{10n}\frac{1}{k}\right)^5$$

이고, (1)의 결과로부터

$$\lim_{n\to\infty}\frac{1}{n^{2/15}}\sum_{k=1}^{10n}\frac{1}{k}=0$$

이므로

$$\lim_{n\to\infty}\frac{1}{\sqrt[3]{n^2}}\left(1+\frac{1}{2}+\frac{1}{3}+\cdots+\frac{1}{10n}\right)^5=\left(\lim_{n\to\infty}\frac{1}{n^{2/15}}\sum_{k=1}^{10n}\frac{1}{k}\right)^5=0$$

이다. □

예제 3.2.10 다음 극한이 수렴하기 위한 양수 p, q의 조건을 구하시오.

$$\lim_{n\to\infty} \frac{1}{(n\log n)^p} \left(\sum_{k=1}^{2^n} \frac{1}{k} \right)^q.$$

풀이 모든 자연수 n에 대하여

$$\frac{1}{2} + \frac{1}{3} + \cdots + \frac{1}{n} < \int_1^n \frac{1}{x}\,dx = \log n < 1 + \frac{1}{2} + \frac{1}{3} + \cdots + \frac{1}{n-1}$$

이므로

$$\frac{\left(n\log 2 + \log(1+2^{-n})\right)^q}{(n\log n)^p} < \frac{1}{(n\log n)^p} \left(\sum_{k=1}^{2^n} \frac{1}{k} \right)^q < \frac{(1+n\log 2)^q}{(n\log n)^p}$$

임을 안다. 이때 $p < q$이면

$$\lim_{n\to\infty} \frac{n^{q/p-1}}{\log n} = \infty$$

이므로

$$\lim_{n\to\infty} \frac{\left(n\log 2 + \log(1+2^{-n})\right)^q}{(n\log n)^p} = \lim_{n\to\infty} \left(\log 2 + \frac{\log(1+2^{-n})}{n} \right)^q \left(\frac{n^{q/p-1}}{\log n} \right)^p = \infty$$

이고, 따라서 샌드위치 정리에 의해

$$\lim_{n\to\infty} \frac{1}{(n\log n)^p} \left(\sum_{k=1}^{2^n} \frac{1}{k} \right)^q = \infty$$

이다. 한편 $p \geq q$이면

$$\lim_{n\to\infty} \frac{(1+n\log 2)^q}{(n\log n)^p} = \lim_{n\to\infty} \left(\frac{1}{n} + \log 2 \right)^q \cdot \frac{1}{n^{p-q}(\log n)^p} = 0$$

이므로 샌드위치 정리에 의해

$$\lim_{n\to\infty} \frac{1}{(n\log n)^p} \left(\sum_{k=1}^{2^n} \frac{1}{k} \right)^q = 0$$

이다. 따라서 구하는 조건은 $p \geq q$이다. □

3.3 Little-o 표기법과 근사다항식

이 절의 목적은 함수의 수렴속도를 다항함수와 비교하고, 이를 이용하여 근사다항식을 정의하는 것이다.

예제 3.3.1 다음 극한을 구하시오.

(1) $\lim_{x\to 0} \frac{e^x - (1+x+x^2/2)}{x^2}$ (2) $\lim_{x\to 0} \frac{e^x - (1+x+x^2/2)}{x^3}$

(3) $\lim_{x\to 0} \frac{e^x - (1+x+x^2/2)}{x^4}$

풀이 (1) 로피탈의 정리를 반복 적용하여 극한값을 구한다.

$$\lim_{x\to 0} \frac{e^x - (1+x+x^2/2)}{x^2} = \lim_{x\to 0} \frac{e^x - 1 - x}{2x} = \lim_{x\to 0} \frac{e^x - 1}{2} = 0.$$

(2) 로피탈의 정리를 반복 적용하여 극한값을 구한다.

$$\lim_{x\to 0} \frac{e^x - (1+x+x^2/2)}{x^3} = \lim_{x\to 0} \frac{e^x - 1 - x}{3x^2} = \lim_{x\to 0} \frac{e^x - 1}{6x} = \frac{1}{6}.$$

(3) (2)의 결과로부터

$$\lim_{x\to 0} \frac{e^x - (1+x+x^2/2)}{x^3} = \frac{1}{6}$$

이므로

$$\lim_{x\to 0+} \frac{e^x - (1+x+x^2/2)}{x^4} = \lim_{x\to 0+} \frac{e^x - (1+x+x^2/2)}{x^3} \cdot \frac{1}{x} = \frac{1}{6} \cdot \infty = \infty,$$
$$\lim_{x\to 0-} \frac{e^x - (1+x+x^2/2)}{x^4} = \lim_{x\to 0-} \frac{e^x - (1+x+x^2/2)}{x^3} \cdot \frac{1}{x} = \frac{1}{6} \cdot (-\infty) = -\infty$$

가 되어 주어진 극한은 수렴하지 않는다. □

예제 3.3.1은 $x \to 0$일 때, 이차함수 $p_2(x) = 1 + x + x^2/2$가 지수함수 $f(x) = e^x$로 다가가는 속도를 함수 $g_n(x) = x^n$ $(n = 2, 3, 4)$과 비교한 예시이다. 즉 이차함수 $p_2(x)$가 함수 $f(x)$에 다가가는 속도는 x^2이 0으로 다가가는 속도보다 빠르며, x^3이 0으로 다가가는 속도와 상수배 차이이고, x^4이 0으로 다가가는 속도보다 느리다는 것을 알 수 있다. 이와 같이 두 함수가 가까워지는 빠르기를 다항함수 x^n을 이용하여 표현할 수 있다.

정의 3.3.2 (Little-o 표기법) 실수 a 근방에서 정의된 함수 $f(x), g(x)$에 대하여

$$\lim_{x\to a}\frac{f(x)}{g(x)}=0$$

이면, 이것을 기호로

$$f(x)=o\big(g(x)\big)\quad \text{as } x\to a$$

와 같이 표기한다.

특히 $a=0$인 경우 간단히 $f(x)=o\big(g(x)\big)$와 같이 표기한다. $f(x)=o(x^n)$은 $x\to 0$일 때, x^n이 0으로 다가가는 속도보다 $f(x)$가 0으로 훨씬 더 빠르게 다가간다는 것을 의미한다. 즉 Little-o 표기법을 이용하면 함수의 수렴속도를 다항함수 x^n으로 표현할 수 있다. 앞으로

$$\lim_{x\to a}\frac{f_1(x)-f_2(x)}{g(x)}=0$$

이면 $f_1(x)=f_2(x)+o\big(g(x)\big)$로 쓰기로 한다.

명제 3.3.3 Little-o 표기법은 다음과 같은 성질을 만족한다.

(i) $f_1(x)=o\big(g(x)\big),\ f_2(x)=o\big(g(x)\big) \implies f_1(x)+f_2(x)=o\big(g(x)\big)$

(ii) $f_1(x)=o\big(g_1(x)\big),\ f_2(x)=o\big(g_2(x)\big) \implies f_1(x)f_2(x)=o\big(g_1(x)g_2(x)\big)$

(iii) $c\in\mathbb{R},\ f(x)=o\big(g(x)\big) \implies cf(x)=o\big(g(x)\big)$

(iv) $f(x)=o\big(g(x)\big) \implies h(x)f(x)=o\big(h(x)g(x)\big)$

(v) $f(x)=o\big(g(x)\big),\ g(x)=o\big(h(x)\big) \implies f(x)=o\big(h(x)\big)$

(vi) $\alpha>0,\ f(x)=o\big(g(x)\big) \implies \big(f(x)\big)^\alpha=o\left(\big(g(x)\big)^\alpha\right)$

(vii) $f(x)=o\big(g(x)\big)$ as $x\to a,\ \lim_{x\to 0}h(x)=a \implies (f\circ h)(x)=o\big((g\circ h)(x)\big)$

(viii) h는 원점 근방에서 유계, $f(x)=o\big(g(x)h(x)\big) \implies f(x)=o\big(g(x)\big)$

(ix) $n,m\in\mathbb{N},\ f(x)=o(x^{n+m}) \implies f(x)=o(x^n)$

(x) $f(x)=o(x^n) \implies f'(x)=o(x^{n-1}),\ \displaystyle\int_0^x f(t)\,dt=o(x^{n+1})$

예를 들면 함수

$$f(x) = 3x^4 + 5x^2 o(x^4) + o(x^2)o(x^3) + \big(o(x^2)\big)^4 + o\big((x+x^2)^3\big)$$

에 대하여

$$3x^4 = o(x^3), \quad 5x^2 o(x^4) = o(x^6), \quad o(x^2)o(x^3) = o(x^5),$$

$$\big(o(x^2)\big)^4 = o(x^8), \quad o\big((x+x^2)^3\big) = o\big(x^3(1+x)^3\big) = o(x^3)$$

이므로

$$f(x) = o(x^3)$$

이다.

예제 3.3.4 다음 등식이 성립함을 보이시오.

(1) $\cosh(x^2+x^3) = 1+\dfrac{1}{2}x^4+x^5+o(x^5)$ (2) $|x|^x = 1 + x\log|x| + o(x)$

풀이 (1) $\cosh x$ 의 거듭제곱급수로부터

$$\begin{aligned}\cosh x &= 1 + \frac{x^2}{2!} + \frac{x^4}{4!} + \frac{x^6}{6!} + \cdots \\ &= 1 + \frac{1}{2}x^2 + o(x^3)\end{aligned}$$

임을 안다. 이 식의 양변에 x 대신 $x^2 + x^3$ 을 대입하면

$$\begin{aligned}\cosh(x^2+x^3) &= 1 + \frac{1}{2}(x^2+x^3)^2 + o\big((x^2+x^3)^3\big) \\ &= 1 + \frac{1}{2}x^4 + x^5 + \frac{1}{2}x^6 + o\big(x^6(1+x)^3\big) \\ &= 1 + \frac{1}{2}x^4 + x^5 + \frac{1}{2}x^6 + o(x^6) \\ &= 1 + \frac{1}{2}x^4 + x^5 + o(x^5)\end{aligned}$$

을 얻는다.

(2) e^x 의 거듭제곱급수로부터

$$\begin{aligned}e^x &= 1 + x + \frac{x^2}{2!} + \frac{x^3}{3!} + \cdots \\ &= 1 + x + \frac{x^2}{2} + o(x^2)\end{aligned}$$

임을 안다. 이 식의 양변에 x 대신 $x\log|x|$를 대입하면

$$\begin{aligned}|x|^x &= e^{x\log|x|}\\ &= 1 + x\log|x| + \frac{1}{2}x^2(\log|x|)^2 + o\big(x^2(\log|x|)^2\big)\end{aligned}$$

이다. 한편 로피탈의 정리에 의해

$$\begin{aligned}\lim_{x\to 0} x(\log|x|)^2 &= \lim_{x\to 0}\frac{(\log|x|)^2}{\frac{1}{x}}\\ &= \lim_{x\to 0}\frac{2\log|x|}{-\frac{1}{x}}\\ &= \lim_{x\to 0} 2x\\ &= 0\end{aligned}$$

이므로

$$\begin{aligned}&\lim_{x\to 0}\frac{|x|^x - 1 - x\log|x|}{x}\\ &= \lim_{x\to 0}\frac{\frac{1}{2}x^2(\log|x|)^2 + o\big(x^2(\log|x|)^2\big)}{x}\\ &= \lim_{x\to 0}\left(\frac{x(\log|x|)^2}{2} + \frac{o\big(x^2(\log|x|)^2\big)}{x^2(\log|x|)^2}\times x(\log|x|)^2\right)\\ &= 0\end{aligned}$$

이고 따라서

$$|x|^x = 1 + x\log|x| + o(x)$$

임을 안다. □

정리 3.3.5 실수 a를 포함하는 열린구간 I에서 정의된 n번 미분가능한 함수 $f(x)$에 대하여 다음이 성립한다.

$$f(x) = o\big((x-a)^n\big) \quad \text{as } x\to a \qquad \Longleftrightarrow \qquad f^{(k)}(a) = 0 \quad (k = 0, 1, 2, \cdots, n)$$

예제 3.3.6 두 n차 다항식 $p(x), q(x)$ 및 실수 a에 대하여 다음이 성립함을 보이시오.

$$p(x) = q(x) + o\big((x-a)^n\big) \quad \text{as } x \to a \qquad \Longrightarrow \qquad p(x) = q(x)$$

풀이 조립제법을 이용하면, 실수 a에 대하여 주어진 다항식 $p(x), q(x)$를

$$\begin{aligned} p(x) &= a_n(x-a)^n + a_{n-1}(x-a)^{n-1} + \cdots + a_1(x-a) + a_0, \\ q(x) &= b_n(x-a)^n + b_{n-1}(x-a)^{n-1} + \cdots + b_1(x-a) + b_0 \end{aligned}$$

으로 표현할 수 있다.

$$f(x) = p(x) - q(x) = o\big((x-a)^n\big) \quad \text{as } x \to a$$

이므로 정리 3.3.5에 의해

$$f^{(k)}(a) = 0 \quad (k = 0, 1, 2, \cdots, n)$$

이다. 그런데

$$f^{(k)}(a) = p^{(k)}(a) - q^{(k)}(a) = k!(a_k - b_k) \quad (k = 0, 1, 2, \cdots, n)$$

이므로

$$a_k = b_k \quad (k = 0, 1, 2, \cdots, n)$$

를 얻는다. 따라서

$$p(x) = q(x)$$

이다. □

정의 3.3.7 (근사다항식) 함수 $f(x)$와 n차 다항함수 $p(x)$에 대하여

$$f(x) = p(x) + o(x^n)$$

이면 다항함수 $p(x)$를 원점에서 함수 $f(x)$의 n차 근사다항식이라고 한다.

즉 $x \to 0$일 때, n차 근사다항식 $p(x)$가 함수 $f(x)$로 다가가는 속도는 x^n이 0으로 다가가는 속도보다 훨씬 더 빠르다는 것을 의미한다.

예제 3.3.8 실수 a를 포함하는 열린구간 I에서 정의된 n번 미분가능한 함수 $f : I \to \mathbb{R}$에 대하여 다음이 성립함을 보이시오.

$$f(x) = \sum_{k=0}^{n} \frac{f^{(k)}(a)}{k!}(x-a)^k + o\big((x-a)^n\big) \quad \text{as } x \to a$$

풀이 로피탈의 정리를 $(n-1)$번 적용하면

$$\begin{aligned}
\lim_{x \to a} \frac{f(x) - \displaystyle\sum_{k=0}^{n} \frac{f^{(k)}(a)}{k!}(x-a)^k}{(x-a)^n} &= \lim_{x \to a} \frac{f'(x) - \displaystyle\sum_{k=1}^{n} \frac{f^{(k)}(a)}{(k-1)!}(x-a)^{k-1}}{n(x-a)^{n-1}} \\
&\ \ \vdots \\
&= \lim_{x \to a} \frac{f^{(n-1)}(x) - f^{(n-1)}(a) - f^{(n)}(a)(x-a)}{n!(x-a)} \\
&= \frac{1}{n!} \lim_{x \to a} \left(\frac{f^{(n-1)}(x) - f^{(n-1)}(a)}{x-a} - f^{(n)}(a) \right) \\
&= 0
\end{aligned}$$

이므로

$$f(x) = \sum_{k=0}^{n} \frac{f^{(k)}(a)}{k!}(x-a)^k + o\big((x-a)^n\big) \quad \text{as } x \to a$$

임을 안다. □

예제 3.3.8로부터 원점 근방에서 정의된 n번 미분가능한 함수 $f(x)$에 대하여

$$f(x) = \sum_{k=0}^{n} \frac{f^{(k)}(0)}{k!} x^k + o(x^n)$$

임을 알고, 이는 다항함수

$$p(x) = \sum_{k=0}^{n} \frac{f^{(k)}(0)}{k!} x^k$$

가 원점에서 함수 $f(x)$의 n차 근사다항식임을 의미한다. 즉 원점에서 n계 이하의 고계 미분계수를 구함으로써 근사다항식을 얻을 수 있다. 다음 정리는 근사다항식을 구하는 것은 방법에 의존하지 않다는 것이다. 함수 $f(x)$와의 차가 $o(x^n)$인 n차 다항식을 어떠한 방법이라도 찾기만 한다면, 그것은 우리가 찾는 근사다항식임을 보장한다. 고계 미분계수를 구하기가 어렵거나 3차 이상의 고차 근사다항식을 구할 경우 가장 많이 사용되는 방법은 함수의 거듭제곱급수를 이용하는 것이다.

정리 3.3.9 (근사다항식의 존재성과 유일성) 원점 근방에서 정의된 n번 미분 가능한 함수 $f(x)$의 근사다항식은 유일하고 다음과 같다.

$$T_nf(x) = \sum_{k=0}^{n} \frac{f^{(k)}(0)}{k!}x^k = f(0) + f'(0)x + \frac{f''(0)}{2!}x^2 + \cdots + \frac{f^{(n)}(0)}{n!}x^n.$$

예제 3.3.10 다음 함수의 원점에서의 3차 근사다항식을 구하시오.

(1) $f(x) = e^x \sin x$ (2) $g(x) = \sin(e^x)$

풀이 (1) e^x와 $\sin x$의 거듭제곱급수로부터

$$\begin{aligned} e^x &= 1 + x + \frac{x^2}{2} + \frac{x^3}{6} + o(x^3), \\ \sin x &= x - \frac{x^3}{6} + o(x^3) \end{aligned}$$

이므로

$$\begin{aligned} e^x \sin x &= \left(1 + x + \frac{x^2}{2} + \frac{x^3}{6} + o(x^3)\right)\left(x - \frac{x^3}{6} + o(x^3)\right) \\ &= x + x^2 + \frac{x^3}{3} - \frac{x^5}{12} - \frac{x^6}{36} + \left(1 + 2x + \frac{x^2}{2}\right)o(x^3) + \left(o(x^3)\right)^2 \\ &= x + x^2 + \frac{x^3}{3} - \frac{x^5}{12} - \frac{x^6}{36} + o(x^3) + 2xo(x^3) + \frac{x^2}{2}o(x^3) + o(x^6) \\ &= x + x^2 + \frac{x^3}{3} + o(x^3) \end{aligned}$$

이다. 근사다항식의 유일성에 의해

$$T_3f(x) = x + x^2 + \frac{x^3}{3}$$

을 얻는다.

(2) 함수 g의 도함수, 이계 도함수 및 삼계 도함수를 구하면

$$\begin{aligned} g'(x) &= e^x \cos(e^x), \\ g''(x) &= e^x \cos(e^x) - e^{2x} \sin(e^x), \\ g'''(x) &= (e^x - e^{3x}) \cos(e^x) - 3e^{2x} \sin(e^x) \end{aligned}$$

이므로

$$g(0) = \sin 1, \quad g'(0) = \cos 1, \quad g''(0) = \cos 1 - \sin 1, \quad g'''(0) = -3\sin 1$$

이다. 따라서 구하는 근사다항식은

$$\begin{aligned} T_3 g(x) &= g(0) + g'(0)x + \frac{g''(0)}{2}x^2 + \frac{g'''(x)}{6}x^3 \\ &= \sin 1 + (\cos 1)x + \frac{\cos 1 - \sin 1}{2}x^2 - \frac{\sin 1}{2}x^3 \end{aligned}$$

이다. □

예제 3.3.11 원점에서 함수

$$f(x) = \frac{\tan x}{1-x}$$

의 6차 근사다항식 $T_6 f(x)$를 구하시오.

풀이 $\tan x$와 $\dfrac{1}{1-x}$의 거듭제곱급수로부터

$$\begin{aligned} \tan x &= x + \frac{1}{3}x^3 + \frac{2}{15}x^5 + o(x^6), \\ \frac{1}{1-x} &= 1 + x + x^2 + x^3 + x^4 + x^5 + x^6 + o(x^6) \end{aligned}$$

이므로

$$\begin{aligned} \frac{\tan x}{1-x} &= \left(x + \frac{1}{3}x^3 + \frac{2}{15}x^5 + o(x^6)\right)\left(1 + x + x^2 + x^3 + x^4 + x^5 + x^6 + o(x^6)\right) \\ &= x + x^2 + \frac{4}{3}x^3 + \frac{4}{3}x^4 + \frac{22}{15}x^5 + \frac{22}{15}x^6 \\ &\qquad + \frac{22}{15}x^7 + \frac{7}{15}x^8 + \frac{7}{15}x^9 + \frac{2}{15}x^{10} + \frac{2}{15}x^{11} + \left(o(x^6)\right)^2 \\ &\qquad\qquad + \left(1 + 2x + x^2 + \frac{4}{3}x^3 + x^4 + \frac{17}{15}x^5 + x^6\right) o(x^6) \\ &= x + x^2 + \frac{4}{3}x^3 + \frac{4}{3}x^4 + \frac{22}{15}x^5 + \frac{22}{15}x^6 + o(x^6) + o(x^{12}) \\ &\qquad + \left(o(x^6) + 2o(x^7) + o(x^8) + \frac{4}{3}o(x^9) + o(x^{10}) + \frac{17}{15}o(x^{11}) + o(x^{12})\right) \\ &= x + x^2 + \frac{4}{3}x^3 + \frac{4}{3}x^4 + \frac{22}{15}x^5 + \frac{22}{15}x^6 + o(x^6) \end{aligned}$$

이다. 근사다항식의 유일성에 의해 구하는 근사다항식은

$$T_6 f(x) = x + x^2 + \frac{4}{3}x^3 + \frac{4}{3}x^4 + \frac{22}{15}x^5 + \frac{22}{15}x^6$$

이다. □

예제 3.3.12 원점에서 함수

$$f(x) = (2x - x^2)\,\mathrm{arsinh}(3x + x^2)$$

의 4차 근사다항식 $T_4 f(x)$ 를 구하시오.

풀이 함수 $\mathrm{arsinh}\,x$ 에 대하여

$$\begin{aligned}\frac{d}{dx}\mathrm{arsinh}\,x &= (1+x^2)^{-1/2}\\ &= \sum_{n=0}^{\infty}\binom{-1/2}{n}(x^2)^n\\ &= 1 - \frac{1}{2}x^2 + o(x^2)\end{aligned}$$

이고, 이 식을 구간 $[0, x]$ 에서 양변 적분하면

$$\mathrm{arsinh}\,x = x - \frac{1}{6}x^3 + o(x^3)$$

이다. 따라서

$$\begin{aligned}(2x - x^2)\,\mathrm{arsinh}(3x + x^2) &= (2x - x^2)\left(3x + x^2 - \frac{1}{6}(3x + x^2)^3 + o\big((3x + x^2)^3\big)\right)\\ &= (2x - x^2)\left(3x + x^2 - \frac{9}{2}x^3 + o(x^3)\right)\\ &= 6x^2 - x^3 - 10x^4 + \frac{9}{2}x^5 + (2x - x^2)o(x^3)\\ &= 6x^2 - x^3 - 10x^4 + o(x^4)\end{aligned}$$

이므로 근사다항식의 유일성에 의해 구하는 근사다항식은

$$T_4 f(x) = 6x^2 - x^3 - 10x^4$$

이다. □

3.4 테일러 정리

3.4.1 테일러 정리와 근삿값 이론

앞 절에서 함수 $f(x)$ 의 n 차 근사다항식은

$$T_nf(x) = f(0) + f'(0)x + \frac{f''(0)}{2!}x^2 + \cdots + \frac{f^{(n)}(0)}{n!}x^n$$

임을 공부하였다. '근사'라는 표현을 사용하였지만 여전히 우리는 함수 $f(x)$ 와 근사다항식 $T_nf(x)$ 의 오차

$$|f(x) - T_nf(x)| = \left| f(x) - \left(f(0) + f'(0)x + \frac{f''(0)}{2!}x^2 + \cdots + \frac{f^{(n)}(0)}{n!}x^n \right) \right|$$

을 정확히 알지 못한다. 다항식 $T_nf(x)$ 가 함수 $f(x)$ 에 근사한다는 말은 위의 오차를 충분히 작게 할 수 있음을 의미하므로 우리는 이 오차를 정확히 계산할 필요가 있다. 테일러 정리는 함수 $f(x)$ 와 근사다항식 $T_nf(x)$ 의 오차를 정확하게 제시하며, 그 모습이 근사다항식의 다음에 나올 항을 닮았다는 것을 말해 준다.

정리 3.4.1 (테일러 정리) 원점을 포함하는 열린구간 I 에서 정의된 함수 $f : I \to \mathbb{R}$ 에 대하여 다음이 성립한다.

(i) $f(x)$ 가 $(n+1)$ 번 미분가능하면 임의의 $x \in I$ 에 대하여 다음 식을 만족하는 $x_* \in [0, x]$ 가 존재한다.

$$f(x) = f(0) + f'(0)x + \frac{f''(0)}{2!}x^2 + \cdots + \frac{f^{(n)}(0)}{n!}x^n + \frac{f^{(n+1)}(x_*)}{(n+1)!}x^{n+1}.$$

여기서 $R_nf(x) = \dfrac{f^{(n+1)}(x_*)}{(n+1)!}x^{n+1}$ 을 원점에서 $f(x)$ 의 n 차 테일러 나머지항이라고 한다.

(ii) $f \in C^{n+1}(I)$ 일 때, $M_{n+1}(x) = \max\left\{ |f^{(n+1)}(t)| : t \in [0, x] \right\}$ 라 하면,

$$|R_nf(x)| \le \frac{M_{n+1}(x)}{(n+1)!}|x|^{n+1}$$

이다.

예제 3.4.2 $\sqrt{e}$ 의 근삿값을 오차 범위 10^{-4} 이하가 되도록 구하시오.

풀이 함수 $f(x) = e^x$ 의 n 차 테일러 나머지항을 $R_n f(x)$ 라 두면

$$M_{n+1}(x) = \max\left\{e^t : t \in [0, x]\right\} = \begin{cases} e^x & (x \geq 0) \\ 1 & (x < 0) \end{cases}$$

이므로 테일러 정리에 의해

$$|R_n f(x)| \leq \frac{M_{n+1}(x)}{(n+1)!}|x|^{n+1} = \frac{\max\{e^x, 1\}}{(n+1)!}|x|^{n+1}$$

을 얻는다. 따라서

$$|R_5 f(0.5)| \leq \frac{\sqrt{e}}{6! \times 2^6} = \frac{\sqrt{e}}{46080} < \frac{4}{40000} = 10^{-4}$$

이므로

$$\sqrt{e} \approx 1 + \frac{1}{2} + \frac{1}{2! \times 2^2} + \frac{1}{3! \times 2^3} + \frac{1}{4! \times 2^4} + \frac{1}{5! \times 2^5} \pm 10^{-4} = \frac{6331}{3840} \pm 10^{-4}$$

이다. □

예제 3.4.3 $\log 0.9$ 의 근삿값을 오차 범위 10^{-5} 이하가 되도록 구하시오.

풀이 $f(x) = \log(1-x)$ 라 두면 $f(0.1) = \log 0.9$ 이고

$$\log(1-x) = -x - \frac{x^2}{2} - \frac{x^3}{3} - \frac{x^4}{4} + o(x^4)$$

이므로 근사다항식의 유일성에 의해

$$T_4 f(x) = -x - \frac{x^2}{2} - \frac{x^3}{3} - \frac{x^4}{4}$$

이다. 또한

$$\begin{aligned} M_5(0.1) &= \max\left\{|f^{(5)}(t)| : t \in [0, 0.1]\right\} \\ &= \max\left\{\left|\frac{24}{(t-1)^5}\right| : t \in [0, 0.1]\right\} = \frac{24}{0.9^5} \end{aligned}$$

이므로 테일러 정리에 의해

$$|R_4 f(0.1)| \le \frac{M_5(0.1)}{5!} \times 0.1^5 = \frac{24}{5! \times 0.9^5} \times 0.1^5 = \frac{1}{5 \times 9^5} < 10^{-5}$$

를 얻는다. 따라서 구하는 근삿값은

$$f(0.1) \approx T_4 f(0.1) \pm 10^{-5} = -0.1 - \frac{0.1^2}{2} - \frac{0.1^3}{3} - \frac{0.1^4}{4} \pm 10^{-5}$$

이다. □

예제 3.4.4 모든 실수 x와 자연수 n에 대하여 다음 부등식이 성립함을 보이시오.

(1) $\left| \int_0^x \frac{\sinh t}{t}\, dt - \sum_{k=0}^{n-1} \frac{x^{2k+1}}{(2k+1)(2k+1)!} \right| \le \frac{(\cosh x)|x|^{2n+1}}{(2n+1)(2n+1)!}$

(2) $\left| \int_0^x \frac{\sin t}{t}\, dt - \sum_{k=0}^{n-1} \frac{(-1)^k x^{2k+1}}{(2k+1)(2k+1)!} \right| \le \frac{|x|^{2n+1}}{(2n+1)(2n+1)!}$

풀이 (1) $f(x) = \int_0^x \frac{\sinh t}{t}\, dt$ 라 두면 거듭제곱급수의 기본정리에 의해

$$\begin{aligned} f(x) &= \int_0^x \frac{\sinh t}{t}\, dt = \int_0^x \frac{1}{t} \sum_{k=0}^{\infty} \frac{t^{2k+1}}{(2k+1)!}\, dt \\ &= \int_0^x \sum_{k=0}^{\infty} \frac{t^{2k}}{(2k+1)!}\, dt = \sum_{k=0}^{\infty} \frac{x^{2k+1}}{(2k+1)(2k+1)!} \end{aligned}$$

이므로

$$T_{2n-1} f(x) = \sum_{k=0}^{n-1} \frac{x^{2k+1}}{(2k+1)(2k+1)!} = T_{2n} f(x)$$

이다. 한편 거듭제곱급수의 기본정리에 의해

$$f^{(2n+1)}(x) = \sum_{k=0}^{\infty} \frac{x^{2k}}{(2k+2n+1)(2k)!} \le \frac{1}{2n+1} \sum_{k=0}^{\infty} \frac{x^{2k}}{(2k)!} = \frac{\cosh x}{2n+1}$$

이므로

$$M_{2n+1}(x) = \max\left\{ |f^{(2n+1)}(t)| : t \in [0, x] \right\} \le \frac{\cosh x}{2n+1}$$

이다. 테일러 정리에 의해

$$|R_{2n-1}f(x)| = |R_{2n}f(x)| \le \frac{M_{2n+1}(x)}{(2n+1)!}|x|^{2n+1} \le \frac{(\cosh x)|x|^{2n+1}}{(2n+1)(2n+1)!}$$

이고, 따라서

$$\left| \int_0^x \frac{\sinh t}{t}\, dt - \sum_{k=0}^{n-1} \frac{x^{2k+1}}{(2k+1)(2k+1)!} \right| \le \frac{(\cosh x)|x|^{2n+1}}{(2n+1)(2n+1)!}$$

이다.

(2) $g(x) = \sin x$ 라 두면

$$g(x) = \sum_{k=0}^{\infty} \frac{(-1)^k x^{2k+1}}{(2k+1)!}$$

이므로

$$T_{2n-1}g(x) = \sum_{k=0}^{n-1} \frac{(-1)^k x^{2k+1}}{(2k+1)!} = T_{2n}g(x)$$

이다. 한편 모든 자연수 n 에 대하여 $g^{(2n+1)}(x) = (-1)^n \cos x$ 이므로

$$M_{2n+1}(x) = \max\left\{ |g^{(2n+1)}(t)| : t \in [0,x] \right\} = \max\{ |\cos t| : t \in [0,x]\} = 1$$

임을 안다. 테일러 정리에 의해

$$|R_{2n-1}g(x)| = |R_{2n}g(x)| \le \frac{M_{2n+1}(x)}{(2n+1)!}|x|^{2n+1} = \frac{|x|^{2n+1}}{(2n+1)!}$$

이고, 따라서

$$\left| \sin x - \sum_{k=0}^{n-1} \frac{(-1)^k x^{2k+1}}{(2k+1)!} \right| \le \frac{|x|^{2n+1}}{(2n+1)!} \quad \Longrightarrow \quad \left| \frac{\sin x}{x} - \sum_{k=0}^{n-1} \frac{(-1)^k x^{2k}}{(2k+1)!} \right| \le \frac{x^{2n}}{(2n+1)!}$$

이다. $x = 0$ 인 경우는 자명하므로 $x \ne 0$ 인 경우만 고려한다. 먼저 $x > 0$ 인 경우

$$\begin{aligned} \left| \int_0^x \frac{\sin t}{t}\, dt - \sum_{k=0}^{n-1} \frac{(-1)^k x^{2k+1}}{(2k+1)(2k+1)!} \right| &= \left| \int_0^x \left(\frac{\sin t}{t} - \sum_{k=0}^{n-1} \frac{(-1)^k t^{2k}}{(2k+1)!} \right) dt \right| \\ &\le \int_0^x \left| \frac{\sin t}{t} - \sum_{k=0}^{n-1} \frac{(-1)^k t^{2k}}{(2k+1)!} \right| dt \le \int_0^x \frac{t^{2n}}{(2n+1)!}\, dt = \frac{x^{2n+1}}{(2n+1)(2n+1)!} \end{aligned}$$

이므로 주어진 부등식이 성립한다. 같은 방법으로 $x < 0$인 경우

$$\begin{aligned}\left|\int_0^x \frac{\sin t}{t}\,dt - \sum_{k=0}^{n-1}\frac{(-1)^k x^{2k+1}}{(2k+1)(2k+1)!}\right| &\le \int_x^0 \left|\frac{\sin t}{t} - \sum_{k=0}^{n-1}\frac{(-1)^k t^{2k}}{(2k+1)!}\right| dt \\ &\le \int_x^0 \frac{t^{2n}}{(2n+1)!}\,dt \\ &= -\frac{x^{2n+1}}{(2n+1)(2n+1)!}\end{aligned}$$

이므로 주어진 부등식은 모든 실수 x에 대하여 성립한다. □

예제 3.4.5 정적분 $\int_0^1 \sqrt[3]{1+x^5}\,dx$의 근삿값을 오차 범위 2×10^{-3} 이하가 되도록 구하시오.

풀이 $f(x) = \sqrt[3]{1+x}$라 하자.

$$\begin{aligned}\sqrt[3]{1+x} = (1+x)^{1/3} &= \sum_{n=0}^{\infty}\binom{1/3}{n}x^n \quad (|x| < 1) \\ &= 1 + \frac{x}{3} - \frac{x^2}{9} + \frac{5x^3}{81} - \frac{10x^4}{243} + \cdots \quad (|x| < 1) \\ &= 1 + \frac{x}{3} - \frac{x^2}{9} + \frac{5x^3}{81} + o(x^3)\end{aligned}$$

이므로 근사다항식의 유일성에 의해

$$T_3 f(x) = 1 + \frac{x}{3} - \frac{x^2}{9} + \frac{5x^3}{81}$$

이다. 또한 $x > 0$일 때

$$M_4(x) = \max\left\{|f^{(4)}(t)| : t \in [0,x]\right\} = \max\left\{\left|\frac{80}{81(1+t)^{11/3}}\right| : t \in [0,x]\right\} = \frac{80}{81}$$

이므로 테일러 정리에 의해

$$\left|\sqrt[3]{1+x} - \left(1 + \frac{x}{3} - \frac{x^2}{9} + \frac{5x^3}{81}\right)\right| = |R_3 f(x)| \le \frac{M_4(x)}{4!}x^4 = \frac{10}{243}x^4 \quad (x > 0)$$

를 얻는다. 이 부등식에 x 대신 x^5를 대입하면

$$\begin{aligned}&\left|\int_0^1 \left[\sqrt[3]{1+x^5} - \left(1+\frac{x^5}{3}-\frac{x^{10}}{9}+\frac{5x^{15}}{81}\right)\right] dx\right| \\ &\quad \le \int_0^1 \left|\sqrt[3]{1+x^5} - \left(1+\frac{x^5}{3}-\frac{x^{10}}{9}+\frac{5x^{15}}{81}\right)\right| dx \\ &\quad \le \int_0^1 \frac{10}{243}x^{20}dx = \frac{10}{5103} < 2\times 10^{-3}\end{aligned}$$

임을 안다. 그런데

$$\begin{aligned}&\left|\int_0^1 \left[\sqrt[3]{1+x^5} - \left(1+\frac{x^5}{3}-\frac{x^{10}}{9}+\frac{5x^{15}}{81}\right)\right] dx\right| \\ &\quad = \left|\int_0^1 \sqrt[3]{1+x^5}\, dx - \left(1+\frac{1}{18}-\frac{1}{99}+\frac{5}{1296}\right)\right|\end{aligned}$$

이므로 구하는 근삿값은

$$\int_0^1 \sqrt[3]{1+x^5}\, dx \approx 1+\frac{1}{18}-\frac{1}{99}+\frac{5}{1296} \pm 2\times 10^{-3} = \frac{14959}{14256} \pm 2\times 10^{-3}$$

이다. □

3.4.2 테일러 급수

정의 3.4.6 (테일러 급수) 원점 근방에서 정의된 무한 번 미분가능한 함수 $f(x)$에 대하여 다음 거듭제곱급수

$$Tf(x) = \sum_{n=0}^{\infty} \frac{f^{(n)}(0)}{n!}x^n = f(0) + f'(0)x + \frac{f''(0)}{2!}x^2 + \cdots + \frac{f^{(n)}(0)}{n!}x^n + \cdots$$

을 원점에서 함수 $f(x)$의 테일러 급수라고 부른다.

예제 3.4.7 1이 아닌 양수 a에 대하여 함수 $f(x) = a^x$의 테일러 급수를 구하시오.

풀이 자연수 n에 대하여 $f^{(n)}(x) = a^x(\log a)^n$이므로

$$Tf(x) = \sum_{n=0}^{\infty} \frac{f^{(n)}(0)}{n!}x^n = \sum_{n=0}^{\infty} \frac{(\log a)^n}{n!}x^n$$

을 얻는다. □

예제 3.4.8 함수

$$f(x) = \begin{cases} e^{-1/x^2} & (x \neq 0) \\ 0 & (x = 0) \end{cases}$$

은 무한급 함수이지만, 원점에서 해석함수가 아님을 보이시오.

풀이 먼저 수학적 귀납법을 이용하여 함수 $f(x)$가 모든 자연수 n에 대하여

$$f^{(n)}(x) = \begin{cases} \dfrac{e^{-1/x^2}}{x^{3n}} p_n(x) & (x \neq 0) \\ 0 & (x = 0) \end{cases} \tag{$\star$}$$

임을 보이자. 여기서 $p_n(x)$는 다음 점화식으로 주어진 $2(n-1)$차 다항식이다.

$$\begin{cases} p_1(x) = 2 \\ p_{n+1}(x) = x^3 p_n'(x) + (2 - 3nx^2) p_n(x) \end{cases}$$

(i) $n = 1$일 때,

$$f'(x) = \frac{d}{dx} e^{-1/x^2} = \frac{e^{-1/x^2}}{x^3} \cdot 2 = \frac{e^{-1/x^2}}{x^3} p_1(x) \quad (x \neq 0)$$
$$f'(0) = \lim_{h \to 0} \frac{f(h) - f(0)}{h} = \lim_{h \to 0} \frac{e^{-1/h^2}}{h} = \lim_{t \to \infty} \frac{\pm\sqrt{t}}{e^t} = 0$$

이므로 식 ($\star$)가 성립한다.

(ii) $n = k$일 때, 식 ($\star$)가 성립한다고 가정하면, $x \neq 0$에 대하여

$$\begin{aligned} f^{(k+1)}(x) &= \frac{d}{dx}\left(\frac{e^{-1/x^2}}{x^{3k}} p_k(x) \right) \\ &= \frac{e^{-1/x^2}}{x^{3(k+1)}} \left(x^3 p_k'(x) + (2 - 3kx^2) p_k(x) \right) \\ &= \frac{e^{-1/x^2}}{x^{3(k+1)}} p_{k+1}(x) \end{aligned}$$

이고

$$\begin{aligned} f^{(k+1)}(0) &= \lim_{h \to 0} \frac{f^{(k)}(h) - f^{(k)}(0)}{h} = \lim_{h \to 0} \frac{e^{-1/h^2}}{h^{3k+1}} p_k(h) \\ &= \lim_{t \to \infty} \frac{(\pm\sqrt{t})^{3k+1}}{e^t} p_k(\pm 1/\sqrt{t}) = 0 \cdot p_k(0) = 0 \end{aligned}$$

이다. 따라서 $n = k+1$ 일 때도 식 ($\star$)가 성립한다.

(i), (ii)에 의해 모든 자연수 n 에 대하여 식 ($\star$)가 성립한다. 따라서 함수 $f(x)$ 는 무한급 함수이고 원점에서 테일러 급수는

$$Tf(x) = 0$$

이다. 즉 원점의 임의의 근방에서 $f \neq Tf$ 이므로 f 는 해석함수가 아니다. □

3.4.3 $x = a$ 에서 테일러 전개

우리는 지금까지 원점을 기준으로 한 테일러 전개에 대해 공부하였다. 그러나 모든 함수가 원점에서 테일러 전개가 가능한 것은 아니다. 예를 들면

$$\log x, \quad \frac{1}{x}, \quad \sqrt[n]{x}$$

와 같은 함수들은 원점에서 정의되지 않거나 미분이 불가능한 함수들이므로 원점에서 테일러 전개가 가능하지 않다. 따라서 이와 같은 함수의 테일러 전개를 하기 위해서는 원점이 아닌 곳에서의 테일러 전개가 필요하다. 이 절에서는 원점이 아닌 정의역의 한 점을 선택하여 테일러 전개를 하는 방법에 대해 공부한다.

정의 3.4.9 (근사다항식) 함수 $f(x)$ 와 n 차 다항함수 $p(x)$ 에 대하여

$$f(x) = p(x) + o\big((x-a)^n\big) \quad \text{as } x \to a$$

이면 다항함수 $p(x)$ 를 $x = a$ 에서 함수 $f(x)$ 의 n 차 근사다항식이라고 한다.

예제 3.3.6 과 예제 3.3.8 로부터 다음 정리를 얻는다.

정리 3.4.10 (근사다항식의 존재성과 유일성) $x = a$ 근방에서 정의된 n 번 미분가능한 함수 $f(x)$ 의 $x = a$ 에서의 근사다항식은

$$T_n^a f(x) = \sum_{k=0}^{n} \frac{f^{(k)}(a)}{k!}(x-a)^k$$

이고, 유일하다.

예제 3.4.11 양수 a에 대하여 $x=a$에서 다음 함수의 n차 근사다항식을 구하시오.

(1) $f(x)=\sqrt{x}$

(2) $g(x)=\log x$

풀이 (1) 자연수 k에 대하여

$$\begin{aligned} f^{(k)}(x) &= \frac{1}{2}\left(\frac{1}{2}-1\right)\left(\frac{1}{2}-2\right)\times\cdots\times\left(\frac{1}{2}-k+1\right)x^{1/2-k} \\ &= k!\binom{1/2}{k}\frac{\sqrt{x}}{x^k} \end{aligned}$$

이므로

$$\begin{aligned} T_n^a f(x) &= \sum_{k=0}^{n}\frac{f^{(k)}(a)}{k!}(x-a)^k \\ &= \sum_{k=0}^{n}\frac{\sqrt{a}}{a^k}\binom{1/2}{k}(x-a)^k \\ &= \sqrt{a}+\frac{1}{2a^{1/2}}(x-a)-\frac{1}{8a^{3/2}}(x-a)^2+\cdots+\frac{\sqrt{a}}{a^n}\binom{1/2}{n}(x-a)^n \end{aligned}$$

을 얻는다.

(2) 자연수 k에 대하여

$$g^{(k)}(x)=(-1)^{k-1}(k-1)!x^{-k}$$

이므로

$$\begin{aligned} T_n^a g(x) &= g(a)+\sum_{k=1}^{n}\frac{g^{(k)}(a)}{k!}(x-a)^k \\ &= \log a+\sum_{k=1}^{n}\frac{(-1)^{k-1}}{ka^k}(x-a)^k \\ &= \log a+\frac{1}{a}(x-a)-\frac{1}{2a^2}(x-a)^2+\frac{1}{3a^3}(x-a)^3+\cdots+\frac{(-1)^{n-1}}{na^n}(x-a)^n \end{aligned}$$

을 얻는다. □

정리 3.4.12 (테일러 정리) 실수 a를 포함하는 열린구간 I에서 정의된 함수 $f : I \to \mathbb{R}$에 대하여 다음이 성립한다.

(i) $f(x)$가 $(n+1)$번 미분가능하면 임의의 $x \in I$에 대하여 다음 식을 만족하는 $x_* \in [a, x]$가 존재한다.

$$f(x) = \sum_{k=0}^{n} \frac{f^{(k)}(a)}{k!}(x-a)^k + \frac{f^{(n+1)}(x_*)}{(n+1)!}(x-a)^{n+1}.$$

여기서 $R_n^a f(x) = \dfrac{f^{(n+1)}(x_*)}{(n+1)!}(x-a)^{n+1}$을 $x = a$에서 $f(x)$의 n차 테일러 나머지항이라고 한다.

(ii) $f \in C^{n+1}(I)$일 때, $M_{n+1}(x) = \max\left\{|f^{(n+1)}(t)| : t \in [a, x]\right\}$라 하면,

$$|R_n^a f(x)| \le \frac{M_{n+1}(x)}{(n+1)!}|x-a|^{n+1}$$

이다.

예제 3.4.13 $\sqrt[4]{17}$의 근삿값을 오차 범위 3×10^{-5} 이하가 되도록 구하시오.

풀이 $f(x) = \sqrt[4]{x}$라 하자. 이항급수 공식에 의해

$$\begin{aligned}
\sqrt[4]{x} &= \big(16 + (x-16)\big)^{1/4} = 2\left(1 + \frac{x-16}{16}\right)^{1/4} \\
&= 2\sum_{n=0}^{\infty} \binom{1/4}{n} \left(\frac{x-16}{16}\right)^n \quad (|x-16| < 16) \\
&= 2\left(1 + \frac{1}{64}(x-16) - \frac{3}{8192}(x-16)^2 + \cdots\right) \quad (|x-16| < 16) \\
&= 2 + \frac{1}{32}(x-16) - \frac{3}{4096}(x-16)^2 + o\big((x-16)^2\big) \quad \text{as } x \to 16
\end{aligned}$$

이므로 근사다항식의 유일성에 의해

$$T_2^{16} f(x) = 2 + \frac{1}{32}(x-16) - \frac{3}{4096}(x-16)^2$$

을 얻는다. 또한

$$\begin{aligned} M_3(17) &= \max\{|f'''(t)| : t \in [16,17]\} = \max\left\{\frac{21}{64t^{11/4}} : t \in [16,17]\right\} \\ &= \frac{21}{64} \times 16^{-\frac{11}{4}} = \frac{21}{2^{17}} \end{aligned}$$

이므로 테일러 정리에 의해

$$|R_2^{16} f(17)| \le \frac{M_3(17)}{3!} = \frac{1}{6} \times \frac{21}{2^{17}} < 3 \times 10^{-5}$$

을 얻는다. 따라서 구하는 근삿값은 다음과 같다.

$$f(17) \approx T_2^{16} f(17) \pm 3 \times 10^{-5} = 2 + \frac{1}{32} - \frac{3}{4096} \pm 3 \times 10^{-5}.$$

□

정의 3.4.14 (테일러 급수) $x = a$ 근방에서 정의된 무한 번 미분가능한 함수 $f(x)$에 대하여 다음 거듭제곱급수

$$T^a f(x) = \sum_{n=0}^{\infty} \frac{f^{(n)}(a)}{n!}(x-a)^n$$

를 $x = a$에서 함수 $f(x)$의 테일러 급수라고 부른다.

예제 3.4.15 영이 아닌 실수 a와 함수

$$f(x) = \frac{1}{x}$$

에 대하여, $x = a$에서 $f(x)$의 테일러 급수를 구하시오.

풀이 1 테일러 급수의 정의를 이용하여 구한다.

$$f^{(n)}(x) = (-1)^n n! x^{-n-1} \quad (n = 1, 2, \cdots)$$

이므로

$$T^a f(x) = \sum_{n=0}^{\infty} \frac{f^{(n)}(a)}{n!}(x-a)^n = \frac{1}{a} - \frac{x-a}{a^2} + \frac{(x-a)^2}{a^3} - \frac{(x-a)^3}{a^4} + \frac{(x-a)^4}{a^5} - \cdots$$

이다. 거듭제곱근 판정법 또는 비율 판정법을 이용하면 이 급수가 수렴하기 위한 x 의 범위가

$$|x-a| < a$$

임을 안다. □

풀이 2 기하급수를 이용하여 구한다.

$$\begin{aligned}\frac{1}{x} &= \frac{1}{a} \cdot \frac{1}{1+\frac{x-a}{a}} \\ &= \frac{1}{a} \cdot \left(1 - \frac{x-a}{a} + \frac{(x-a)^2}{a^2} - \frac{(x-a)^3}{a^3} + \frac{(x-a)^4}{a^4} - \cdots\right) \quad (|x-a| < a) \\ &= \frac{1}{a} - \frac{x-a}{a^2} + \frac{(x-a)^2}{a^3} - \frac{(x-a)^3}{a^4} + \frac{(x-a)^4}{a^5} - \cdots \quad (|x-a| < a)\end{aligned}$$

이므로

$$T^a f(x) = \frac{1}{a} - \frac{x-a}{a^2} + \frac{(x-a)^2}{a^3} - \frac{(x-a)^3}{a^4} + \frac{(x-a)^4}{a^5} - \cdots \quad (|x-a| < a)$$

이다. □

예제 3.4.16 $x = a$ 에서 다음 함수의 테일러 급수를 구하시오.

(1) $f(x) = e^{x^2-2ax}$ (2) $g(x) = e^{px}\sin(qx+r)$

풀이 (1) 지수함수의 거듭제곱급수 표현으로부터

$$e^{x^2-2ax} = e^{-a^2}e^{(x-a)^2} = e^{-a^2}\sum_{n=0}^{\infty}\frac{(x-a)^{2n}}{n!} \quad (-\infty < x < \infty)$$

이므로

$$T^a f(x) = e^{-a^2}\sum_{n=0}^{\infty}\frac{(x-a)^{2n}}{n!} \quad (-\infty < x < \infty)$$

이다.

(2) 먼저 수학적 귀납법을 이용하여 모든 자연수 n 에 대하여

$$g^{(n)}(x) = (p^2+q^2)^{n/2}e^{px}\sin(qx+r+n\alpha) \qquad (\star)$$

임을 보이자. 여기서 α는

$$\cos\alpha = \frac{p}{\sqrt{p^2+q^2}}, \quad \sin\alpha = \frac{q}{\sqrt{p^2+q^2}}$$

를 만족하는 실수이다.

(i) $n = 1$일 때,

$$\begin{aligned} g'(x) &= pe^{px}\sin(qx+r) + qe^{px}\cos(qx+r) \\ &= \sqrt{p^2+q^2}e^{px}\big(\sin(qx+r)\cos\alpha + \cos(qx+r)\sin\alpha\big) \\ &= \sqrt{p^2+q^2}e^{px}\sin(qx+r+\alpha) \end{aligned}$$

이므로 식 ($\star$)가 성립한다.

(ii) $n = k$일 때, 식 ($\star$)가 성립한다고 가정하면,

$$\begin{aligned} & g^{(k+1)}(x) \\ &= \frac{d}{dx}\Big((p^2+q^2)^{k/2}e^{px}\sin(qx+r+k\alpha)\Big) \\ &= (p^2+q^2)^{k/2}\big(pe^{px}\sin(qx+r+k\alpha) + qe^{px}\cos(qx+r+k\alpha)\big) \\ &= (p^2+q^2)^{(k+1)/2}e^{px}\big(\sin(qx+r+k\alpha)\cos\alpha + \cos(qx+r+k\alpha)\sin\alpha\big) \\ &= (p^2+q^2)^{(k+1)/2}e^{px}\sin\big(qx+r+(k+1)\alpha\big) \end{aligned}$$

이다. 따라서 $n = k+1$일 때도 식 ($\star$)가 성립한다.

(i), (ii)에 의해 모든 자연수 n에 대하여 식 ($\star$)가 성립한다. 따라서

$$\begin{aligned} T^a g(x) &= \sum_{n=0}^{\infty} \frac{g^{(n)}(a)}{n!}(x-a)^n \\ &= \sum_{n=0}^{\infty} \frac{(p^2+q^2)^{n/2}e^{ap}\sin(aq+r+n\alpha)}{n!}(x-a)^n \end{aligned}$$

이다. 거듭제곱근 판정법을 이용하면 이 급수가 수렴하기 위한 x의 범위가

$$-\infty < x < \infty$$

임을 안다. □

제 4 장

좌표공간

좌표계의 도입은 기하학과 대수학을 하나로 묶는 해석기하학을 탄생시켰으며, 이는 미적분학이 등장하는 데 핵심적인 역할을 하였다. 이 장에서는 좌표공간을 n차원으로 확장하고 2차원과 3차원에서 직교좌표계가 아닌 새로운 형태의 좌표계에 대하여 공부한다. 이러한 좌표계의 도입은 후에 배울 다변수함수의 적분 이론에서 함수와 정의역의 형태에 따라 직교좌표계를 사용하는 것보다 적분을 쉽게 다룰 수 있다는 장점이 있다.

4.1 n차원 좌표공간

좌표평면 $\mathbb{R}^2$와 좌표공간 $\mathbb{R}^3$를 다음과 같이 임의의 차원 n으로 확장한다.

정의 4.1.1 (n차원 좌표공간) 자연수 n에 대하여 집합

$$\mathbb{R}^n = \{(x_1, x_2, \cdots, x_n) \mid x_1, x_2, \cdots, x_n \in \mathbb{R}\}$$

을 n차원 좌표공간 또는 n-공간이라고 한다.

예제 4.1.2 $\mathbb{R}^n$의 두 점 $A = (a_1, a_2, \cdots, a_n)$, $B = (b_1, b_2, \cdots, b_n)$과 실수 $c \in \mathbb{R}$에 대하여

$$A + B = (a_1 + b_1, a_2 + b_2, \cdots, a_n + b_n), \qquad cA = (ca_1, ca_2, \cdots, ca_n),$$
$$\langle A, B\rangle = a_1b_1 + a_2b_2 + \cdots + a_nb_n, \qquad \|A\| = \sqrt{\langle A, A\rangle}$$

로 정의할 때, 다음이 성립함을 보이시오.

(1) $|\langle A, B\rangle| \le \|A\|\|B\|$

(2) $\|sA+tB\|^2 = s^2\|A\|^2 + 2st\langle A, B\rangle + t^2\|B\|^2 \quad (s, t \in \mathbb{R})$

(3) $\|A+B\| \le \|A\| + \|B\|$

풀이 (1) x에 대한 이차함수

$$\begin{aligned} f(x) &= \sum_{k=1}^{n}(a_k x + b_k)^2 \\ &= \left(\sum_{k=1}^{n} a_k^2\right) x^2 + 2\left(\sum_{k=1}^{n} a_k b_k\right) x + \sum_{k=1}^{n} b_k^2 \\ &= \|A\|^2 x^2 + 2\langle A, B\rangle x + \|B\|^2 \end{aligned}$$

은 모든 실수 x에 대하여 $f(x) \ge 0$이므로

$$\frac{D}{4} = \langle A, B\rangle^2 - \|A\|^2\|B\|^2 \le 0$$

을 얻는다. 따라서 주어진 부등식이 성립한다.

(2) 임의의 실수 s, t에 대하여 다음이 성립한다.

$$\begin{aligned} \|sA+tB\|^2 &= \sum_{k=1}^{n}(sa_k + tb_k)^2 \\ &= s^2\sum_{k=1}^{n} a_k^2 + 2st\sum_{k=1}^{n} a_k b_k + t^2\sum_{k=1}^{n} b_k^2 \\ &= s^2\|A\|^2 + 2st\langle A, B\rangle + t^2\|B\|^2. \end{aligned}$$

(3) (1)과 (2)에 의해

$$\begin{aligned} (\|A\| + \|B\|)^2 - \|A+B\|^2 &= \|A\|^2 + 2\|A\|\|B\| + \|B\|^2 - (\|A\|^2 + 2\langle A, B\rangle + \|B\|^2) \\ &= 2(\|A\|\|B\| - \langle A, B\rangle) \\ &\ge 0 \end{aligned}$$

이므로 주어진 부등식이 성립한다. □

$\mathbb{R}^2$ 와 $\mathbb{R}^3$ 에서의 두 점 사이의 거리를 $\mathbb{R}^n$ 으로 확장하면 다음과 같다.

정의 4.1.3 (두 점 사이의 거리) $\mathbb{R}^n$ 의 두 점 $A = (a_1, a_2, \cdots, a_n)$, $B = (b_1, b_2, \cdots, b_n)$ 에 대하여 두 점 사이의 거리는

$$\operatorname{dist}(A,B) = \sqrt{\sum_{k=1}^{n}(a_k - b_k)^2}$$

이다.

예제 4.1.4 $\mathbb{R}^n$ 의 두 점 $A = (a_1, a_2, \cdots, a_n)$, $B = (b_1, b_2, \cdots, b_n)$ 에 대하여

$$\begin{aligned}\operatorname{dist}_p(A,B) &= \left(\sum_{k=1}^{n}|a_k - b_k|^p\right)^{1/p} \qquad (1 \le p < \infty),\\ \operatorname{dist}_\infty(A,B) &= \max_{1\le k\le n}|a_k - b_k|\end{aligned}$$

라 하자. 이때 다음이 성립함을 보이시오.

(1) $\dfrac{1}{\sqrt{n}}\operatorname{dist}_1(A,B) \le \operatorname{dist}(A,B) \le \operatorname{dist}_1(A,B)$

(2) $\operatorname{dist}_\infty(A,B) \le \operatorname{dist}_p(A,B) \le n^{1/p}\operatorname{dist}_\infty(A,B)$

풀이 (1) 두 점 A, B 에 대하여

$$\begin{aligned}0 &\le \sum_{k=1}^{n}\left(|a_k - b_k| - \frac{1}{n}\operatorname{dist}_1(A,B)\right)^2\\ &= \sum_{k=1}^{n}(a_k - b_k)^2 - \frac{2}{n}\operatorname{dist}_1(A,B)\sum_{k=1}^{n}|a_k - b_k| + \frac{1}{n}\big(\operatorname{dist}_1(A,B)\big)^2\\ &= \big(\operatorname{dist}(A,B)\big)^2 - \frac{1}{n}\big(\operatorname{dist}_1(A,B)\big)^2\end{aligned}$$

이므로

$$\operatorname{dist}(A,B) \ge \frac{1}{\sqrt{n}}\operatorname{dist}_1(A,B)$$

이다. 한편

$$\big(\mathrm{dist}_1(A,B)\big)^2 - \big(\mathrm{dist}(A,B)\big)^2 = \left(\sum_{k=1}^{n} |a_k - b_k|\right)^2 - \sum_{k=1}^{n}(a_k - b_k)^2$$
$$= \sum_{\substack{i,j=1 \\ i \neq j}}^{n} |a_i - b_i||a_j - b_j| \geq 0$$

이므로

$$\mathrm{dist}_1(A,B) \geq \mathrm{dist}(A,B)$$

를 얻는다.

(2) 두 점 A, B에 대하여

$$\mathrm{dist}_p(A,B) = \left(\sum_{i=1}^{n} |a_i - b_i|^p\right)^{1/p} \geq |a_k - b_k| \quad (k = 1, 2, \cdots, n)$$

이므로

$$\mathrm{dist}_p(A,B) \geq \max_{1 \leq k \leq n} |a_k - b_k| = \mathrm{dist}_\infty(A,B)$$

이다. 한편

$$\mathrm{dist}_\infty(A,B) = \max_{1 \leq k \leq n} |a_k - b_k| \geq |a_i - b_i| \quad (i = 1, 2, \cdots, n)$$

이므로

$$\mathrm{dist}_p(A,B) = \left(\sum_{i=1}^{n} |a_i - b_i|^p\right)^{1/p}$$
$$\leq \left(\sum_{i=1}^{n} \big(\mathrm{dist}_\infty(A,B)\big)^p\right)^{1/p}$$
$$= n^{1/p}\,\mathrm{dist}_\infty(A,B)$$

를 얻는다. □

4.2 거리공간

거리공간이란 두 점 사이의 거리가 정의된 공간이다. 집합 X와 함수

$$d : X \times X \to [0, \infty)$$

가 임의의 $x, y, z \in X$에 대하여

1. (구분 불가능한 점의 동일성) $d(x, y) = 0 \iff x = y$
2. (대칭성) $d(x, y) = d(y, x)$
3. (삼각부등식) $d(x, y) + d(y, z) \geq d(x, z)$

를 만족하면, 함수 d를 거리함수라고 하고 순서쌍 (X, d)를 거리공간이라고 한다.

예제 4.2.1 1보다 큰 실수 p, q가 $1/p + 1/q = 1$을 만족하고, 함수 $\mathrm{dist}_p : \mathbb{R}^n \times \mathbb{R}^n \to [0, \infty)$가 예제 4.1.4에서 주어진 함수일 때, 다음에 답하시오.

(1) 음이 아닌 실수 a, b에 대하여

$$ab \leq \frac{a^p}{p} + \frac{b^q}{q}$$

가 성립함을 보이시오.

(2) $\mathbb{R}^n$의 임의의 두 점 $A = (a_1, a_2, \cdots, a_n)$, $B = (b_1, b_2, \cdots, b_n)$에 대하여

$$\sum_{k=1}^{n} |a_k b_k| \leq \left(\sum_{k=1}^{n} |a_k|^p\right)^{1/p} \left(\sum_{k=1}^{n} |b_k|^q\right)^{1/q},$$

$$\left(\sum_{k=1}^{n} |a_k + b_k|^p\right)^{1/p} \leq \left(\sum_{k=1}^{n} |a_k|^p\right)^{1/p} + \left(\sum_{k=1}^{n} |b_k|^p\right)^{1/p}$$

가 성립함을 보이시오.

(3) dist_p은 $\mathbb{R}^n$의 거리함수임을 보이시오.

풀이 (1) $a = 0$ 또는 $b = 0$인 경우는 자명하므로 a, b가 모두 양수인 경우만 살펴보기로 한다. $\log x$는 오목함수이므로

$$\log(tx + (1-t)y) \geq t \log x + (1-t) \log y \quad (x, y > 0,\ 0 \leq t \leq 1)$$

이고, 이때 $x = a^p, y = b^q, t = 1/p$ 라 두면

$$\log a + \log b \leq \log\left(\frac{a^p}{p} + \frac{b^p}{q}\right) \quad \Longrightarrow \quad ab \leq \frac{a^p}{p} + \frac{b^q}{q}$$

임을 안다.

(2) $\mathbb{R}^n$ 의 임의의 두 점 $A = (a_1, a_2, \cdots, a_n)$, $B = (b_1, b_2, \cdots, b_n)$ 에 대하여

$$a = \frac{|a_k|}{\left(\sum_{k=1}^{n} |a_k|^p\right)^{1/p}}, \qquad b = \frac{|b_k|}{\left(\sum_{k=1}^{n} |b_k|^q\right)^{1/q}} \qquad (k = 1, 2, \cdots, n)$$

라 두면, (1)의 결과로부터

$$\frac{|a_k b_k|}{\left(\sum_{k=1}^{n} |a_k|^p\right)^{1/p} \left(\sum_{k=1}^{n} |b_k|^q\right)^{1/q}} \leq \frac{|a_k|^p}{p\sum_{k=1}^{n} |a_k|^p} + \frac{|b_k|^q}{q\sum_{k=1}^{n} |b_k|^q} \qquad (k = 1, 2, \cdots, n)$$

$$\Longrightarrow \quad \frac{\sum_{k=1}^{n} |a_k b_k|}{\left(\sum_{k=1}^{n} |a_k|^p\right)^{1/p} \left(\sum_{k=1}^{n} |b_k|^q\right)^{1/q}} \leq \frac{\sum_{k=1}^{n} |a_k|^p}{p\sum_{k=1}^{n} |a_k|^p} + \frac{\sum_{k=1}^{n} |b_k|^q}{q\sum_{k=1}^{n} |b_k|^q} = \frac{1}{p} + \frac{1}{q} = 1$$

$$\Longrightarrow \quad \sum_{k=1}^{n} |a_k b_k| \leq \left(\sum_{k=1}^{n} |a_k|^p\right)^{1/p} \left(\sum_{k=1}^{n} |b_k|^q\right)^{1/q}$$

을 얻는다. 한편 삼각부등식에 의해

$$\begin{aligned} \sum_{k=1}^{n} |a_k + b_k|^p &\leq \sum_{k=1}^{n} (|a_k| + |b_k|)|a_k + b_k|^{p-1} \\ &= \sum_{k=1}^{n} |a_k||a_k + b_k|^{p-1} + \sum_{k=1}^{n} |b_k||a_k + b_k|^{p-1} \end{aligned}$$

이므로 $q = p/(p-1)$ 라 두면

$$\begin{aligned}\sum_{k=1}^{n}|a_k||a_k+b_k|^{p-1} &\le \left(\sum_{k=1}^{n}|a_k|^p\right)^{1/p}\left(\sum_{k=1}^{n}\left(|a_k+b_k|^{p-1}\right)^{p/(p-1)}\right)^{(p-1)/p}\\ &= \left(\sum_{k=1}^{n}|a_k|^p\right)^{1/p}\left(\sum_{k=1}^{n}|a_k+b_k|^p\right)^{1-1/p},\\ \sum_{k=1}^{n}|b_k||a_k+b_k|^{p-1} &\le \left(\sum_{k=1}^{n}|b_k|^p\right)^{1/p}\left(\sum_{k=1}^{n}\left(|a_k+b_k|^{p-1}\right)^{p/(p-1)}\right)^{(p-1)/p}\\ &= \left(\sum_{k=1}^{n}|b_k|^p\right)^{1/p}\left(\sum_{k=1}^{n}|a_k+b_k|^p\right)^{1-1/p}\end{aligned}$$

이다. 따라서

$$\begin{aligned}\sum_{k=1}^{n}|a_k+b_k|^p &\le \left(\sum_{k=1}^{n}|a_k|^p\right)^{1/p}\left(\sum_{k=1}^{n}|a_k+b_k|^p\right)^{1-1/p}\\ &\qquad + \left(\sum_{k=1}^{n}|b_k|^p\right)^{1/p}\left(\sum_{k=1}^{n}|a_k+b_k|^p\right)^{1-1/p}\\ \Longrightarrow \quad \left(\sum_{k=1}^{n}|a_k+b_k|^p\right)^{1/p} &\le \left(\sum_{k=1}^{n}|a_k|^p\right)^{1/p} + \left(\sum_{k=1}^{n}|b_k|^p\right)^{1/p}\end{aligned}$$

을 얻는다.

(3) $\mathbb{R}^n$ 의 임의의 세 점 $A=(a_1,a_2,\cdots,a_n)$, $B=(b_1,b_2,\cdots,b_n)$, $C=(c_1,c_2,\cdots,c_n)$ 에 대하여

1. (구분 불가능한 점의 동일성)

$$\begin{aligned}\mathrm{dist}_p(A,B)=\left(\sum_{k=1}^{n}|a_k-b_k|^p\right)^{1/p}=0 \quad &\Longleftrightarrow \quad a_k=b_k \quad (k=1,2,\cdots,n)\\ &\Longleftrightarrow \quad A=B\end{aligned}$$

2. (대칭성)

$$\mathrm{dist}_p(A,B)=\left(\sum_{k=1}^{n}|a_k-b_k|^p\right)^{1/p}=\left(\sum_{k=1}^{n}|b_k-a_k|^p\right)^{1/p}=\mathrm{dist}_p(B,A).$$

3. (삼각부등식)

$$\begin{aligned}\text{dist}_p(A,C) &= \left(\sum_{k=1}^{n} |a_k - c_k|^p\right)^{1/p} \\ &= \left(\sum_{k=1}^{n} |(a_k - b_k) + (b_k - c_k)|^p\right)^{1/p} \\ &\le \left(\sum_{k=1}^{n} |a_k - b_k|^p\right)^{1/p} + \left(\sum_{k=1}^{n} |b_k - c_k|^p\right)^{1/p} \\ &= \text{dist}_p(A,B) + \text{dist}_p(B,C)\end{aligned}$$

을 만족하므로 dist_p 은 $\mathbb{R}^n$ 의 거리함수이다. □

앞 장에서 테일러 정리를 이용하여 함수 f 를 다항식 $T_n f$ 로 근사할 수 있음을 배웠다. 수학의 한 분야인 해석학에서는 주어진 함수를 다항식 이외에도 여러 가지 방법으로 함수를 근사한다. 이때 주어진 함수를 다른 함수로 근사하는 방법 중 하나는 함수공간에 거리함수를 도입하는 것이다. 거리함수 d 가 주어진 함수공간 X 에서 두 함수 f 와 g 사이의 거리 $d(f,g)$ 가 충분히 작다는 것은 곧 함수 f 가 함수 g 에 잘 근사하고 있음을 의미한다.

예제 4.2.2 닫힌구간 I 에서 정의된 연속함수들의 집합 $C(I)$ 와 함수

$$d : C(I) \times C(I) \to [0,\infty), \quad d(f,g) = \sup\{|f(x) - g(x)| : x \in I\}$$

에 대하여 $(C(I), d)$ 는 거리공간임을 보이시오.

풀이 함수 d 가 거리함수임을 보이면 된다. 임의의 $f, g, h \in C(I)$ 에 대하여

1. (구분 불가능한 점의 동일성)

$$\begin{aligned} d(f,g) = \sup\{|f(x) - g(x)| : x \in I\} = 0 \quad &\iff \quad f(x) = g(x) \quad (x \in I) \\ &\iff \quad f = g \end{aligned}$$

2. (대칭성)

$$d(f,g) = \sup\{|f(x) - g(x)| : x \in I\} = \sup\{|g(x) - f(x)| : x \in I\} = d(g,f).$$

3. (삼각부등식)

$$\begin{aligned} d(f,h) &= \sup\{|f(x)-h(x)| : x \in I\} \\ &\le \sup\{|f(x)-g(x)| + |g(x)-h(x)| : x \in I\} \\ &\le \sup\{|f(x)-g(x)| : x \in I\} + \sup\{|g(x)-h(x)| : x \in I\} \\ &= d(f,g) + d(g,h) \end{aligned}$$

을 만족하므로 $(C(I), d)$는 거리공간이다. □

4.3 극좌표계

극좌표계는 평면 위의 점의 위치를 기준점으로부터의 거리와 기준선과 이루는 각을 사용하여 나타내는 2차원 좌표계이다. 극좌표계는 와선과 같이 한 점을 중심으로 회전하면서 그 점으로부터 멀어지는 곡선을 이해하는 데 적합하다. 또한 중심점을 기준으로 움직이는 물체 또는 중심점으로부터 발생하는 물리현상의 모델링은 극좌표계를 사용하는 것이 더 간단하고 직관적이다.

4.3.1 극좌표계의 정의

평면 위의 한 점 O와 반직선 $\overrightarrow{OX}$에 대하여 평면 위의 임의의 점 P는 점 O로부터의 거리 r과 반직선 $\overrightarrow{OX}$와 이루는 각 θ에 의해 결정된다.

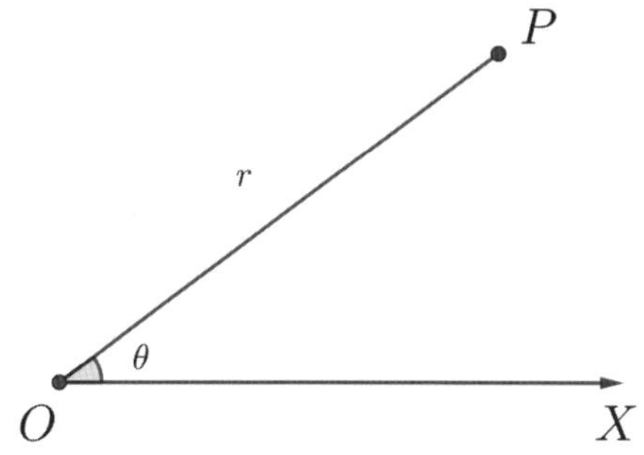

이때 순서쌍 (r, θ)를 점 P의 극좌표라고 한다. 또한 점 O를 극점, 반직선 $\overrightarrow{OX}$를 극축이라고 부른다.

4.3.2 극좌표계와 직교좌표계의 관계

극좌표계의 극점과 직교좌표계의 원점이 일치하고 극축과 x-축의 양의 방향이 일치할 때, 다음 관계식을 만족한다.

$$x = r\cos\theta, \quad y = r\sin\theta, \quad r^2 = x^2 + y^2, \quad \tan\theta = \frac{y}{x}.$$

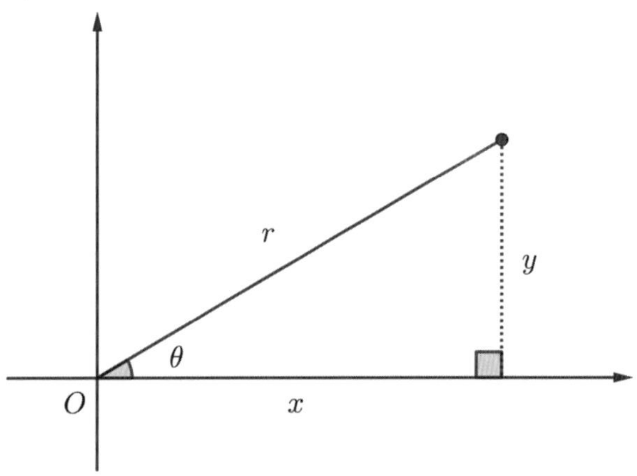

극좌표계에서 $r < 0$ 인 경우에는 극점과 대칭인 점으로 이해한다.

$$(r, \theta) = (-r, \theta + \pi).$$

예제 4.3.1 다음 극좌표계의 방정식을 직교좌표계의 방정식으로 변환하고, 곡선의 개형을 그리시오.

(1) $r = \sin\theta$ (2) $r = \cos 3\theta$

풀이 (1) 극좌표계로 주어진 식을 직교좌표계의 방정식으로 변환하는 과정은 다음과 같다.

$$\begin{aligned} r = \sin\theta \quad &\Longrightarrow \quad r^2 = r\sin\theta \\ &\Longrightarrow \quad x^2 + y^2 = y \\ &\Longrightarrow \quad x^2 + \left(y - \frac{1}{2}\right)^2 = \frac{1}{4} \end{aligned}$$

이제 주어진 곡선의 개형을 그리기 위해 극좌표계로 주어진 곡선의 방정식 $r = \sin\theta$ 에 대한 보조 그래프를 θr-좌표계에 그리면 다음과 같다.

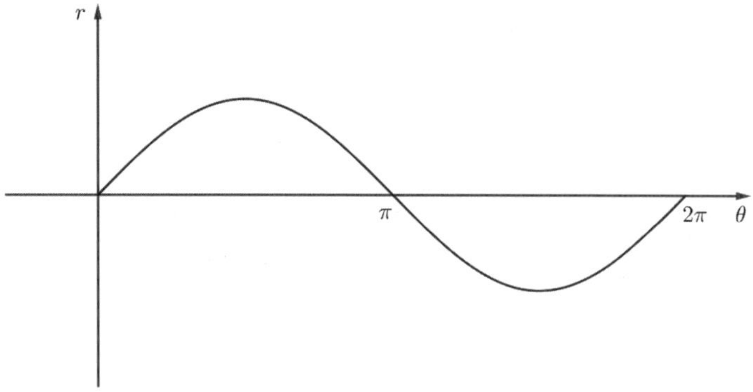

θr-좌표계 (보조 그래프)

r 은 원점으로부터 거리, θ 는 x-축의 양향과 동경이 이루는 각임을 이용하여 보조 그래프를 xy-좌표계로 변환하면 다음과 같다. 만일 $r < 0$ 인 경우, $r > 0$ 이라고 생각하고 그래프를 그린 후, 그 그래프를 원점에 대해 대칭이동한다.

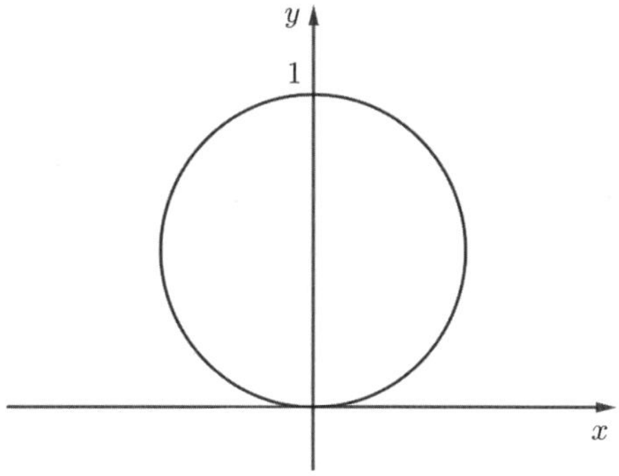

xy-좌표계 (답)

(2) 극좌표계로 주어진 식을 직교좌표계의 방정식으로 변환하는 과정은 다음과 같다.

$$
\begin{aligned}
r = \cos 3\theta \quad &\Longrightarrow \quad r^4 = r^3 \cos 3\theta = r^3(4\cos^3\theta - 3\cos\theta) = 4(r\cos\theta)^3 - 3(r\cos\theta)r^2 \\
&\Longrightarrow \quad (x^2 + y^2)^2 = 4x^3 - 3x(x^2 + y^2) \\
&\Longrightarrow \quad x^4 - x^3 + 2x^2y^2 + 3xy^2 + y^4 = 0
\end{aligned}
$$

이제 주어진 곡선의 개형을 그리기 위해 극좌표계로 주어진 곡선의 방정식 $r = \cos(3\theta + \pi)$ 에 대한 보조 그래프를 θr-좌표계에 그리면 다음과 같다.

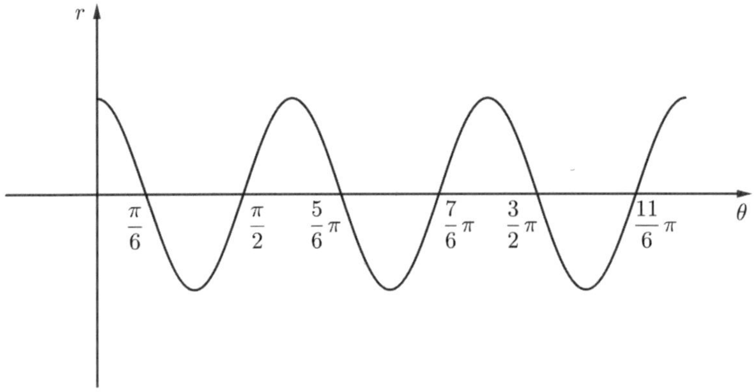

θr-좌표계 (보조 그래프)

r 은 원점으로부터 거리, θ 는 x-축의 양향과 동경이 이루는 각임을 이용하여 보조 그래프를 xy-좌표계로 변환하면 다음과 같다. 만일 $r < 0$ 인 경우, $r > 0$ 이라고 생각하고 그래프를 그린 후 그 그래프를 원점에 대해 대칭이동한다.

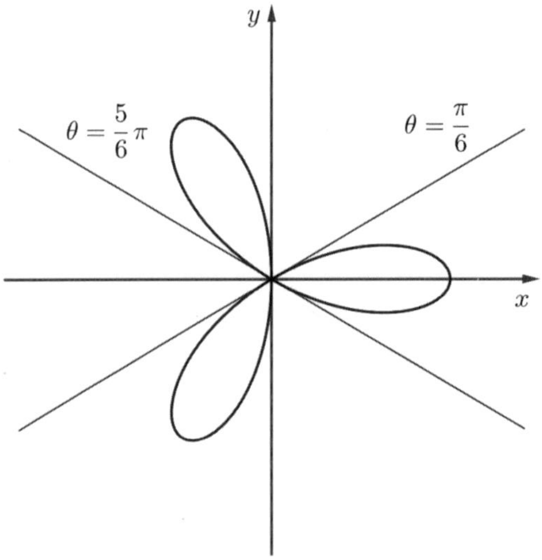

xy-좌표계 (답)

□

예제 4.3.2 극좌표계로 주어진 곡선 $r = 1 + 2\sin\theta$ 의 개형을 그리시오.

풀이 극좌표계로 주어진 곡선의 방정식 $r = 1 + 2\sin\theta$ 에 대한 보조 그래프를 θr-좌표계에 그리면 다음과 같다.

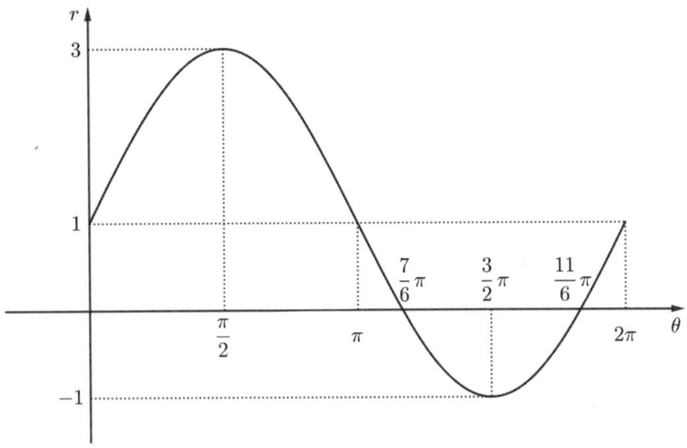

θr-좌표계 (보조 그래프)

보조 그래프를 xy-좌표계로 변환하면 다음과 같다.

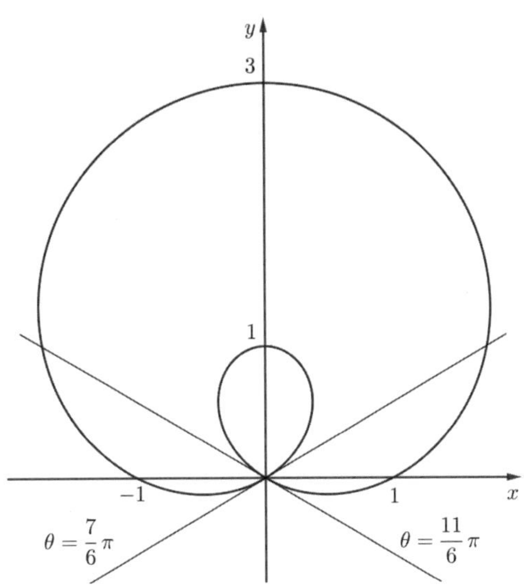

xy-좌표계 (답)

□

예제 4.3.3 극좌표계로 주어진 곡선 $r^2 = \cos 3\theta$ 의 개형을 그리시오.

풀이 주어진 곡선의 방정식을 r 에 관하여 풀면

$$\begin{aligned} r^2 = \cos 3\theta \quad &\Longrightarrow \quad r = \sqrt{\cos 3\theta}, \ \ -r = \sqrt{\cos 3\theta} \\ &\Longrightarrow \quad r = \sqrt{\cos 3\theta}, \ r = \sqrt{\cos 3(\theta + \pi)} = \sqrt{-\cos 3\theta} \end{aligned}$$

이고, 극좌표계로 주어진 곡선의 방정식 $r = \sqrt{\cos 3\theta}$ 와 $r = \sqrt{-\cos 3\theta}$ 를 θr-좌표계에 보조 그래프를 그리면 각각 다음과 같다.

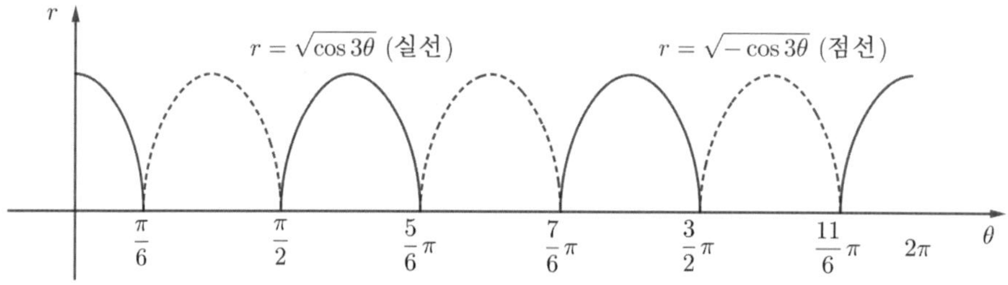

θr-좌표계 (보조 그래프)

보조 그래프를 xy-좌표계로 변환하면 다음과 같다.

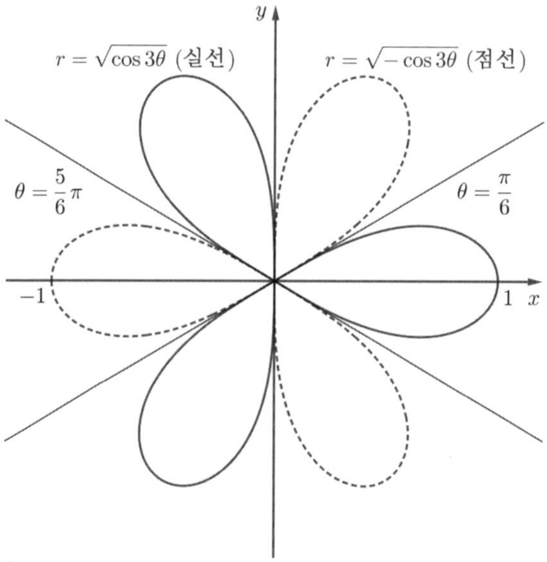

xy-좌표계 (답)

□

4.3.3 원뿔곡선과 극좌표계

직원뿔을 그 꼭짓점을 지나지 않는 평면으로 잘랐을 때 생기는 단면의 평면곡선을 원뿔곡선이라고 한다. 평면의 기울기에 따라 타원, 포물선, 쌍곡선이 된다.

타원　　포물선　　쌍곡선

포물선은 한 점 F와 이 점을 지나지 않는 직선 l까지의 거리가 같은 점들의 자취로 정의한다. 이때 점 F와 직선 l을 각각 포물선의 초점과 준선이라고 부른다. 마찬가지로 타원과 쌍곡선도 초점과 준선을 이용하여 정의할 수 있다.

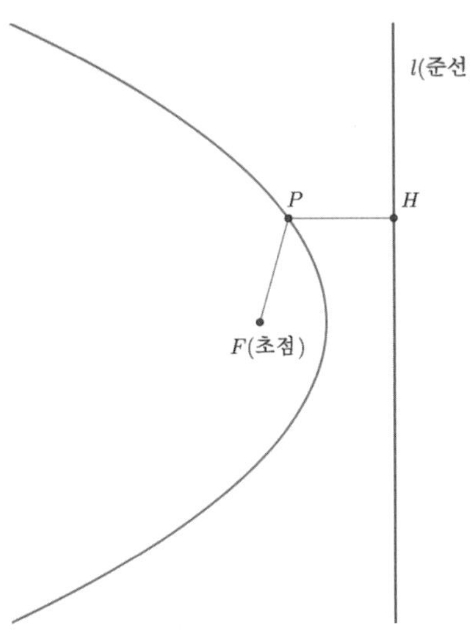

정의 4.3.4 (원뿔곡선) 평면에서 한 점 F와 이 점을 지나지 않는 직선 l 및 양의 실수 ϵ에 대하여

$$\overline{PF} = \epsilon \overline{PH}$$

를 만족하는 점 P의 자취를 원뿔곡선이라고 부른다. 단, 점 H는 점 P에서 직선 l에 내린 수선의 발이다. 이때 점 F를 초점, 직선 l을 준선 그리고 상수 ϵ를 이심률이라고 부른다.

이심률은 원뿔곡선을 분류하는 기준이 된다.

정리 4.3.5 이심률이 ϵ인 원뿔곡선에 대하여

(i) $\epsilon < 1$이면 타원이다.

(ii) $\epsilon = 1$이면 포물선이다.

(iii) $\epsilon > 1$이면 쌍곡선이다.

예제 4.3.6 실수 k와 양의 실수 ϵ에 대하여, 극좌표계로 주어진 식

$$r = \frac{k}{1 + \epsilon \cos\theta}$$

는 $\epsilon < 1$이면 타원, $\epsilon = 1$이면 포물선 그리고 $\epsilon > 1$이면 쌍곡선임을 보이시오.

풀이 주어진 식을 직교좌표계의 방정식으로 바꾸면

$$\begin{aligned} r = \frac{k}{1 + \epsilon \cos\theta} \quad &\Longrightarrow \quad r + \epsilon r \cos\theta = k \\ &\Longrightarrow \quad \sqrt{x^2 + y^2} + \epsilon x = k \\ &\Longrightarrow \quad x^2 + y^2 = (k - \epsilon x)^2 = \epsilon^2 x^2 - 2\epsilon k x + k^2 \end{aligned}$$

이다. 만일 $\epsilon = 1$이면

$$x^2 + y^2 = \epsilon^2 x^2 - 2\epsilon k x + k^2 \quad \Longleftrightarrow \quad y^2 = -2kx + k^2$$

이므로 주어진 방정식은 포물선이다. 한편 $\epsilon \neq 1$이면

$$x^2 + y^2 = \epsilon^2 x^2 - 2\epsilon k x + k^2 \quad \Longleftrightarrow \quad \frac{\left(x + \epsilon k (1 - \epsilon^2)^{-1}\right)^2}{k^2 (1 - \epsilon^2)^{-2}} + \frac{y^2}{k^2 (1 - \epsilon^2)^{-1}} = 1$$

이므로 주어진 방정식은 $\epsilon < 1$이면 타원, $\epsilon > 1$이면 쌍곡선이다. □

직교좌표계로 주어진 타원, 포물선, 쌍곡선의 방정식

$$y^2 = 4px, \quad \frac{x^2}{a^2} + \frac{y^2}{b^2} = 1, \quad \frac{x^2}{a^2} - \frac{y^2}{b^2} = 1$$

을 극좌표계로 표현하면 각각 다음과 같다.

$$r = \frac{4p\cos\theta}{\sin^2\theta}, \quad r = \frac{ab}{\sqrt{a^2\sin^2\theta + b^2\cos^2\theta}}, \quad r = \frac{ab}{\sqrt{b^2\cos^2\theta - a^2\sin^2\theta}}$$

이와 같이 표현한 극좌표계의 방정식은 원점을 기준으로 대칭성을 가지는 직교좌표계의 방정식보다 다루기가 어렵다. 한편 양의 실수 d에 대하여 원점을 한 초점으로 하고, 준선의 방정식과 이심률이 각각 $x = d$와 ϵ인 원뿔곡선을 극좌표계로 나타내면

$$\overline{PF} = r, \quad \overline{PH} = d - r\cos\theta$$

이므로 정의 4.3.4에 의해

$$r = \frac{\epsilon d}{1 + \epsilon\cos\theta}$$

임을 안다. 이 표현의 장점은 표현이 간결할 뿐만 아니라 타원, 포물선, 쌍곡선이 동일한 방정식으로 표현된다는 것이다. 여기서 주목할 점은 직교좌표계의 방정식과 달리 이 표현에서의 원뿔곡선의 방정식은 원점을 한 초점으로 한다는 것이다.

정리 4.3.7 극점을 한 초점으로 하고 이심률이 ϵ인 원뿔곡선에 대하여

(i) 준선의 방정식이 $x = \pm d$이면 원뿔곡선의 방정식은 극좌표계로

$$r = \frac{\epsilon d}{1 \pm \epsilon\cos\theta}$$

이다.

(ii) 준선의 방정식이 $y = \pm d$이면 원뿔곡선의 방정식은 극좌표계로

$$r = \frac{\epsilon d}{1 \pm \epsilon\sin\theta}$$

이다.

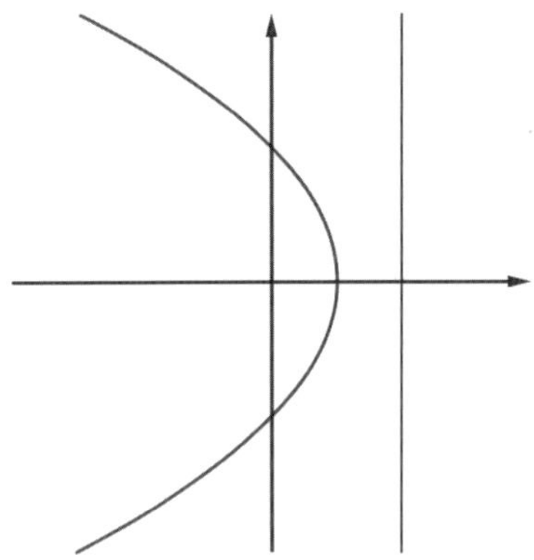

$r = \dfrac{\epsilon d}{1 + \epsilon \cos\theta}$

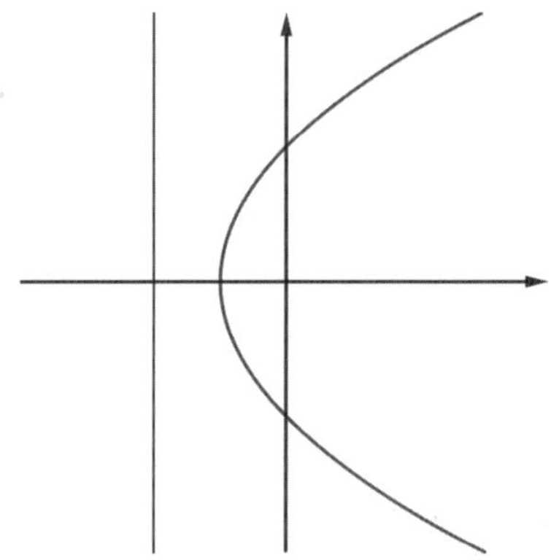

$r = \dfrac{\epsilon d}{1 - \epsilon \cos\theta}$

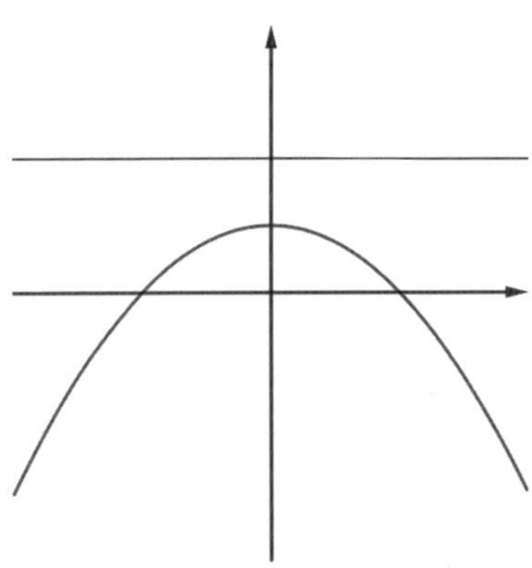

$r = \dfrac{\epsilon d}{1 + \epsilon \sin\theta}$

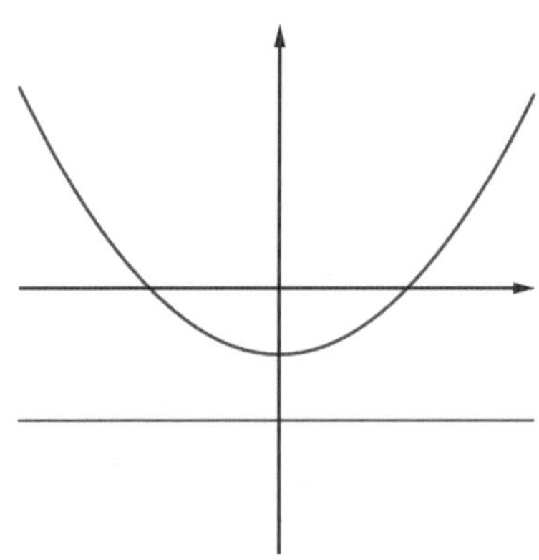

$r = \dfrac{\epsilon d}{1 - \epsilon \sin\theta}$

예제 4.3.8 극좌표계로 다음과 같이 주어진 곡선의 개형을 그리시오.

(1) $r = \dfrac{2}{2 - \cos\theta}$

(2) $r = \dfrac{2}{1 - \sin\theta}$

풀이 (1) 주어진 방정식은

$$r = \frac{2}{2-\cos\theta} = \frac{\frac{1}{2}\cdot 2}{1-\frac{1}{2}\cos\theta}$$

이므로 준선의 방정식이 $x=-2$ 이고 이심률이 $\epsilon = 1/2$ 인 타원이다.

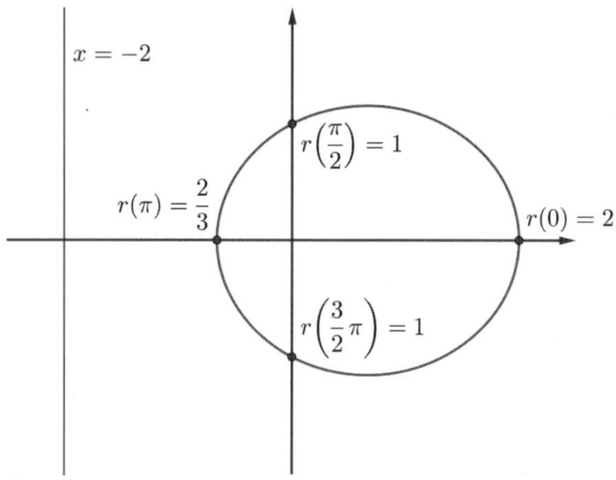

(2) 주어진 방정식은

$$r = \frac{2}{1-\sin\theta} = \frac{1\cdot 2}{1-\sin\theta}$$

이므로 준선의 방정식이 $y=-2$ 이고 이심률이 $\epsilon=1$ 인 포물선이다.

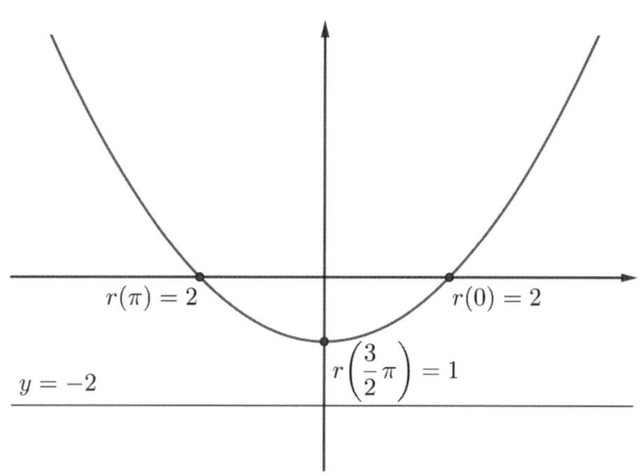

□

예제 4.3.9 극좌표계로 주어진 곡선

$$r = \frac{2}{1 + 2\cos\theta}$$

의 개형을 그리시오.

풀이 주어진 방정식은

$$r = \frac{2 \cdot 1}{1 + 2\cos\theta}$$

이므로 준선의 방정식이 $x = 1$ 이고 이심률이 $\epsilon = 2$ 인 쌍곡선이다. 또한

$$|1 + 2\cos\theta| \to 0$$

이면 $r \to \infty$ 이므로 이 쌍곡선의 점근선이 x-축의 양의 방향과 이루는 각의 크기는 방정식

$$1 + 2\cos\theta = 0$$

을 만족한다. 이 방정식의 해를 구하면

$$\theta = 2\pi/3 \quad \text{또는} \quad \theta = 4\pi/3$$

이고 따라서 점근선의 방정식은 두 점 $(2/3, 0)$ 과 $(2, 0)$ 의 중점 $(4/3, 0)$ 을 지나고, 기울기가 $\pm\sqrt{3}$ 인 직선이다.

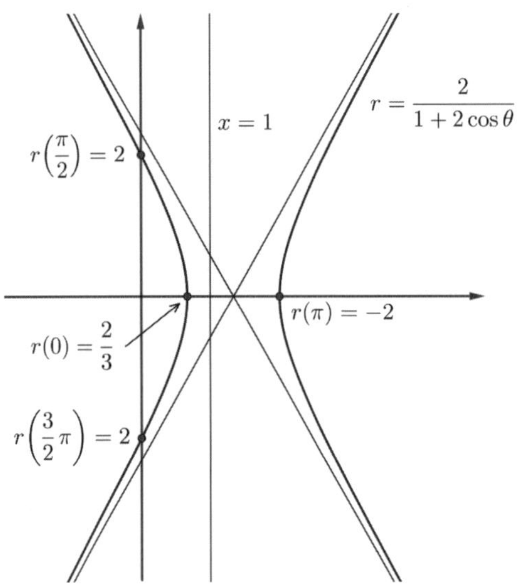

□

4.4 원기둥좌표계와 구면좌표계

이 절의 목적은 극좌표계를 3차원 공간으로 확장하는 것이다.

정의 4.4.1 3차원 좌표공간 $\mathbb{R}^3$의 점 (x, y, z)에 대하여

(i) 다음 관계식

$$x = r\cos\theta, \quad y = r\sin\theta, \quad z = z$$

를 만족시키는 3중 순서쌍

$$(r, \theta, z)$$

를 원기둥좌표계라고 한다.

(ii) 다음 관계식

$$x = \rho\sin\varphi\cos\theta, \quad y = \rho\sin\varphi\sin\theta, \quad z = \rho\cos\varphi$$

를 만족시키는 3중 순서쌍

$$(\rho, \varphi, \theta), \quad (\rho \geq 0,\ 0 \leq \varphi \leq \pi,\ 0 \leq \theta < 2\pi)$$

를 구면좌표계라고 한다.

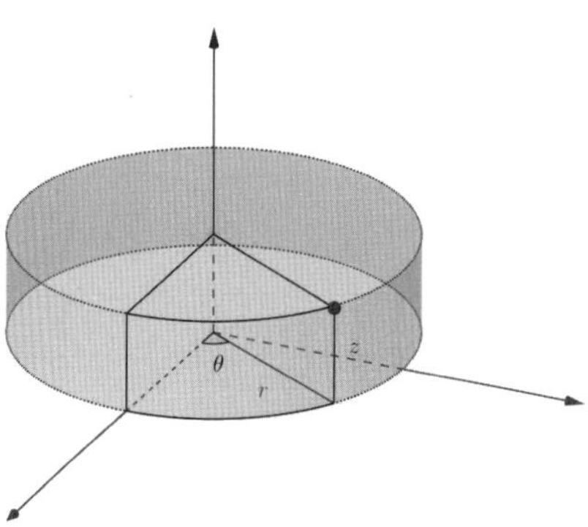

원기둥좌표계

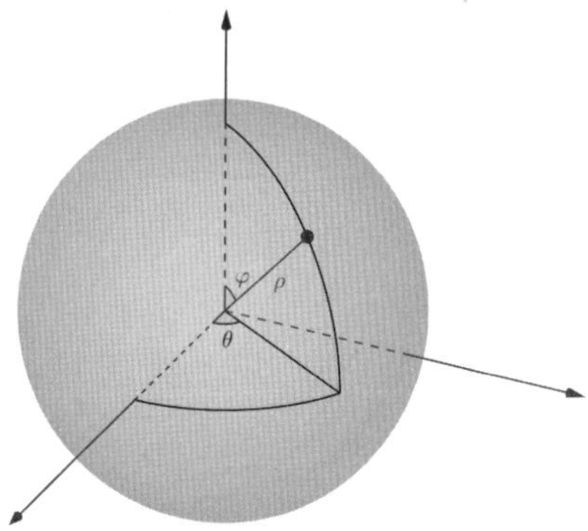

구면좌표계

양의 실수 k에 대하여 직교좌표계에서 원기둥과 구면의 방정식은 다음과 같이 이차식으로 주어진다.

$$x^2 + y^2 = k^2, \quad x^2 + y^2 + z^2 = k^2.$$

반면 원기둥좌표계와 구면좌표계에서 각각

$$r = k, \quad \rho = k$$

로 주어지는 점들의 집합은 반지름이 k인 원기둥과 구면이다. 즉 원기둥좌표계와 구면좌표계는 원기둥과 구면의 방정식을 이차식이 아닌 상수로 표현 가능하다는 장점이 있다. 삼변수 함수의 적분을 다루게 되면 적분 영역의 형태가 원기둥 또는 구면의 일부로 둘러싸인 형태를 다루거나 함수식에 $x^2 + y^2$ 또는 $x^2 + y^2 + z^2$을 포함하는 경우가 자주 등장한다. 원기둥좌표계와 구면좌표계의 도입은 삼변수 함수의 치환적분에 사용되며, 함수와 정의역의 형태에 따라 직교좌표계를 사용하는 것보다 적분을 쉽게 다룰 수 있다는 장점이 있다.

예제 4.4.2 다음 직교좌표계로 표현된 점들을 원기둥좌표계와 구면좌표계로 표현하시오.

(1) $(3\sqrt{3}, 3, 2\sqrt{3})$ (2) $(-1, -1, 2\sqrt{2} - \sqrt{6})$

풀이 (1) $r = \sqrt{x^2 + y^2} = 6$이고

$$\cos\theta = \frac{x}{r} = \frac{\sqrt{3}}{2}, \quad \sin\theta = \frac{y}{r} = \frac{1}{2} \quad \Longrightarrow \quad \theta = \frac{\pi}{6} + 2n\pi \quad (n \in \mathbb{Z})$$

이므로 주어진 점의 원기둥좌표는

$$\left(6, \frac{\pi}{6} + 2n\pi, 2\sqrt{3}\right) \quad (n \in \mathbb{Z})$$

이다. 또한

$$\rho = \sqrt{x^2 + y^2 + z^2} = 4\sqrt{3}$$

이고

$$\cos\varphi = \frac{z}{\rho} = \frac{1}{2} \quad \Longrightarrow \quad \varphi = \frac{\pi}{3}$$

$$\cos\theta = \frac{x}{\rho\sin\varphi} = \frac{\sqrt{3}}{2}, \quad \sin\theta = \frac{y}{\rho\sin\varphi} = \frac{1}{2} \quad \Longrightarrow \quad \theta = \frac{\pi}{6}$$

이므로 주어진 점의 구면좌표는

$$\left(4\sqrt{3}, \frac{\pi}{3}, \frac{\pi}{6}\right)$$

이다.

(2) $r = \sqrt{x^2+y^2} = \sqrt{2}$ 이고

$$\cos\theta = \frac{x}{r} = -\frac{\sqrt{2}}{2}, \quad \sin\theta = \frac{y}{r} = -\frac{\sqrt{2}}{2} \quad \Longrightarrow \quad \theta = \frac{5}{4}\pi + 2n\pi \quad (n \in \mathbb{Z})$$

이므로 주어진 점의 원기둥좌표는

$$\left(\sqrt{2}, \frac{5}{4}\pi + 2n\pi, 2\sqrt{2} - \sqrt{6}\right) \quad (n \in \mathbb{Z})$$

이다. 또한

$$\rho = \sqrt{x^2+y^2+z^2} = \sqrt{16 - 8\sqrt{3}} = 2(\sqrt{3}-1)$$

이고

$$\cos\varphi = \frac{z}{\rho} = \frac{2\sqrt{2}-\sqrt{6}}{2(\sqrt{3}-1)} = \frac{\sqrt{6}-\sqrt{2}}{4} \quad \Longrightarrow \quad \varphi = \frac{5}{12}\pi, \quad \sin\varphi = \frac{\sqrt{6}+\sqrt{2}}{4}$$

$$\cos\theta = \frac{x}{\rho\sin\varphi} = -\frac{\sqrt{2}}{2}, \quad \sin\theta = \frac{y}{\rho\sin\varphi} = -\frac{\sqrt{2}}{2} \quad \Longrightarrow \quad \theta = \frac{5}{4}\pi$$

이므로 주어진 점의 구면좌표는

$$\left(2(\sqrt{3}-1), \frac{5}{12}\pi, \frac{5}{4}\pi\right)$$

이다. □

예제 4.4.3 다음 직교좌표계의 식을 원기둥좌표계와 구면좌표계의 식으로 표현하시오.

(1) $3(x^2+y^2) = z^2$　　　　(2) $x^2+y^2+z^2 \le a^2 \quad (a>0)$

풀이 (1) $x = r\cos\theta$, $y = r\sin\theta$를 주어진 방정식에 대입하면

$$\begin{aligned} 3(x^2+y^2) = z^2 \text{ (직교좌표계)} \quad &\Longleftrightarrow \quad 3r^2 = z^2 \\ &\Longleftrightarrow \quad |z| = \sqrt{3}|r| \text{ (원기둥좌표계)} \end{aligned}$$

을 얻는다. 또 $x = \rho\sin\varphi\cos\theta$, $y = \rho\sin\varphi\sin\theta$, $z = \rho\cos\varphi$를 주어진 방정식에 대입하면

$$\begin{aligned} &3(x^2+y^2) = z^2 \text{ (직교좌표계)} \\ &\Longleftrightarrow \quad 3\rho^2\sin^2\varphi = \rho^2\cos^2\varphi \\ &\Longleftrightarrow \quad \rho^2(\sqrt{3}\sin\varphi - \cos\varphi)(\sqrt{3}\sin\varphi + \cos\varphi) = 0 \\ &\Longleftrightarrow \quad \rho = 0 \quad \text{또는} \quad \sqrt{3}\sin\varphi = \cos\varphi \quad \text{또는} \quad \sqrt{3}\sin\varphi = -\cos\varphi \\ &\Longleftrightarrow \quad \rho = 0 \quad \text{또는} \quad \varphi = \frac{\pi}{6} \quad \text{또는} \quad \varphi = \frac{5}{6}\pi \text{ (구면좌표계)} \end{aligned}$$

를 얻는다.

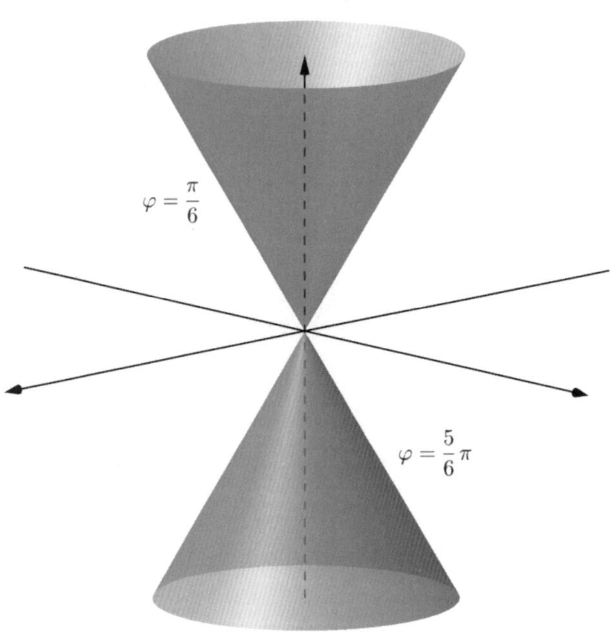

(2) $x = r\cos\theta$, $y = r\sin\theta$를 주어진 방정식에 대입하면

$$\begin{aligned} & x^2 + y^2 + z^2 \le a^2 \ (\text{직교좌표계}) \\ \iff & \quad r^2 + z^2 \le a^2 \\ \iff & \quad -\sqrt{a^2 - r^2} \le z \le \sqrt{a^2 - r^2} \ (\text{원기둥좌표계}) \end{aligned}$$

을 얻는다. 또 $x = \rho\sin\varphi\cos\theta$, $y = \rho\sin\varphi\sin\theta$, $z = \rho\cos\varphi$를 주어진 방정식에 대입하면

$$x^2 + y^2 + z^2 \le a^2 \ (\text{직교좌표계}) \quad \iff \quad \rho \le a \ (\text{구면좌표계})$$

를 얻는다. □

예제 4.4.4 다음에 답하시오.

(1) 2차원 좌표공간에서 극좌표계의 식

$$r = \frac{2}{3 + 3\cos\theta}$$

를 직교좌표계의 식으로 표현하시오.

(2) 3차원 좌표공간에서 구면좌표계의 식

$$\rho = \frac{2}{3 + 3\cos\varphi}$$

를 직교좌표계의 식으로 표현하시오.

풀이 (1) 주어진 극좌표계의 식을 직교좌표계로 표현하면

$$\begin{aligned} r = \frac{2}{3 + 3\cos\theta} \quad & \Longrightarrow \quad 3r + 3r\cos\theta = 2 \\ & \Longrightarrow \quad 3\sqrt{x^2 + y^2} + 3x = 2 \\ & \Longrightarrow \quad 9y^2 = 4 - 12x \\ & \Longrightarrow \quad x = \frac{1}{3} - \frac{3}{4}y^2 \end{aligned}$$

이다.

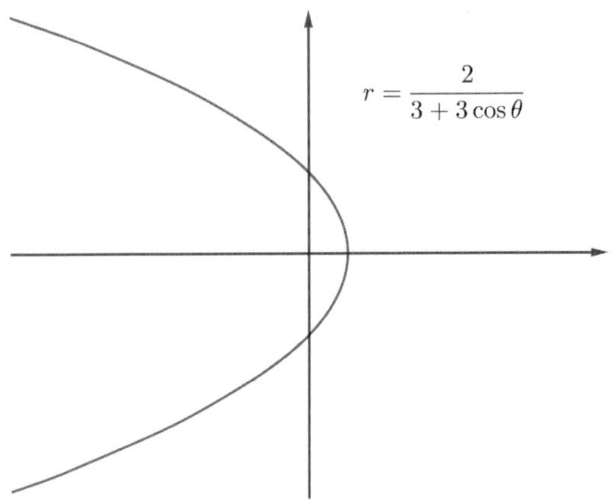

(2) 주어진 구면좌표계의 식을 직교좌표계로 표현하면

$$\begin{aligned} \rho = \frac{2}{3+3\cos\varphi} \quad &\Longrightarrow \quad 3\rho + 3\rho\cos\varphi = 2 \\ &\Longrightarrow \quad 3\sqrt{x^2+y^2+z^2} + 3z = 2 \\ &\Longrightarrow \quad 9(x^2+y^2) = 4 - 12z \\ &\Longrightarrow \quad z = \frac{1}{3} - \frac{3}{4}(x^2+y^2) \end{aligned}$$

이다.

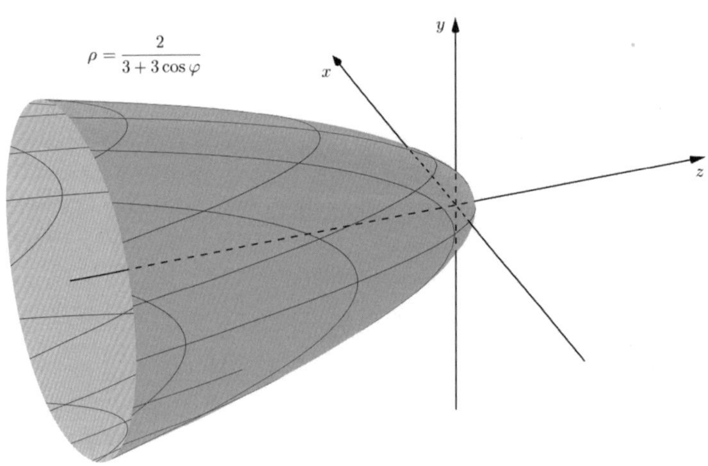

□

제 5 장

벡터와 공간의 기하학

이 장에서는 n 차원 좌표공간 $\mathbb{R}^n$ 에서 벡터를 정의하고 그 성질을 공부한다. 수학, 물리학 및 공학에서 벡터는 위치, 속도, 힘 등과 같이 크기와 방향을 가지는 물리량을 표현하는 데 사용되는 기하학적 대상이다.

5.1 유향선분과 벡터

$\mathbb{R}^n$ 의 두 점 A 와 B 를 잇는 유향선분 $\overrightarrow{AB}$ 는 점 A 에서 시작하여 B 에서 끝나는 화살표를 의미하며, 이때 점 A, B 를 각각 이 유향선분의 시점과 종점이라고 한다. 화살표는 이 유향선분의 방향을 나타내며 유향선분 $\overrightarrow{AB}$ 의 크기는

$$|\overrightarrow{AB}| = \text{dist}(A, B)$$

로 정의한다.

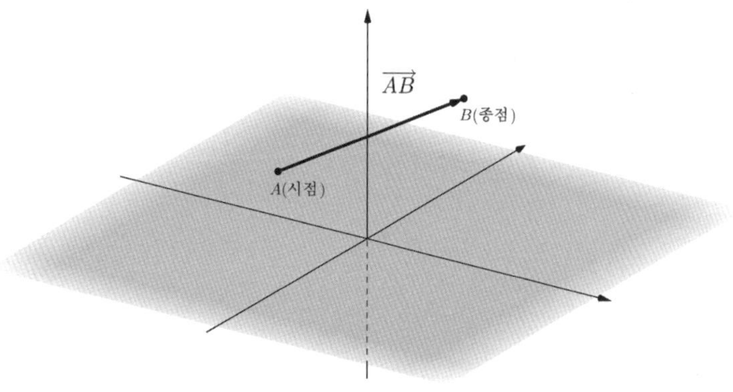

유향선분 $\overrightarrow{AB}$를 평행이동하여 유향선분 $\overrightarrow{CD}$를 얻을 수 있으면, 이 두 유향선분은 동등하다고 하고 기호로

$$\overrightarrow{AB} \equiv \overrightarrow{CD}$$

로 표기한다. 서로 동등한 유향선분은 동일한 크기와 방향을 가진다. 벡터란 크기와 방향을 가지는 물리량으로 유향선분을 벡터로 이해할 수 있다. 벡터의 표기법으로는 유향선분

$$\overrightarrow{AB}$$

로 표현하거나 볼드체

$$\mathbf{a},\ \mathbf{b},\ \mathbf{c},\ \cdots,\ \mathbf{u},\ \mathbf{v},\ \mathbf{w},\ \cdots$$

을 사용하여 표현한다. 영벡터는 크기가 0이고 방향이 없는 벡터로 $\mathbf{0}$으로 표기한다.

5.2 벡터의 합과 상수배

점 A에서 점 B로 이동한 후 다시 점 C로 이동하는 운동을 고려하자. 처음 이동은 변위 벡터 $\overrightarrow{AB}$이고, 두 번째 이동은 변위 벡터 $\overrightarrow{BC}$로 나타낼 수 있다. 실제로 이 운동은 A에서 점 C로 이동한 변위 벡터 $\overrightarrow{AC}$와 같다. 즉 벡터 $\overrightarrow{AC}$를 두 벡터 $\overrightarrow{AB}$와 $\overrightarrow{BC}$의 합이라 하고 다음과 같이 쓴다.

$$\overrightarrow{AB} + \overrightarrow{BC} = \overrightarrow{AC}.$$

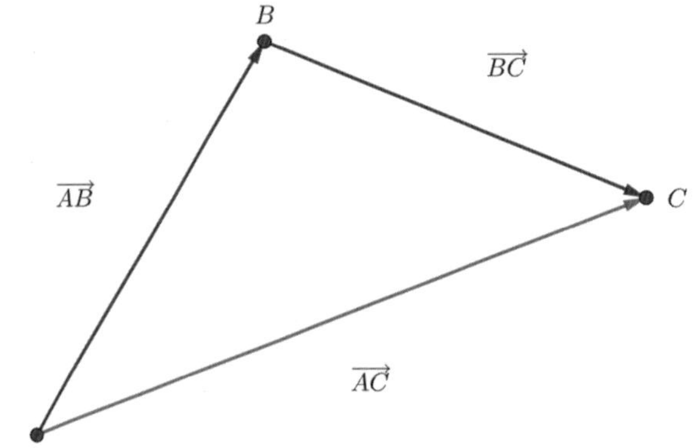

실수 c 와 벡터 $\mathbf{v}$ 에 대하여 벡터의 상수배 $c\mathbf{v}$ 를 다음과 같이 정의한다.

(i) $c > 0$ 이면 $c\mathbf{v}$ 는 크기가 $c|\mathbf{v}|$ 이고, $\mathbf{v}$ 와 같은 방향이다.

(ii) $c < 0$ 이면 $c\mathbf{v}$ 는 크기가 $-c|\mathbf{v}|$ 이고, $\mathbf{v}$ 와 반대 방향이다.

(iii) $c = 0$ 이거나 $\mathbf{v} = \mathbf{0}$ 이면 $c\mathbf{v} = \mathbf{0}$ 이다.

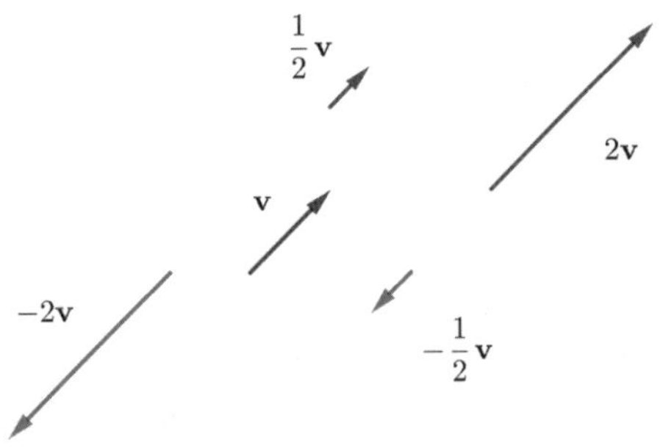

위의 정의로부터

$$|c\mathbf{v}| = |c||\mathbf{v}|$$

임을 안다.

5.3 위치벡터와 성분

이 절에서는 기하학적 대상인 벡터를 대수적인 대상으로 이해할 수 있음을 공부한다. n 차원 좌표공간 $\mathbb{R}^n$ 의 벡터 $\mathbf{v}$ 를 시점이 원점이 되도록 평행이동하면

$$\mathbf{v} = \overrightarrow{OP}$$

인 점 $P = (v_1, v_2, \cdots, v_n) \in \mathbb{R}^n$ 가 유일하게 존재한다. 즉 $\mathbb{R}^n$ 의 벡터들의 집합과 $\mathbb{R}^n$ 은 일대일 대응이므로 $\mathbb{R}^n$ 에서 원점으로부터 위치를 나타내는 점 $P = (v_1, v_2, \cdots, v_n)$ 는 벡터 $\mathbf{v} = \overrightarrow{OP}$ 로 간주할 수 있다.

$$\mathbf{v} = (v_1, v_2, \cdots, v_n).$$

이때 벡터 $\mathbf{v} = \overrightarrow{OP}$ 를 점 P 의 위치벡터라고 하고, 실수 $v_1, v_2, \cdots, v_n$ 을 위치벡터의 성분이라고 한다. 벡터를 위치벡터로 간주하면 기하학적인 대상인 벡터가 대수적으로 표현되며 수의 연산을 통해 벡터의 연산을 가능하게 해준다.

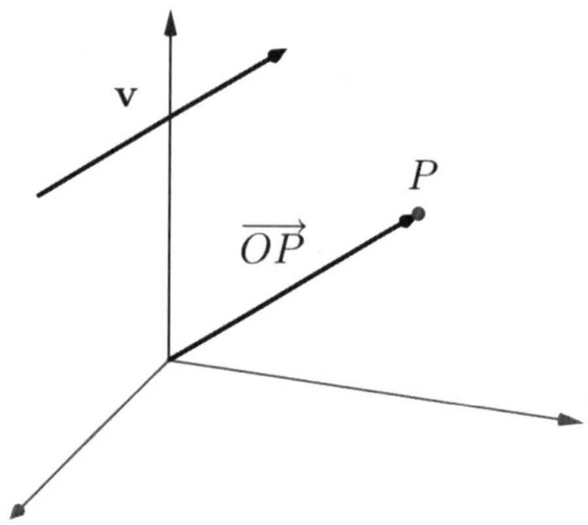

명제 5.3.1 $\mathbb{R}^n$ 의 두 벡터 $\mathbf{a} = (a_1, a_2, \cdots, a_n)$, $\mathbf{b} = (b_1, b_2, \cdots, b_n)$ 와 실수 c 에 대하여 다음이 성립한다.

(i) $\mathbf{a} + \mathbf{b} = (a_1 + b_1, a_2 + b_2, \cdots, a_n + b_n)$

(ii) $\mathbf{a} - \mathbf{b} = (a_1 - b_1, a_2 - b_2, \cdots, a_n - b_n)$

(iii) $c\mathbf{a} = (ca_1, ca_2, \cdots, ca_n)$

(iv) $|\mathbf{a}| = \sqrt{a_1^2 + a_2^2 + \cdots + a_n^2}$

예제 5.3.2 $\mathbb{R}^4$ 의 두 벡터 $\mathbf{a} = (1, -9, 8, -6)$, $\mathbf{b} = (0, 6, -1, -4)$ 에 대하여 다음을 구하시오.

$$\mathbf{a} + \mathbf{b},\ \mathbf{a} - \mathbf{b},\ 3\mathbf{b},\ |\mathbf{a}|,\ 2\mathbf{a} + 5\mathbf{b}.$$

풀이

$$\begin{aligned}
\mathbf{a} + \mathbf{b} &= \big(1 + 0, -9 + 6, 8 + (-1), -6 + (-4)\big) = (1, -3, 7, -10), \\
\mathbf{a} - \mathbf{b} &= \big(1 - 0, -9 - 6, 8 - (-1), -6 - (-4)\big) = (1, -15, 9, -2), \\
3\mathbf{b} &= 3(0, 6, -1, -4) = (0, 18, -3, -12), \\
|\mathbf{a}| &= \sqrt{1^2 + (-9)^2 + 8^2 + (-6)^2} = \sqrt{182}, \\
2\mathbf{a} + 5\mathbf{b} &= 2(1, -9, 8, -6) + 5(0, 6, -1, -4) = (2, 12, 11, -32).
\end{aligned}$$

□

명제 5.3.3 $\mathbb{R}^n$ 의 두 점 $A = (a_1, a_2, \cdots, a_n)$, $B = (b_1, b_2, \cdots, b_n)$ 에 대하여

$$\overrightarrow{AB} = \overrightarrow{OB} - \overrightarrow{OA} = (b_1 - a_1, b_2 - a_2, \cdots, b_n - a_n)$$

이다.

예제 5.3.4 $\mathbb{R}^5$ 의 두 점 $A = (1,1,1,1,1)$, $B = (1,2,3,4,5)$ 에 대하여 $\overrightarrow{AB}$ 의 위치벡터를 구하시오.

풀이

$$\overrightarrow{AB} = (1-1, 2-1, 3-1, 4-1, 5-1) = (0,1,2,3,4).$$

□

벡터의 합과 상수배는 다음 성질을 만족한다.

명제 5.3.5 $\mathbb{R}^n$ 의 벡터 $\mathbf{a}, \mathbf{b}, \mathbf{c}$ 와 실수 s, t 에 대하여 다음이 성립한다.

(i) $\mathbf{a} + \mathbf{b} = \mathbf{b} + \mathbf{a}$

(ii) $\mathbf{a} + (\mathbf{b} + \mathbf{c}) = (\mathbf{a} + \mathbf{b}) + \mathbf{c}$

(iii) $\mathbf{a} + \mathbf{0} = \mathbf{a}$

(iv) $\mathbf{a} + (-\mathbf{a}) = \mathbf{0}$

(v) $t(\mathbf{a} + \mathbf{b}) = t\mathbf{a} + t\mathbf{b}$

(vi) $(s + t)\mathbf{a} = s\mathbf{a} + t\mathbf{a}$

(vii) $(st)\mathbf{a} = s(t\mathbf{a})$

(viii) $1\mathbf{a} = \mathbf{a}$

일반적으로 합과 상수배를 정의할 수 있고, 덧셈에 대한 항등원과 역원이 존재하는 집합 V 의 원소 $\mathbf{a}, \mathbf{b}, \mathbf{c}$ 와 실수 s, t 가 명제 5.3.5 의 8 가지 성질을 모두 만족할 때, V 를 벡터공간이라고 부른다. 예를 들면 열린구간 I 와 집합 $A \neq \varnothing$ 에 대하여, 다음 함수공간들

(1) $\mathcal{F}(A, \mathbb{R}) = \{f : A \to \mathbb{R} \mid f(x)$ 는 함수$\}$

(2) $C^n(I) = \{f : I \to \mathbb{R} \mid f(x)$ 는 n 급 함수$\}$

(3) $\mathbb{R}[x] = \{f \in \mathcal{F}(\mathbb{R}, \mathbb{R}) \mid f(x)$ 는 계수가 모두 실수인 다항식$\}$

(4) $P_n = \{f \in \mathbb{R}[x] \mid \deg f \leq n\}$

에 합과 상수곱을 다음과 같이 정의하면

$$(f+g)(x) = f(x) + g(x), \quad (cf)(x) = cf(x)$$

명제 5.3.5 의 8 가지 성질을 만족하므로 모두 벡터공간이 된다.

5.4 표준단위벡터

크기가 1 인 벡터를 단위벡터라고 부른다. $\mathbb{R}^n$ 의 영벡터가 아닌 벡터 $\mathbf{v}$ 와 같은 방향의 단위벡터는

$$\mathbf{u} = \frac{\mathbf{v}}{|\mathbf{v}|}$$

이다.

$\mathbb{R}^n$ 의 임의의 벡터 $\mathbf{a} = (a_1, a_2, \cdots, a_n)$ 는

$$\mathbf{a} = a_1(1, 0, \cdots, 0) + a_2(0, 1, 0, \cdots, 0) + \cdots + a_n(0, \cdots, 0, 1)$$

로 표현할 수 있다. 이 표현에 구성되는 n 개의 벡터를

$$\begin{aligned}
\mathbf{e}_1 &= (1, 0, 0, \cdots, 0, 0), \\
\mathbf{e}_2 &= (0, 1, 0, \cdots, 0, 0), \\
&\vdots \\
\mathbf{e}_n &= (0, 0, 0, \cdots, 0, 1)
\end{aligned}$$

이라 두고, $\mathbb{R}^n$ 의 표준단위벡터라고 부른다. 특히 $\mathbb{R}^3$ 에서는

$$\mathbf{i} = \mathbf{e}_1 = (1, 0, 0), \quad \mathbf{j} = \mathbf{e}_2 = (0, 1, 0), \quad \mathbf{k} = \mathbf{e}_3 = (0, 0, 1)$$

이라고 둔다.

예제 5.4.1 $\mathbb{R}^3$ 의 두 벡터 $\mathbf{a} = 6\mathbf{i} - 3\mathbf{k}$, $\mathbf{b} = 8\mathbf{i} - 6\mathbf{j} + 7\mathbf{k}$ 에 대하여 벡터

$$2\mathbf{a} + 3\mathbf{b}$$

를 $\mathbf{i}, \mathbf{j}, \mathbf{k}$ 로 표현하시오.

풀이

$$\begin{aligned} 2\mathbf{a} + 3\mathbf{b} &= 2(6\mathbf{i} - 3\mathbf{k}) + 3(8\mathbf{i} - 6\mathbf{j} + 7\mathbf{k}) \\ &= 12\mathbf{i} - 6\mathbf{k} + 24\mathbf{i} - 18\mathbf{j} + 21\mathbf{k} \\ &= 36\mathbf{i} - 18\mathbf{j} + 15\mathbf{k}. \end{aligned}$$

□

예제 5.4.2 벡터 $\mathbf{a} = 2\mathbf{i} - \mathbf{j} - 2\mathbf{k}$ 와 같은 방향의 단위벡터를 구하시오.

풀이 구하는 벡터를 $\mathbf{u}$ 라 하면

$$\mathbf{u} = \frac{\mathbf{a}}{|\mathbf{a}|} = \frac{(2, -1, -2)}{\sqrt{2^2 + (-1)^2 + (-2)^2}} = \left(\frac{2}{3}, -\frac{1}{3}, -\frac{2}{3}\right)$$

이다. □

5.5 벡터의 내적

앞 절에서 벡터의 합과 상수배에 대해 공부하였다. 이 절에서는 두 벡터의 곱의 한 종류인 내적에 대해 공부한다. 내적은 두 벡터의 협력의 정도를 보여 주는 양으로 이해할 수 있다. $\mathbb{R}^3$ 의 두 벡터 $\mathbf{a}, \mathbf{b}$ 가 이루는 각의 크기를 θ 라고 하면 벡터 $\mathbf{a}$ 가 벡터 $\mathbf{b}$ 에 협력한 힘의 양은 실제로 $|\mathbf{a}|\cos\theta$ 라고 볼 수 있다. 두 벡터가 서로 협력하는 힘의 양은 두 값 $|\mathbf{a}|\cos\theta$ 와 $|\mathbf{b}|$ 에 비례하므로 두 벡터의 내적을 다음과 같이 정의한다.

$$\mathbf{a} \cdot \mathbf{b} = |\mathbf{a}||\mathbf{b}|\cos\theta.$$

이제 우리는 내적의 정의를 $\mathbb{R}^n$ 으로 확장하려고 한다. 그러나 우리는 4차원 이상의 공간에 대한 기하학적인 직관이 없으므로 4차원 이상의 공간에서 두 벡터가 이루는 각이 무엇인지 명확하지 않다. 4차원 이상의 공간에서 기하학적인 방법으로 내적을 정의하기가 쉽지 않으므로 4차원 이상의 공간에 대한 내적은 대수학적인 방법으로

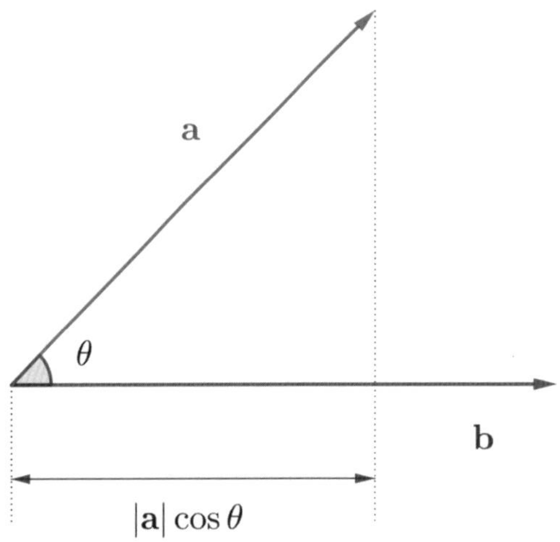

정의한다. $\mathbb{R}^3$ 의 두 벡터 $\mathbf{a} = (a_1, a_2, a_3)$, $\mathbf{b} = (b_1, b_2, b_3)$ 에 대하여 두 벡터의 내적이 다음과 같음을 내적의 기하학적 정의를 이용하여 쉽게 보일 수 있다.

$$\mathbf{a} \cdot \mathbf{b} = a_1b_1 + a_2b_2 + a_3b_3.$$

이 사실을 기반으로 내적의 정의를 $\mathbb{R}^n$ 으로 다음과 같이 일반화한다.

정의 5.5.1 $\mathbb{R}^n$ 의 두 벡터 $\mathbf{a} = (a_1, a_2, \cdots, a_n)$, $\mathbf{b} = (b_1, b_2, \cdots, b_n)$ 에 대하여 벡터의 내적 $\mathbf{a} \cdot \mathbf{b}$를 다음과 같이 정의한다.

$$\mathbf{a} \cdot \mathbf{b} = a_1b_1 + a_2b_2 + \cdots + a_nb_n.$$

예제 5.5.2 두 벡터

$$\mathbf{a} = (-3, 1, 4), \quad \mathbf{b} = (2, -7, 1)$$

이 이루는 각의 코사인 값을 구하시오.

풀이 두 벡터가 이루는 각을 θ라 하면

$$|\mathbf{a}| = \sqrt{26}, \quad |\mathbf{b}| = 3\sqrt{6}$$

이고

$$\mathbf{a} \cdot \mathbf{b} = (-3) \cdot 2 + 1 \cdot (-7) + 4 \cdot 1 = -9$$

이므로 내적의 기하학적 정의에 의해

$$\cos\theta = \frac{\mathbf{a}\cdot\mathbf{b}}{|\mathbf{a}||\mathbf{b}|} = -\frac{3}{2\sqrt{39}}$$

을 얻는다. □

5.5.1 내적의 성질

내적은 실수의 곱에서 성립하는 많은 법칙들과 유사하고, 그 내용은 다음과 같다.

명제 5.5.3 $\mathbb{R}^n$ 의 세 벡터 $\mathbf{a}, \mathbf{b}, \mathbf{c}$ 와 실수 t 에 대하여 다음이 성립한다.

(i) $\mathbf{a}\cdot\mathbf{a} = |\mathbf{a}|^2$

(ii) $\mathbf{a}\cdot\mathbf{b} = \mathbf{b}\cdot\mathbf{a}$

(iii) $\mathbf{a}\cdot(\mathbf{b}+\mathbf{c}) = \mathbf{a}\cdot\mathbf{b}+\mathbf{a}\cdot\mathbf{c}$

(iv) $(t\mathbf{a})\cdot\mathbf{b} = t(\mathbf{a}\cdot\mathbf{b}) = \mathbf{a}\cdot(t\mathbf{b})$

예제 5.5.4 $\mathbb{R}^n$ 의 두 벡터 $\mathbf{a}, \mathbf{b}$ 에 대하여 다음 등식이 성립함을 보이시오.

(1) $\mathbf{a}\cdot\mathbf{b} = \frac{1}{2}(|\mathbf{a}+\mathbf{b}|^2 - |\mathbf{a}|^2 - |\mathbf{b}|^2)$

(2) $|\mathbf{a}+\mathbf{b}|^2 + |\mathbf{a}-\mathbf{b}|^2 = 2(|\mathbf{a}|^2 + |\mathbf{b}|^2)$

풀이 (1) 명제 5.5.3 에 의해

$$\begin{aligned}|\mathbf{a}+\mathbf{b}|^2 &= (\mathbf{a}+\mathbf{b})\cdot(\mathbf{a}+\mathbf{b})\\ &= \mathbf{a}\cdot\mathbf{a}+\mathbf{a}\cdot\mathbf{b}+\mathbf{b}\cdot\mathbf{a}+\mathbf{b}\cdot\mathbf{b}\\ &= |\mathbf{a}|^2 + 2\mathbf{a}\cdot\mathbf{b} + |\mathbf{b}|^2\end{aligned}$$

이므로

$$\mathbf{a}\cdot\mathbf{b} = \frac{1}{2}(|\mathbf{a}+\mathbf{b}|^2 - |\mathbf{a}|^2 - |\mathbf{b}|^2)$$

을 얻는다.

(2) 명제 5.5.3 에 의해

$$\begin{aligned}|\mathbf{a}-\mathbf{b}|^2 &= (\mathbf{a}-\mathbf{b})\cdot(\mathbf{a}-\mathbf{b})\\ &= \mathbf{a}\cdot\mathbf{a}-\mathbf{a}\cdot\mathbf{b}-\mathbf{b}\cdot\mathbf{a}+\mathbf{b}\cdot\mathbf{b}\\ &= |\mathbf{a}|^2-2\mathbf{a}\cdot\mathbf{b}+|\mathbf{b}|^2\end{aligned}$$

이므로

$$\begin{aligned}|\mathbf{a}+\mathbf{b}|^2+|\mathbf{a}-\mathbf{b}|^2 &= (|\mathbf{a}|^2+2\mathbf{a}\cdot\mathbf{b}+|\mathbf{b}|^2)+(|\mathbf{a}|^2-2\mathbf{a}\cdot\mathbf{b}+|\mathbf{b}|^2)\\ &= 2(|\mathbf{a}|^2+|\mathbf{b}|^2)\end{aligned}$$

을 얻는다. □

5.5.2 두 벡터 사이의 각

4 차원 이상의 공간에서 두 벡터가 이루는 각의 크기는 내적을 이용하여 정의한다.

정의 5.5.5 $\mathbb{R}^n$ 의 두 벡터 $\mathbf{a}, \mathbf{b}$ 가 이루는 각은 다음 방정식을 만족하는 실수 θ 이다.

$$\mathbf{a}\cdot\mathbf{b} = |\mathbf{a}||\mathbf{b}|\cos\theta.$$

예제 5.5.6 $\mathbb{R}^5$ 의 두 벡터

$$\mathbf{a} = (1,0,2,3,2), \qquad \mathbf{b} = (-1,2,1,1,1)$$

가 이루는 각을 구하시오.

풀이 두 벡터 $\mathbf{a}, \mathbf{b}$ 의 크기는 각각

$$|\mathbf{a}| = 3\sqrt{2}, \qquad |\mathbf{b}| = 2\sqrt{2}$$

이고

$$\mathbf{a}\cdot\mathbf{b} = 1\cdot(-1)+0\cdot 2+2\cdot 1+3\cdot 1+2\cdot 1 = 6$$

이다. 두 벡터가 이루는 각의 크기를 θ 라고 하면

$$\cos\theta = \frac{\mathbf{a}\cdot\mathbf{b}}{|\mathbf{a}||\mathbf{b}|} = \frac{1}{2}$$

이므로

$$\theta = \frac{\pi}{3}$$

를 얻는다. □

예제 5.5.7 $\mathbb{R}^n$의 영이 아닌 두 벡터 $\mathbf{a}, \mathbf{b}$가 이루는 각을 $\theta \in (0, \pi)$라고 하자. 실수 x, y가 등식

$$|x\mathbf{a} + y\mathbf{b}| = 1$$

을 만족할 때

$$|x| \le \frac{1}{|\mathbf{a}| \sin\theta}, \qquad |y| \le \frac{1}{|\mathbf{b}| \sin\theta}$$

임을 보이시오.

풀이 명제 5.5.3에 의해

$$|x\mathbf{a} + y\mathbf{b}|^2 = x^2|\mathbf{a}|^2 + 2xy\mathbf{a}\cdot\mathbf{b} + y^2|\mathbf{b}|^2 = x^2|\mathbf{a}|^2 + 2xy|\mathbf{a}||\mathbf{b}|\cos\theta + y^2|\mathbf{b}|^2$$

이므로

$$|x\mathbf{a} + y\mathbf{b}| = 1 \qquad \Longleftrightarrow \qquad x^2|\mathbf{a}|^2 + 2xy|\mathbf{a}||\mathbf{b}|\cos\theta + y^2|\mathbf{b}|^2 = 1$$

이다. x에 대한 이차방정식

$$x^2|\mathbf{a}|^2 + 2xy|\mathbf{a}||\mathbf{b}|\cos\theta + y^2|\mathbf{b}|^2 - 1 = 0$$

이 실근을 가지므로

$$\begin{aligned} \frac{D}{4} &= y^2|\mathbf{a}|^2|\mathbf{b}|^2\cos^2\theta - |\mathbf{a}|^2(y^2|\mathbf{b}|^2 - 1) \ge 0 \\ \Longleftrightarrow &\quad |\mathbf{a}|^2(y|\mathbf{b}|\sin\theta - 1)(y|\mathbf{b}|\sin\theta + 1) \le 0 \\ \Longleftrightarrow &\quad -\frac{1}{|\mathbf{b}|\sin\theta} \le y \le \frac{1}{|\mathbf{b}|\sin\theta} \end{aligned}$$

을 얻는다. 같은 방법으로

$$-\frac{1}{|\mathbf{a}|\sin\theta} \le x \le \frac{1}{|\mathbf{a}|\sin\theta}$$

임을 안다. □

영벡터가 아닌 $\mathbb{R}^n$ 의 벡터 $\mathbf{v} = (v_1, v_2, \cdots, v_n)$ 이 표준단위벡터 $\mathbf{e}_1, \mathbf{e}_2, \cdots, \mathbf{e}_n$ 과 이루는 각의 크기를 각각 $\alpha_1, \alpha_2, \cdots, \alpha_n$ 이라고 할 때,

$$\cos\alpha_1, \quad \cos\alpha_2, \quad \cdots, \quad \cos\alpha_n$$

을 벡터 $\mathbf{v}$ 의 방향코사인이라고 한다. 이때 벡터 $(\cos\alpha_1, \cos\alpha_2, \cdots, \cos\alpha_n)$ 을 벡터 $\mathbf{v}$ 의 방향코사인 벡터라고 하고, $\alpha_1, \alpha_2, \cdots, \alpha_n$ 을 방향각이라고 한다.

예제 5.5.8 영벡터가 아닌 $\mathbb{R}^n$ 의 벡터 $\mathbf{v} = (v_1, v_2, \cdots, v_n)$ 의 방향코사인 벡터는 $\mathbf{v}$ 와 같은 방향의 단위벡터임을 보이시오.

풀이 벡터 $\mathbf{v}$ 의 방향각을 $\alpha_1, \alpha_2, \cdots, \alpha_n$ 이라고 하면, 벡터 $\mathbf{v}$ 의 방향코사인은 정의 5.5.5 에 의해

$$\cos\alpha_k = \frac{\mathbf{v}\cdot\mathbf{e}_k}{|\mathbf{v}||\mathbf{e}_k|} = \frac{v_k}{|\mathbf{v}|} \quad (k = 1, 2, \cdots, n)$$

이다. 이때 벡터 $\mathbf{v}$ 의 방향코사인 벡터는

$$(\cos\alpha_1, \cos\alpha_2, \cdots, \cos\alpha_n) = \left(\frac{v_1}{|\mathbf{v}|}, \frac{v_2}{|\mathbf{v}|}, \cdots, \frac{v_n}{|\mathbf{v}|}\right) = \frac{\mathbf{v}}{|\mathbf{v}|}$$

이므로 $\mathbf{v}$ 와 같은 방향의 단위벡터임을 안다. □

예제 5.5.8 로부터 벡터 $\mathbf{v}$ 의 방향각이 $\alpha_1, \alpha_2, \cdots, \alpha_n$ 이면

$$\cos^2\alpha_1 + \cos^2\alpha_2 + \cdots + \cos^2\alpha_n = 1$$

임을 안다.

예제 5.5.9 $\mathbb{R}^3$ 의 평면 P 에 평행하고, 서로 수직인 두 벡터 $\mathbf{a}, \mathbf{b}$ 가 xy-평면과 이루는 각을 각각 α, β 라고 하자. 이때 평면 P 가 xy-평면과 이루는 예각의 크기를 구하시오.

풀이 평면 P 와 xy-평면이 이루는 예각의 크기를 γ 라 두면, 평면 P 의 법선벡터 $\mathbf{c}$ 와 xy-평면의 법선벡터 $\mathbf{v} = (0, 0, 1)$ 의 사잇각이 γ 가 되도록 잡을 수 있다. 이때 세 벡터 $\mathbf{a}, \mathbf{b}, \mathbf{c}$ 를 좌표축으로 가지는 3 차원 직교좌표계에서 벡터 $\mathbf{v}$ 의 방향코사인 벡터는

$$\left(\cos\left(\frac{\pi}{2} \pm \alpha\right), \cos\left(\frac{\pi}{2} \pm \beta\right), \cos\gamma\right), \qquad \left(\cos\left(\frac{\pi}{2} \pm \alpha\right), \cos\left(\frac{\pi}{2} \mp \beta\right), \cos\gamma\right)$$

중 하나이다. 방향코사인의 제곱의 합은 항상 1 이므로

$$\sin^2\alpha + \sin^2\beta + \cos^2\gamma = 1$$

이고 따라서

$$\gamma = \arccos\sqrt{1 - \sin^2\alpha - \sin^2\beta}$$

을 얻는다.

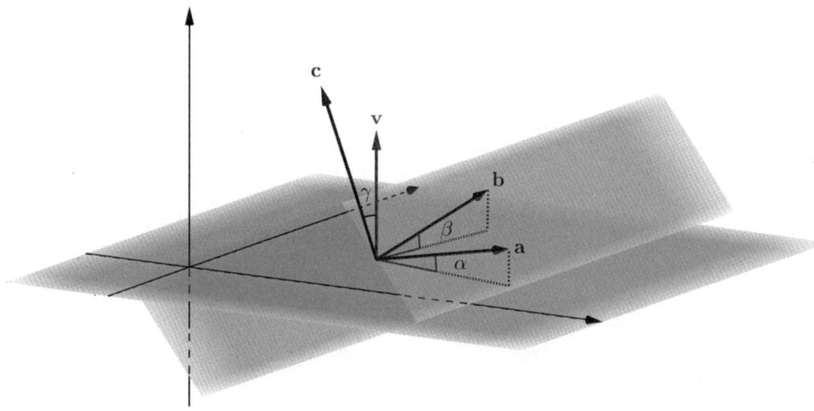

□

예제 5.5.10 $\mathbb{R}^n$ 의 세 벡터 $\mathbf{u}, \mathbf{v}, \mathbf{w}$ 가

$$|a\mathbf{u} + b\mathbf{v} + c\mathbf{w}| = \sqrt{2a^2 + 3b^2 + c^2 - 4ab} \quad (a, b, c \in \mathbb{R})$$

를 만족할 때, 다음에 답하시오.

(1) 벡터 $3\mathbf{u} + \mathbf{v}$ 와 벡터 $2\mathbf{w}$ 를 두 변으로 하는 삼각형의 넓이를 구하시오.

(2) 두 벡터 $2\mathbf{u} - \mathbf{v}, \mathbf{u} + 2\mathbf{v}$ 가 이루는 각의 코사인 값을 구하시오.

풀이 (1) 주어진 식에 c 대신 $-c$ 를 대입하면

$$|a\mathbf{u} + b\mathbf{v} + c\mathbf{w}| = |a\mathbf{u} + b\mathbf{v} - c\mathbf{w}|$$

이므로 두 벡터 $a\mathbf{u} + b\mathbf{v}, c\mathbf{w}$ 는 서로 수직이다. 한편 주어진 식에 $(a, b, c) = (3, 1, 0)$, $(0, 0, 2)$ 를 차례로 대입하면 $|3\mathbf{u} + \mathbf{v}| = 3$, $|2\mathbf{w}| = 2$ 이므로 구하는 넓이는

$$\frac{1}{2}|3\mathbf{u} + \mathbf{v}||2\mathbf{w}| = 3$$

이다.

(2) 주어진 식에 $(a,b,c)=(1,0,0),(0,1,0),(1,1,0),(2,-1,0),(1,2,0)$ 을 차례로 대입하면

$$|\mathbf{u}|=\sqrt{2},\quad |\mathbf{v}|=\sqrt{3},\quad |\mathbf{u}+\mathbf{v}|=1,\quad |2\mathbf{u}-\mathbf{v}|=\sqrt{19},\quad |\mathbf{u}+2\mathbf{v}|=\sqrt{6}$$

이므로

$$1=|\mathbf{u}+\mathbf{v}|^2=|\mathbf{u}|^2+2\mathbf{u}\cdot\mathbf{v}+|\mathbf{v}|^2=2\mathbf{u}\cdot\mathbf{v}+5 \quad\Longrightarrow\quad \mathbf{u}\cdot\mathbf{v}=-2$$

이다. 따라서 두 벡터 $\mathbf{u},\mathbf{v}$ 가 이루는 각을 θ 라 두면

$$\cos\theta=\frac{(2\mathbf{u}-\mathbf{v})\cdot(\mathbf{u}+2\mathbf{v})}{|2\mathbf{u}-\mathbf{v}||\mathbf{u}+2\mathbf{v}|}=\frac{2|\mathbf{u}|^2+3\mathbf{u}\cdot\mathbf{v}-2|\mathbf{v}|^2}{|2\mathbf{u}-\mathbf{v}||\mathbf{u}+2\mathbf{v}|}=\frac{4-6-6}{\sqrt{19}\sqrt{6}}=-\frac{8}{\sqrt{114}}$$

을 얻는다. □

정리 5.5.11 $\mathbb{R}^n$ 의 영벡터가 아닌 두 벡터 $\mathbf{a},\mathbf{b}$ 가 이루는 각을 θ 라 할 때 다음이 성립한다.

(i) $\mathbf{a}\cdot\mathbf{b}>0 \iff 0\le\theta<\dfrac{\pi}{2}$

(ii) $\mathbf{a}\cdot\mathbf{b}<0 \iff \dfrac{\pi}{2}<\theta\le\pi$

(iii) $\mathbf{a}\cdot\mathbf{b}=0 \iff \theta=\dfrac{\pi}{2}$

예제 5.5.12 실수 $c_1,c_2,\cdots,c_k$ 와 서로 수직인 $\mathbb{R}^n$ 의 단위벡터 $\mathbf{v}_1,\mathbf{v}_2,\cdots,\mathbf{v}_k$ 에 대하여

$$|c_1\mathbf{v}_1+c_2\mathbf{v}_2+\cdots+c_k\mathbf{v}_k|=\sqrt{c_1^2+c_2^2+\cdots+c_k^2}$$

임을 보이시오.

풀이 $\mathbf{v}_1,\mathbf{v}_2,\cdots,\mathbf{v}_k$ 가 서로 수직인 단위벡터이므로

$$\begin{aligned}|c_1\mathbf{v}_1+c_2\mathbf{v}_2+\cdots+c_k\mathbf{v}_k|^2&=(c_1\mathbf{v}_1+c_2\mathbf{v}_2+\cdots+c_k\mathbf{v}_k)\cdot(c_1\mathbf{v}_1+c_2\mathbf{v}_2+\cdots+c_k\mathbf{v}_k)\\&=c_1^2\mathbf{v}_1\cdot\mathbf{v}_1+c_2^2\mathbf{v}_2\cdot\mathbf{v}_2+\cdots+c_k^2\mathbf{v}_k\cdot\mathbf{v}_k\\&=c_1^2|\mathbf{v}_1|^2+c_2^2|\mathbf{v}_2|^2+\cdots+c_k^2|\mathbf{v}_k|^2\\&=c_1^2+c_2^2+\cdots+c_k^2\end{aligned}$$

이고 따라서
$$|c_1\mathbf{v}_1 + c_2\mathbf{v}_2 + \cdots + c_k\mathbf{v}_k| = \sqrt{c_1^2 + c_2^2 + \cdots + c_k^2}$$
을 얻는다. □

5.5.3 정사영

아래 그림과 같이 점 P를 시점으로 가지는 두 벡터 $\mathbf{a} = \overrightarrow{PQ}$, $\mathbf{b} = \overrightarrow{PR}$에 대하여 점 R에서 직선 $\overleftrightarrow{PQ}$에 내린 수선의 발을 S라 할 때, 벡터

$$p_{\mathbf{a}}(\mathbf{b}) = \overrightarrow{PS}$$

를 벡터 $\mathbf{a}$에 대한 벡터 $\mathbf{b}$의 정사영이라고 부른다.

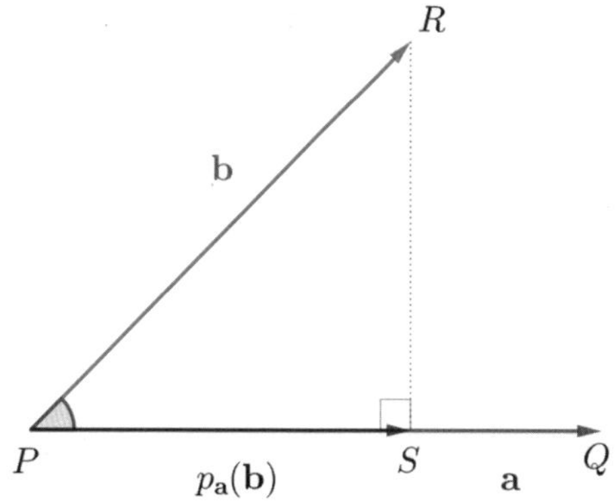

> **정리 5.5.13** $\mathbb{R}^n$의 영벡터가 아닌 벡터 $\mathbf{a}$에 대한 벡터 $\mathbf{b}$의 정사영은
> $$p_{\mathbf{a}}(\mathbf{b}) = \frac{\mathbf{a}\cdot\mathbf{b}}{\mathbf{a}\cdot\mathbf{a}}\,\mathbf{a}$$
> 이다.

예제 5.5.14 공간에서 $\mathbf{v}$-방향으로 진행하던 빛이 벡터 $\mathbf{n} \neq \mathbf{0}$에 수직인 평면에 반사되어 나가는 방향을 $\mathbf{v}_*$라 하면

$$\mathbf{v}_* = \mathbf{v} - 2\,\frac{\mathbf{v}\cdot\mathbf{n}}{\mathbf{n}\cdot\mathbf{n}}\,\mathbf{n}$$

임을 보이시오.

풀이 벡터 $\mathbf{n}$과 $\mathbf{v}$의 시점이 일치하도록 벡터 $\mathbf{v}$를 평형이동을 시킨 후 벡터 $\mathbf{n}$에 대한 벡터 $\mathbf{v}$의 정사영을 생각하면 반사되어 나가는 방향은

$$\mathbf{v}_* = \mathbf{v} - 2p_{\mathbf{n}}(\mathbf{v})$$

이다. 이제 정리 5.5.13에 의해

$$\mathbf{v}_* = \mathbf{v} - 2\,\frac{\mathbf{v}\cdot\mathbf{n}}{\mathbf{n}\cdot\mathbf{n}}\,\mathbf{n}$$

을 얻는다.

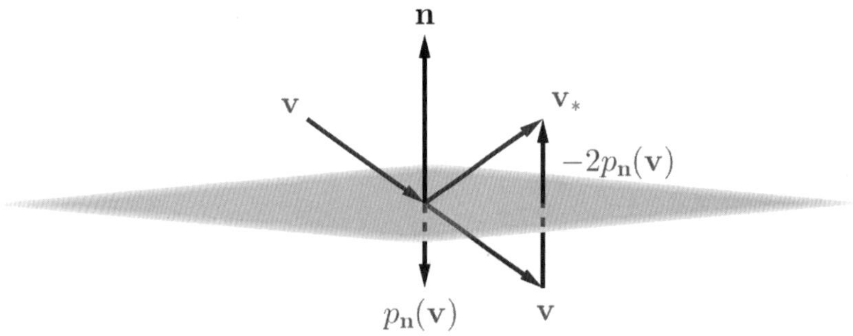

□

예제 5.5.15 다음에서 벡터 $\mathbf{a}$에 대한 벡터 $\mathbf{b}$의 정사영을 구하시오.

(1) $\mathbf{a} = (4, -2), \quad \mathbf{b} = (3, 1)$ (2) $\mathbf{a} = (1, 1, 1), \quad \mathbf{b} = (1, 2, 3)$

풀이 (1) 정리 5.5.13에 의해

$$p_{\mathbf{a}}(\mathbf{b}) = \frac{\mathbf{a}\cdot\mathbf{b}}{\mathbf{a}\cdot\mathbf{a}}\,\mathbf{a} = \frac{(4,-2)\cdot(3,1)}{(4,-2)\cdot(4,-2)}\,(4,-2) = (2,-1)$$

이다.

(2) 정리 5.5.13에 의해

$$p_{\mathbf{a}}(\mathbf{b}) = \frac{\mathbf{a}\cdot\mathbf{b}}{\mathbf{a}\cdot\mathbf{a}}\,\mathbf{a} = \frac{(1,1,1)\cdot(1,2,3)}{(1,1,1)\cdot(1,1,1)}\,(1,1,1) = (2,2,2)$$

이다. □

예제 5.5.16 $\mathbb{R}^n$ 의 두 벡터 $\mathbf{a}, \mathbf{b}$ 가 이루는 평행사변형

$$\{s\mathbf{a} + t\mathbf{b} \mid 0 \le s \le 1,\ 0 \le t \le 1\}$$

의 넓이는

$$S = \sqrt{|\mathbf{a}|^2|\mathbf{b}|^2 - (\mathbf{a}\cdot\mathbf{b})^2}$$

임을 보이시오.

풀이 $\mathbf{a}, \mathbf{b}$ 가 이루는 평행사변형의 밑변을 $|\mathbf{a}|$ 라고 하면 높이는 $|\mathbf{b} - p_{\mathbf{a}}(\mathbf{b})|$ 가 된다. 이제 정리 5.5.13 에 의해

$$\begin{aligned} S^2 &= |\mathbf{a}|^2|\mathbf{b} - p_{\mathbf{a}}(\mathbf{b})|^2 = |\mathbf{a}|^2\left(|\mathbf{b}|^2 - 2\mathbf{b}\cdot p_{\mathbf{a}}(\mathbf{b}) + |p_{\mathbf{a}}(\mathbf{b})|^2\right) \\ &= |\mathbf{a}|^2\left[|\mathbf{b}|^2 - 2\mathbf{b}\cdot\left(\frac{\mathbf{a}\cdot\mathbf{b}}{|\mathbf{a}|^2}\mathbf{a}\right) + \frac{(\mathbf{a}\cdot\mathbf{b})^2}{|\mathbf{a}|^2}\right] \\ &= |\mathbf{a}|^2\left(|\mathbf{b}|^2 - 2\frac{(\mathbf{a}\cdot\mathbf{b})^2}{|\mathbf{a}|^2} + \frac{(\mathbf{a}\cdot\mathbf{b})^2}{|\mathbf{a}|^2}\right) = |\mathbf{a}|^2|\mathbf{b}|^2 - (\mathbf{a}\cdot\mathbf{b})^2 \end{aligned}$$

이므로

$$S = \sqrt{|\mathbf{a}|^2|\mathbf{b}|^2 - (\mathbf{a}\cdot\mathbf{b})^2}$$

을 얻는다.

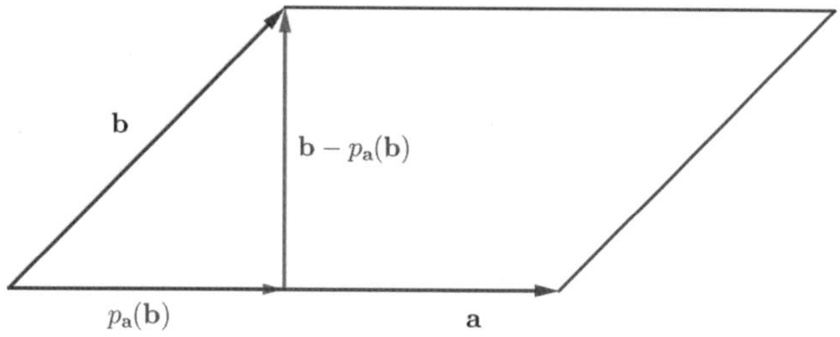

□

예제 5.5.17 $\mathbb{R}^3$ 에서 사잇각이 γ 인 두 벡터 $\mathbf{a}, \mathbf{b}$ 가 벡터 $\mathbf{n}$ 과 이루는 각을 각각 α, β 라고 할 때, 벡터 $\mathbf{b} - p_{\mathbf{a}}(\mathbf{b})$ 가 벡터 $\mathbf{n}$ 과 이루는 각의 크기를 구하시오.

풀이 벡터 $\mathbf{b} - p_{\mathbf{a}}(\mathbf{b})$가 벡터 $\mathbf{n}$과 이루는 각의 크기를 θ라 하면

$$\begin{aligned}\cos\theta &= \frac{(\mathbf{b} - p_{\mathbf{a}}(\mathbf{b}))\cdot\mathbf{n}}{|\mathbf{b} - p_{\mathbf{a}}(\mathbf{b})||\mathbf{n}|} \\ &= \frac{1}{|\mathbf{b}||\mathbf{n}|\sin\gamma}\left(\mathbf{b} - \frac{\mathbf{a}\cdot\mathbf{b}}{\mathbf{a}\cdot\mathbf{a}}\mathbf{a}\right)\cdot\mathbf{n} \\ &= \frac{1}{|\mathbf{b}||\mathbf{n}|\sin\gamma}\left(\mathbf{b}\cdot\mathbf{n} - \frac{|\mathbf{a}||\mathbf{b}|\cos\gamma}{|\mathbf{a}|^2}\mathbf{a}\cdot\mathbf{n}\right) \\ &= \frac{1}{|\mathbf{b}||\mathbf{n}|\sin\gamma}\left(|\mathbf{b}||\mathbf{n}|\cos\beta - \frac{|\mathbf{b}|\cos\gamma}{|\mathbf{a}|}|\mathbf{a}||\mathbf{n}|\cos\alpha\right) \\ &= \frac{\cos\beta - \cos\alpha\cos\gamma}{\sin\gamma}\end{aligned}$$

이므로 구하는 각의 크기는

$$\theta = \arccos\left(\frac{\cos\beta - \cos\alpha\cos\gamma}{\sin\gamma}\right)$$

이다. □

5.5.4 코시-슈바르츠 부등식과 삼각부등식

정리 5.5.18 (코시-슈바르츠 부등식) $\mathbb{R}^n$의 두 벡터 $\mathbf{a}, \mathbf{b}$에 대하여

$$|\mathbf{a}\cdot\mathbf{b}| \leq |\mathbf{a}||\mathbf{b}|$$

가 성립한다. 단, 등호는 두 벡터 $\mathbf{a}, \mathbf{b}$가 평행할 때이다.

벡터 $\mathbf{a} = (a_1, a_2, \cdots, a_n)$, $\mathbf{b} = (b_1, b_2, \cdots, b_n)$에 대하여 코시-슈바르츠 부등식은 다음과 같이 벡터의 성분으로 표현할 수 있다.

$$(a_1b_1 + a_2b_2 + \cdots + a_nb_n)^2 \leq (a_1^2 + a_2^2 + \cdots + a_n^2)(b_1^2 + b_2^2 + \cdots + b_n^2).$$

예제 5.5.19 영이 아닌 실수 a, b, c에 대하여 실수 x, y, z가

$$E : \frac{x^2}{a^2} + \frac{y^2}{b^2} + \frac{z^2}{c^2} = 1$$

을 만족할 때, 함수 $f(x, y, z) = px + qy + rz$의 최댓값과 최솟값을 구하시오. (단, p, q, r은 실수이다.)

풀이 $\mathbf{a} = (x/a, y/b, z/c)$, $\mathbf{b} = (ap, bq, cr)$ 이라 두면 코시-슈바르츠 부등식에 의해

$$\begin{aligned} |px+qy+rz| &= \left|\frac{x}{a}\cdot ap + \frac{y}{b}\cdot bq + \frac{z}{c}\cdot cr\right| \\ &\le \sqrt{\frac{x^2}{a^2}+\frac{y^2}{b^2}+\frac{z^2}{c^2}} \times \sqrt{a^2p^2+b^2q^2+c^2r^2} \\ &= \sqrt{a^2p^2+b^2q^2+c^2r^2} \end{aligned}$$

이므로 함수 f 의 최댓값과 최솟값은 각각

$$\max_E f = \sqrt{a^2p^2+b^2q^2+c^2r^2}, \quad \min_E f = -\sqrt{a^2p^2+b^2q^2+c^2r^2}$$

이다. □

정리 5.5.20 (삼각부등식) $\mathbb{R}^n$ 의 두 벡터 $\mathbf{a}, \mathbf{b}$ 에 대하여

$$|\mathbf{a}+\mathbf{b}| \le |\mathbf{a}| + |\mathbf{b}|$$

가 성립한다. 단, 등호는 두 벡터 $\mathbf{a}, \mathbf{b}$ 의 방향이 같을 때이다.

예제 5.5.21 $\mathbb{R}^n$ 의 두 벡터 $\mathbf{a}, \mathbf{b}$ 에 대하여 다음이 성립함을 보이시오.

$$\big||\mathbf{a}| - |\mathbf{b}|\big| \le |\mathbf{a}-\mathbf{b}|.$$

풀이 삼각부등식에 의해

$$|\mathbf{a}| = |(\mathbf{a}-\mathbf{b})+\mathbf{b}| \le |\mathbf{a}-\mathbf{b}| + |\mathbf{b}| \implies |\mathbf{a}| - |\mathbf{b}| \le |\mathbf{a}-\mathbf{b}|$$

이고

$$|\mathbf{b}| = |(\mathbf{b}-\mathbf{a})+\mathbf{a}| \le |\mathbf{b}-\mathbf{a}| + |\mathbf{a}| \implies -|\mathbf{b}-\mathbf{a}| \le |\mathbf{a}| - |\mathbf{b}|$$

이다. 또한

$$|\mathbf{a}-\mathbf{b}| = |\mathbf{b}-\mathbf{a}|$$

이므로

$$-|\mathbf{a}-\mathbf{b}| \le |\mathbf{a}| - |\mathbf{b}| \le |\mathbf{a}-\mathbf{b}|$$

가 되어 원하는 결론을 얻는다. □

5.6 평면과 직선의 방정식

이 절의 목적은 $\mathbb{R}^3$ 의 평면과 직선의 방정식을 $\mathbb{R}^n$ 으로 확장하는 것이다.

정의 5.6.1 $\mathbb{R}^n$의 점 $P = (p_1, p_2, \cdots, p_n)$과 벡터 $\mathbf{n} = (a_1, a_2, \cdots, a_n) \neq \mathbf{0}$에 대하여 다음 방정식

$$H : \mathbf{n} \cdot \overrightarrow{PX} = a_1(x_1 - p_1) + a_2(x_2 - p_2) + \cdots + a_n(x_n - p_n) = 0$$

을 만족하는 점 $X = (x_1, x_2, \cdots, x_n)$들의 집합을 초평면이라 한다. 이때 이 방정식을 점 P를 지나고, 벡터 $\mathbf{n}$에 수직인 초평면의 방정식이라고 부른다.

평면 H에 수직인 벡터 $\mathbf{n}$을 평면 H의 법선벡터라고 부른다.

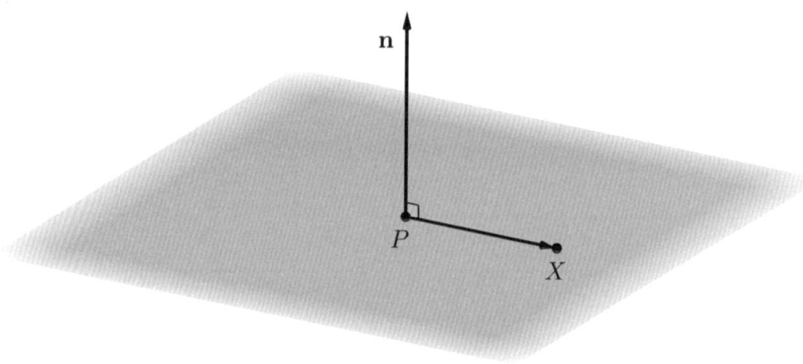

예제 5.6.2 $\mathbb{R}^4$ 의 네 개의 점

$$(1,0,0,0),\ (0,2,0,0),\ (0,0,3,0),\ (0,0,0,4)$$

를 지나는 초평면에 수직인 벡터를 구하시오.

풀이 구하는 초평면의 방정식을

$$a_1x_1 + a_2x_2 + a_3x_3 + a_4x_4 + c = 0$$

이라 하자. 이 방정식에 주어진 네 개의 점을 차례로 대입하면

$$a_1 = -c,\ a_2 = -\frac{c}{2},\ a_3 = -\frac{c}{3},\ a_4 = -\frac{c}{4}$$

이므로 이 값들을 초평면의 방정식의 계수에 대입하여 정리하면

$$12x_1 + 6x_2 + 4x_3 + 3x_4 - 12 = 0$$

이다. 따라서 구하는 벡터는

$$\mathbf{n} = (12, 6, 4, 3)$$

이다. □

정리 5.6.3 $\mathbb{R}^n$의 점 $P = (p_1, p_2, \cdots, p_n)$과 초평면 $a_1x_1 + a_2x_2 + \cdots + a_nx_n + c = 0$ 사이의 거리 d는

$$d = \frac{|a_1p_1 + a_2p_2 + \cdots + a_np_n + c|}{\sqrt{a_1^2 + a_2^2 + \cdots + a_n^2}}$$

이다.

예제 5.6.4 벡터 $\mathbf{n} = (a_1, a_2, \cdots, a_n) \neq \mathbf{0}$에 대하여 두 평면

$$S_1 : a_1x_1 + a_2x_2 + \cdots + a_nx_n + c_1 = 0,$$
$$S_2 : a_1x_1 + a_2x_2 + \cdots + a_nx_n + c_2 = 0$$

사이의 거리는

$$\frac{|c_1 - c_2|}{|\mathbf{n}|}$$

임을 보이시오.

풀이 1 주어진 두 평면 사이의 거리는 평면 S_1 위의 한 점과 평면 S_2 사이의 거리와 같다. $(a_1, a_2, \cdots, a_n) \neq \mathbf{0}$이므로 일반성을 잃지 않고 $a_1 \neq 0$이라고 가정할 수 있다. 한편 점 $(-c_1/a_1, 0, \cdots, 0)$은 평면 S_1 위의 점이므로 구하는 거리 d는

$$d = \frac{\left|a_1 \cdot \left(-\frac{c_1}{a_1}\right) + a_2 \cdot 0 + \cdots + a_n \cdot 0 + c_2\right|}{\sqrt{a_1^2 + a_2^2 + \cdots + a_n^2}} = \frac{|c_1 - c_2|}{|\mathbf{n}|}$$

임을 안다.

□

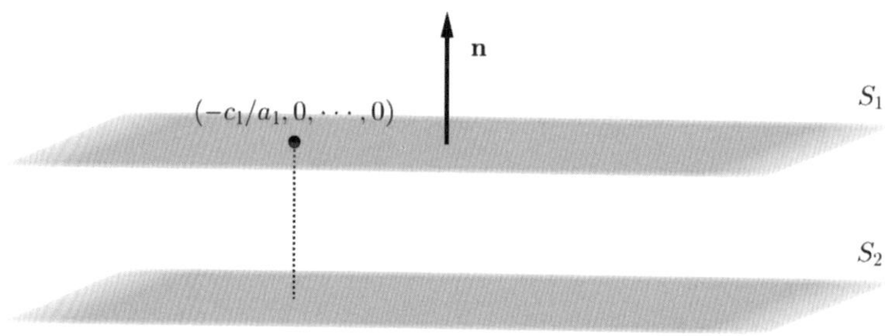

풀이 2 두 점 $P = (p_1, p_2, \cdots, p_n)$, $Q = (q_1, q_2, \cdots, q_n)$을 각각 두 평면 S_1, S_2 위의 점이라고 하자. 그러면 구하는 거리 d는

$$d = |p_{\mathbf{n}}(\overrightarrow{PQ})| = \left| \frac{\mathbf{n} \cdot (q_1 - p_1, q_2 - p_2, \cdots, q_n - p_n)}{\mathbf{n} \cdot \mathbf{n}} \mathbf{n} \right| = \frac{|c_1 - c_2|}{|\mathbf{n}|}$$

이다.

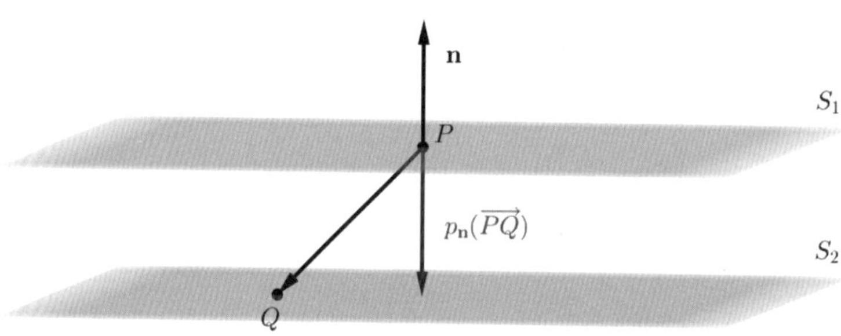

□

> **정의 5.6.5** $\mathbb{R}^n$의 점 $P = (p_1, p_2, \cdots, p_n)$과 벡터 $\mathbf{v} = (v_1, v_2, \cdots, v_n) \neq \mathbf{0}$에 대하여 다음 방정식
>
> $$l : \overrightarrow{OX} = \overrightarrow{OP} + t\mathbf{v} = (p_1 + tv_1, p_2 + tv_2, \cdots, p_n + tv_n) \quad (t \in \mathbb{R})$$
>
> 을 만족하는 점 $X = (x_1, x_2, \cdots, x_n)$들의 집합을 직선이라 한다. 이때 이 방정식을 점 P를 지나고, 방향이 $\mathbf{v}$인 직선의 방정식이라고 부른다.

직선 l과 평행한 벡터 $\mathbf{v}$를 직선 l의 방향벡터라고 부른다.

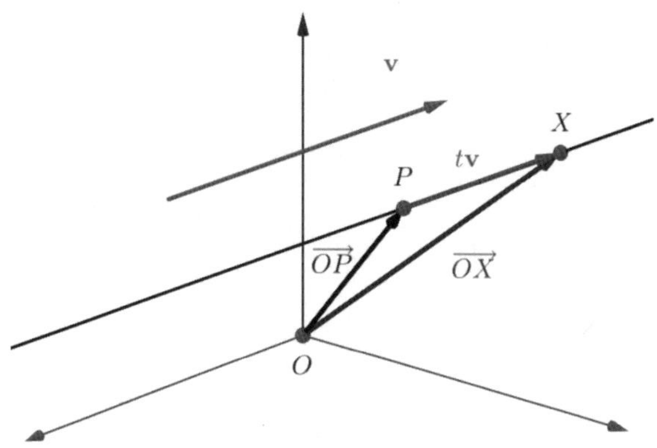

예제 5.6.6 $\mathbb{R}^n$ 의 점 A, P 와 벡터 $\mathbf{n} \neq \mathbf{0}$ 에 대하여 다음에 답하시오.

(1) 점 A 에서 평면 $\mathbf{n} \cdot \overrightarrow{PX} = 0$ 에 내린 수선의 발 H 의 위치벡터는

$$\overrightarrow{OH} = \overrightarrow{OA} - p_{\mathbf{n}}(\overrightarrow{PA})$$

임을 보이시오.

(2) 평면 $\mathbf{n} \cdot \overrightarrow{PX} = 0$ 에 대한 점 A 의 대칭점 A' 의 위치벡터는

$$\overrightarrow{OA'} = \overrightarrow{OA} - 2p_{\mathbf{n}}(\overrightarrow{PA})$$

임을 보이시오.

풀이 (1) 점 A 를 지나고 방향벡터가 $\mathbf{n}$ 인 직선의 방정식은

$$\overrightarrow{OX} = \overrightarrow{OA} + t\mathbf{n} \quad (t \in \mathbb{R})$$

이다. 이 직선의 방정식을 평면의 방정식

$$\mathbf{n} \cdot \overrightarrow{PX} = \mathbf{n} \cdot (\overrightarrow{OX} - \overrightarrow{OP}) = 0$$

에 대입하면

$$\mathbf{n} \cdot (\overrightarrow{OA} + t\mathbf{n} - \overrightarrow{OP}) = \mathbf{n} \cdot (\overrightarrow{PA} + t\mathbf{n}) = 0$$

이고, 이 식으로부터 t 의 값을 구하면

$$t = -\frac{\mathbf{n} \cdot \overrightarrow{PA}}{|\mathbf{n}|^2}$$

이므로

$$\begin{aligned}\overrightarrow{OH} &= \overrightarrow{OA} - \frac{\mathbf{n} \cdot \overrightarrow{PA}}{|\mathbf{n}|^2}\mathbf{n} \\ &= \overrightarrow{OA} - p_{\mathbf{n}}(\overrightarrow{PA})\end{aligned}$$

이다.

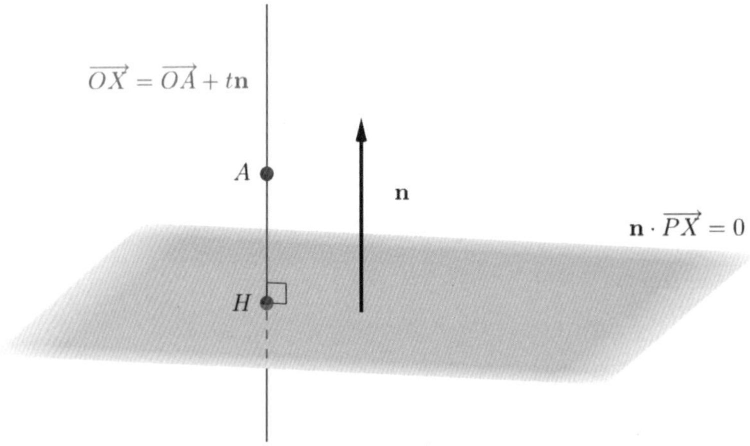

(2) (1)의 결과를 이용하면

$$\begin{aligned}\overrightarrow{PA'} &= \overrightarrow{PA} + 2\overrightarrow{AH} \\ &= \overrightarrow{PA} + 2(\overrightarrow{OH} - \overrightarrow{OA}) \\ &= \overrightarrow{PA} - 2p_{\mathbf{n}}(\overrightarrow{PA})\end{aligned}$$

이다. 그런데

$$\overrightarrow{PA} = \overrightarrow{OA} - \overrightarrow{OP}, \quad \overrightarrow{PA'} = \overrightarrow{OA'} - \overrightarrow{OP}$$

이므로

$$\overrightarrow{OA'} = \overrightarrow{OA} - 2p_{\mathbf{n}}(\overrightarrow{PA})$$

이다.

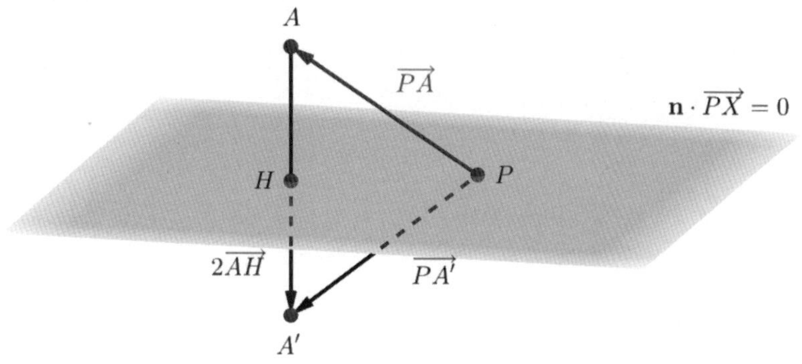

□

예제 5.6.7 좌표공간에서 평면 $2x-3y+5z-1=0$에 대한 점 $A=(2,4,-2)$의 대칭점 A'을 구하시오.

풀이 평면 $2x-3y+5z-1=0$은 점 $P=(1,2,1)$을 지나고 벡터 $\mathbf{n}=(2,-3,5)$에 수직이므로 구하는 대칭점 A'은

$$\overrightarrow{OA'}=\overrightarrow{OA}-2p_{\mathbf{n}}(\overrightarrow{PA})=(2,4,-2)-2\,\frac{(2,-3,5)\cdot(1,2,-3)}{38}(2,-3,5)=(4,1,3)$$

이다. □

예제 5.6.8 3차원 공간의 점 $A=(3,3,12/5)$에서 $\mathbf{v}=(5,5,4)$-방향으로 진행하던 빛이 평면

$$2x+3y+6z=49$$

에 반사되어 평면

$$2x+2y+z=8$$

과 만나는 점을 구하시오.

풀이 점 $A=(3,3,12/5)$에서 $\mathbf{v}=(5,5,4)$-방향으로 발사된 빛이 평면 $2x+3y+6z=49$와 만나는 점은 직선

$$l_1:\overrightarrow{OX}=\overrightarrow{OA}+t\mathbf{v}=(3+5t,3+5t,12/5+4t)\quad(t\in\mathbb{R})$$

와 평면 $2x+3y+6z=49$가 만나는 점이다. $x=3+5t, y=3+5t, z=12/5+4t$를 평면의 방정식 $2x+3y+6z=49$에 대입하면 $t=2/5$를 얻고 이 값을 직선 l_1

의 방정식에 대입하면 빛이 평면 $2x+3y+6z=49$ 와 만나는 점은 $P=(5,5,4)$ 임을 안다. 이제 $\mathbf{n}=(2,3,6)$ 이라 두면 반사되어 나가는 방향 $\mathbf{v}_*$ 는

$$\mathbf{v}_* = \mathbf{v} - 2\,\frac{\mathbf{v}\cdot\mathbf{n}}{\mathbf{n}\cdot\mathbf{n}}\,\mathbf{n} = (5,5,4) - 2\times\frac{(5,5,4)\cdot(2,3,6)}{(2,3,6)\cdot(2,3,6)}\,(2,3,6) = (1,-1,-8)$$

이므로 반사되어 나가는 빛은 직선

$$l_2 : \overrightarrow{OX} = \overrightarrow{OP} + t\mathbf{v}_* = (5+t, 5-t, 4-8t) \quad (t\in\mathbb{R})$$

위에 있다. 또한 직선 l_2 와 평면 $2x+2y+z=8$ 을 연립하면 $t=2$ 를 얻고, 이 값을 직선 l_2 에 대입하면 구하는 점은

$$Q=(7,3,-12)$$

이다.

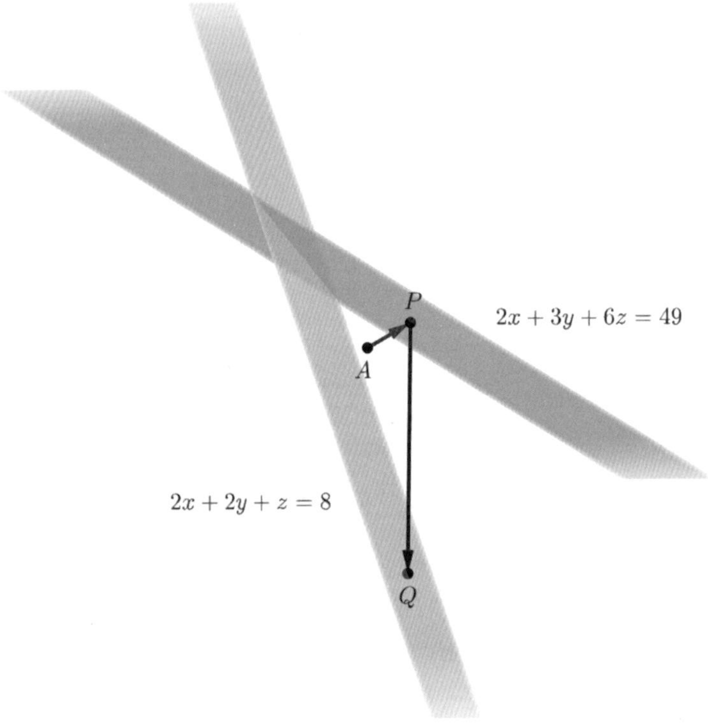

□

5.7 기하학적 중심과 질량중심

선분 AB 의 중점을 M 이라 하면

$$\overrightarrow{OM} = \frac{1}{2}(\overrightarrow{OA} + \overrightarrow{OB})$$

이고, 삼각형 ABC 의 무게중심을 G 라 하면

$$\overrightarrow{OG} = \frac{1}{3}(\overrightarrow{OA} + \overrightarrow{OB} + \overrightarrow{OC})$$

이다. 일반적으로 $\mathbb{R}^n$ 의 k 개의 점의 중심은 다음과 같다.

정의 5.7.1 $\mathbb{R}^n$ 의 점 $A_1, A_2, \cdots, A_k$ 의 질량이 각각 $m_1, m_2, \cdots, m_k$ 일 때

(i) 등식

$$\overrightarrow{O\overline{A}} = \frac{1}{k}(\overrightarrow{OA_1} + \overrightarrow{OA_2} + \cdots + \overrightarrow{OA_k})$$

를 만족하는 $\mathbb{R}^n$ 의 점 $\overline{A}$ 를 $A_1, A_2, \cdots, A_k$ 의 기하학적 중심이라고 한다.

(ii) 등식

$$\overrightarrow{O\overline{A}} = \frac{m_1\overrightarrow{OA_1} + m_2\overrightarrow{OA_2} + \cdots + m_k\overrightarrow{OA_k}}{m_1 + m_2 + \cdots + m_k}$$

를 만족하는 $\mathbb{R}^n$ 의 점 $\overline{A}$ 를 $A_1, A_2, \cdots, A_k$ 의 질량중심이라고 한다.

예제 5.7.2 $\mathbb{R}^4$ 의 네 점

$$A = (0, 2, 1, 1), \quad B = (1, 0, 2, 1), \quad C = (1, 1, 0, 2), \quad D = (2, 1, 1, 0)$$

의 기하학적 중심을 구하시오.

풀이 중심을 $\overline{A}$ 라고 하면

$$\overrightarrow{O\overline{A}} = \frac{1}{4}(\overrightarrow{OA} + \overrightarrow{OB} + \overrightarrow{OC} + \overrightarrow{OD}) = (1, 1, 1, 1)$$

이므로

$$\overline{A} = (1, 1, 1, 1)$$

이다. □

예제 5.7.3 $\mathbb{R}^n$ 의 점 $A_1, A_2, \cdots, A_k, B$ 에 대하여 점 B의 질량이 총질량의 $1/t$ $(t>1)$ 이면, A_1, $A_2, \cdots, A_k, B$ 의 질량중심 C는 선분 $\overline{A}B$를 $1:(t-1)$ 로 내분하는 점임을 보이시오. (단, 점 $\overline{A}$는 $A_1, A_2, \cdots, A_k$ 의 질량중심이다.)

풀이 점 $A_1, A_2, \cdots, A_k, B$ 의 질량을 각각 $m_1, m_2, \cdots, m_k$, m_b 라 하면, 점 B 의 질량은 총질량의 $1/t$ 이므로

$$m_1+m_2+\cdots+m_k+m_b=tm_b \quad\Longleftrightarrow\quad (t-1)m_b=m_1+m_2+\cdots+m_k$$

이다. 한편

$$\overrightarrow{O\overline{A}}=\frac{m_1\overrightarrow{OA_1}+m_2\overrightarrow{OA_2}+\cdots+m_k\overrightarrow{OA_k}}{m_1+m_2+\cdots+m_k}$$

이므로

$$\begin{aligned}\overrightarrow{OC}&=\frac{m_1\overrightarrow{OA_1}+m_2\overrightarrow{OA_2}+\cdots+m_k\overrightarrow{OA_k}+m_b\overrightarrow{OB}}{m_1+m_2+\cdots+m_k+m_b}\\&=\frac{m_1\overrightarrow{OA_1}+m_2\overrightarrow{OA_2}+\cdots+m_k\overrightarrow{OA_k}}{m_1+m_2+\cdots+m_k+m_b}+\frac{m_b\overrightarrow{OB}}{m_1+m_2+\cdots+m_k+m_b}\\&=\frac{m_1\overrightarrow{OA_1}+m_2\overrightarrow{OA_2}+\cdots+m_k\overrightarrow{OA_k}}{\left(1+\frac{1}{t-1}\right)(m_1+m_2+\cdots+m_k)}+\frac{m_b\overrightarrow{OB}}{tm_b}\\&=\frac{(t-1)\overrightarrow{O\overline{A}}+\overrightarrow{OB}}{t}\end{aligned}$$

이고 따라서 점 C는 선분 $\overline{A}B$를 $1:(t-1)$ 로 내분하는 점임을 안다. □

5.8 일차독립과 일차종속

직선은 1차원 공간이고, 평면은 2차원 공간이며, 우리가 일상적으로 경험하는 입체공간은 3차원 공간이다. 우리는 공간의 차원을 자연수를 이용하여 구분하지만 아직까지 명확하게 차원이 의미하는 바를 정의하지 않았다. 이 절에서는 차원을 정의하기 위해 필요한 개념인 일차결합, 일차독립 및 일차종속에 대해 공부한다.

예제 5.8.1 $\mathbb{R}^3$ 의 두 벡터 $\mathbf{v}=(1,1,1)$, $\mathbf{w}=(2,3,0)$ 에 대하여

$$L=\{t\mathbf{v}\mid t\in\mathbb{R}\},\qquad P=\{t_1\mathbf{v}+t_2\mathbf{w}\mid t_1,t_2\in\mathbb{R}\}$$

일 때, L은 원점을 지나는 직선, P는 원점을 지나는 평면임을 보이시오.

풀이 집합

$$L = \{t\mathbf{v} \mid t \in \mathbb{R}\} = \{(t,t,t) \mid t \in \mathbb{R}\}$$

은 직선의 방정식

$$x = t, \quad y = t, \quad z = t \quad (t \in \mathbb{R})$$

을 만족하는 점들의 모임이므로 원점을 지나고 방향벡터가 $\mathbf{v} = (1,1,1)$ 인 직선이다. 한편

$$P = \{t_1\mathbf{v} + t_2\mathbf{w} \mid t_1, t_2 \in \mathbb{R}\} = \{(t_1 + 2t_2, t_1 + 3t_2, t_1) \mid t_1, t_2 \in \mathbb{R}\}$$

이므로 방정식

$$x = t_1 + 2t_2, \quad y = t_1 + 3t_2, \quad z = t_1$$

을 연립하여 매개변수 t_1, t_2 를 소거하면

$$3x - 2y - z = 0$$

이므로 집합 P 는 원점을 지나고 벡터 $\mathbf{n} = (3, -2, -1)$ 에 수직인 평면이다. □

예제 5.8.1 에서 1차원 공간인 직선은 하나의 벡터 $\mathbf{v}$ 를 이용하여

$$t\mathbf{v}$$

와 같이 표현하였고, 2차원 공간인 평면은 두 개의 벡터 $\mathbf{v}, \mathbf{w}$ 를 이용하여

$$t_1\mathbf{v} + t_2\mathbf{w}$$

와 같이 표현하였다. 또한 앞 절에서 3차원 좌표공간 $\mathbb{R}^3$ 의 임의의 벡터 $\mathbf{a} = (a_1, a_2, a_3)$ 은 세 개의 표준단위벡터 $\mathbf{i}, \mathbf{j}, \mathbf{k}$ 를 이용하여 다음과 같이 표현할 수 있음을 배웠다.

$$\mathbf{a} = a_1\mathbf{i} + a_2\mathbf{j} + a_3\mathbf{k}.$$

이와 같은 사실을 일반화하여 k 차원 공간은 k 개의 벡터

$$\mathbf{v}_1, \quad \mathbf{v}_2, \quad \cdots, \quad \mathbf{v}_k$$

를 이용하여 표현할 수 있다.

정의 5.8.2 $\mathbb{R}^n$ 의 벡터 $\mathbf{v}_1, \mathbf{v}_2, \cdots, \mathbf{v}_k$ 와 실수 $t_1, t_2, \cdots, t_k$ 에 대하여 벡터

$$t_1\mathbf{v}_1 + t_2\mathbf{v}_2 + \cdots + t_k\mathbf{v}_k$$

를 $\mathbf{v}_1, \mathbf{v}_2, \cdots, \mathbf{v}_k$ 의 일차결합이라고 부른다.

예를 들면 $\mathbb{R}^3$ 에서 벡터 $\mathbf{a} = (1, 5, 0)$ 는 세 벡터 $\mathbf{u} = (1, 2, 3)$, $\mathbf{v} = (1, 3, 2)$, $\mathbf{w} = (-1, 0, -5)$ 의 일차결합으로 다음과 같이 표현된다.

$$\mathbf{a} = (1, 5, 0) = (1, 2, 3) + (1, 3, 2) + (-1, 0, -5) = \mathbf{u} + \mathbf{v} + \mathbf{w}.$$

또한 다른 표현으로

$$\mathbf{a} = (1, 5, 0) = 4(1, 2, 3) - (1, 3, 2) + 2(-1, 0, -5) = 4\mathbf{u} - \mathbf{v} + 2\mathbf{w}$$

도 가능하다.

일반적으로 일차결합의 표현이 유일하지 않음을 알 수 있는데 일차결합의 표현의 유일성을 보장해 주는 개념이 바로 일차독립이다.

정의 5.8.3 $\mathbb{R}^n$ 의 벡터 $\mathbf{v}_1, \mathbf{v}_2, \cdots, \mathbf{v}_k$ 가

$$t_1\mathbf{v}_1 + t_2\mathbf{v}_2 + \cdots + t_k\mathbf{v}_k = \mathbf{0} \quad \Longleftrightarrow \quad t_1 = t_2 = \cdots = t_k = 0$$

을 만족할 때 벡터 $\mathbf{v}_1, \mathbf{v}_2, \cdots, \mathbf{v}_k$ 를 일차독립이라고 하고, 일차독립이 아니면 일차종속이라고 한다.

특히 두 벡터가 일차종속일 필요충분조건은 두 벡터가 평행한 것이다.

예제 5.8.4 일차독립인 벡터 $\mathbf{v}_1, \mathbf{v}_2, \cdots, \mathbf{v}_k$ 의 일차결합의 표현은 유일함을 보이시오.

풀이 실수 $t_1, t_2, \cdots, t_k, s_1, s_2, \cdots, s_k$ 에 대하여

$$t_1\mathbf{v}_1 + t_2\mathbf{v}_2 + \cdots + t_k\mathbf{v}_k = s_1\mathbf{v}_1 + s_2\mathbf{v}_2 + \cdots + s_k\mathbf{v}_k$$

라고 하자. 그러면

$$(t_1 - s_1)\mathbf{v}_1 + (t_2 - s_2)\mathbf{v}_2 + \cdots + (t_k - s_k)\mathbf{v}_k = \mathbf{0}$$

이고 벡터 $\mathbf{v}_1, \mathbf{v}_2, \cdots, \mathbf{v}_k$ 는 일차독립이므로

$$t_i = s_i \quad (i = 1, 2, \cdots, k)$$

를 얻는다. 따라서 벡터 $\mathbf{v}_1, \mathbf{v}_2, \cdots, \mathbf{v}_k$ 의 일차결합의 표현은 유일하다. □

예제 5.8.5 다음 벡터들이 일차독립인지 아닌지 판정하시오.

(1) $\mathbf{a} = (2, 3)$, $\mathbf{b} = (3, 5)$

(2) $\mathbf{a} = (2, 3)$, $\mathbf{b} = (3, 5)$, $\mathbf{c} = (p, q) \quad (p, q \in \mathbb{R})$

(3) $\mathbf{a} = (4, 3, 8)$, $\mathbf{b} = (9, 5, 1)$, $\mathbf{c} = (2, 7, 6)$

풀이 (1) 주어진 두 벡터가 평행하지 않으므로 일차독립이다.

(2) 방정식

$$x\mathbf{a} + y\mathbf{b} + z\mathbf{c} = (2x + 3y + pz, 3x + 5y + qz) = (0, 0)$$

의 해를 구하기 위해 z를 상수 취급하여 다음 연립방정식

$$\begin{cases} 2x + 3y = -pz \\ 3x + 5y = -qz \end{cases}$$

의 해를 구하면 $x = (3q - 5p)z$, $y = (3p - 2q)z$ 이다. 즉

$$x\mathbf{a} + y\mathbf{b} + z\mathbf{c} = \mathbf{0} \quad \Longleftrightarrow \quad (x, y, z) = z(3q - 5p, 3p - 2q, 1) \quad (z \in \mathbb{R})$$

이므로 무수히 많은 해를 가진다. 따라서 $\mathbf{a}, \mathbf{b}, \mathbf{c}$는 일차종속이다.

(3) 방정식

$$x\mathbf{a} + y\mathbf{b} + z\mathbf{c} = (4x + 9y + 2z, 3x + 5y + 7z, 8x + y + 6z) = (0, 0, 0)$$

$$\Longleftrightarrow \quad \begin{cases} 4x + 9y + 2z = 0 \\ 3x + 5y + 7z = 0 \\ 8x + y + 6z = 0 \end{cases}$$

의 해를 구하면 $x = 0$, $y = 0$, $z = 0$ 이다. 따라서 $\mathbf{a}, \mathbf{b}, \mathbf{c}$는 일차독립이다. □

수학의 한 분야인 대수학에서는 주어진 집합의 대수적 구조를 연구할 때, 그 집합과 동일한 구조를 가진 부분집합에 관심이 있다. 합과 상수곱이 정의된 벡터공간은 이러한 대수적 구조를 가진 집합 중 하나이다.

정의 5.8.6 벡터공간 V 의 공집합이 아닌 부분집합 W 가

(i) $\mathbf{v}, \mathbf{w} \in W \quad \Longrightarrow \quad \mathbf{v} + \mathbf{w} \in W$

(ii) $\mathbf{v} \in W, \quad c \in \mathbb{R} \quad \Longrightarrow \quad c\mathbf{v} \in W$

를 만족하면, W 를 V 의 부분공간이라고 부른다.

예제 5.8.7 $\mathbb{R}^3$ 에서 원점을 지나는 직선과 평면은 $\mathbb{R}^3$ 의 부분공간임을 보이시오.

풀이 원점을 지나는 직선의 방향벡터를 $\mathbf{v}$, 원점을 지나는 평면에 수직인 벡터를 $\mathbf{n}$ 이라 하자. 그러면 직선과 평면은 각각 다음과 같다.

$$W_l = \{t\mathbf{v} \in \mathbb{R}^3 \mid t \in \mathbb{R}\}, \quad W_p = \{\mathbf{x} \in \mathbb{R}^3 \mid \mathbf{n} \cdot \mathbf{x} = 0\}.$$

이때

$$\begin{aligned} \mathbf{w}_1,\ \mathbf{w}_2 \in W_l \quad &\Longrightarrow \quad \exists\ t_1, t_2 \in \mathbb{R} \ \text{ s.t. } \ \mathbf{w}_1 = t_1\mathbf{v},\ \mathbf{w}_2 = t_2\mathbf{v} \\ &\Longrightarrow \quad \mathbf{w}_1 + \mathbf{w}_2 = (t_1 + t_2)\mathbf{v} \in W_l \end{aligned}$$

이고

$$\begin{aligned} \mathbf{w} \in W_l,\ c \in \mathbb{R} \quad &\Longrightarrow \quad \exists\ t \in \mathbb{R} \ \text{ s.t. } \ \mathbf{w} = t\mathbf{v} \\ &\Longrightarrow \quad c\mathbf{w} = c(t\mathbf{v}) = ct\mathbf{v} \in W_l \end{aligned}$$

이므로 직선 W_l 은 $\mathbb{R}^3$ 의 부분공간이다. 또한

$$\begin{aligned} \mathbf{w}_1,\ \mathbf{w}_2 \in W_p \quad &\Longrightarrow \quad \mathbf{n} \cdot \mathbf{w}_1 = 0,\ \mathbf{n} \cdot \mathbf{w}_2 = 0 \\ &\Longrightarrow \quad \mathbf{n} \cdot (\mathbf{w}_1 + \mathbf{w}_2) = \mathbf{n} \cdot \mathbf{w}_1 + \mathbf{n} \cdot \mathbf{w}_2 = 0 \\ &\Longrightarrow \quad \mathbf{w}_1 + \mathbf{w}_2 \in W_p \end{aligned}$$

이고

$$\begin{aligned} \mathbf{w} \in W_p,\ c \in \mathbb{R} \quad &\Longrightarrow \quad \mathbf{n} \cdot \mathbf{w} = 0 \\ &\Longrightarrow \quad \mathbf{n} \cdot (c\mathbf{w}) = c(\mathbf{n} \cdot \mathbf{w}) = 0 \\ &\Longrightarrow \quad c\mathbf{w} \in W_p \end{aligned}$$

이므로 평면 W_p 는 $\mathbb{R}^3$ 의 부분공간이다. □

정의 5.8.8 $\mathbb{R}^n$ 의 벡터 $\mathbf{v}_1, \mathbf{v}_2, \cdots, \mathbf{v}_k$ 와 부분공간 W 가

(i) $W = \{t_1\mathbf{v}_1 + t_2\mathbf{v}_2 + \cdots + t_k\mathbf{v}_k \mid t_1, t_2, \cdots, t_k \in \mathbb{R}\}$

(ii) $\mathbf{v}_1, \mathbf{v}_2, \cdots, \mathbf{v}_k$ 는 일차독립

을 만족하면, $\{\mathbf{v}_1, \mathbf{v}_2, \cdots, \mathbf{v}_k\}$ 를 W 의 기저라고 부른다.

즉 기저가 주어진 부분공간 W 의 임의의 벡터는 기저의 일차결합으로 유일하게 표현할 수 있다.

예제 5.8.9 $\mathscr{B}_1 = \{\mathbf{e}_1, \mathbf{e}_2\}$ 와 $\mathscr{B}_2 = \{(1,0), (1,1)\}$ 이 $\mathbb{R}^2$ 의 기저임을 보이시오.

풀이 $\mathbb{R}^2$ 의 임의의 벡터 $\mathbf{a} = (a_1, a_2)$ 에 대하여

$$\mathbf{a} = a_1\mathbf{e}_1 + a_2\mathbf{e}_2$$

이고 $\mathbf{e}_1, \mathbf{e}_2$ 는 일차독립이므로 $\mathscr{B}_1$ 은 $\mathbb{R}^2$ 의 기저이다. 또한

$$\mathbf{a} = (a_1 - a_2)(1,0) + a_2(1,1)$$

이고 $(1,0), (1,1)$ 은 일차독립이므로 $\mathscr{B}_2$ 는 $\mathbb{R}^2$ 의 기저이다. □

예제 5.8.10 $\mathbb{R}^5$ 의 부분공간

$$W = \{(x_1, x_2, x_3, x_4, x_5) \in \mathbb{R}^5 \mid x_1 - 2x_3 - 3x_5 = 0,\ x_2 = 5x_4\}$$

의 기저를 하나 구하시오.

풀이 임의의 $\mathbf{v} = (x_1, x_2, x_3, x_4, x_5) \in W$ 에 대하여

$$x_3 = r, \quad x_4 = s, \quad x_5 = t \qquad (r, s, t \in \mathbb{R})$$

라 두면

$$\begin{aligned}\mathbf{v} &= (x_1, x_2, x_3, x_4, x_5) = (2r+3t, 5s, r, s, t)\\ &= r(2,0,1,0,0) + s(0,5,0,1,0) + t(3,0,0,0,1)\end{aligned}$$

이고 $(2,0,1,0,0), (0,5,0,1,0), (3,0,0,0,1)$ 은 일차독립이므로

$$\mathscr{B} = \{(2,0,1,0,0), (0,5,0,1,0), (3,0,0,0,1)\}$$

은 W 의 기저이다. □

기저는 좌표공간뿐만 아니라 임의의 벡터공간에서도 생각할 수 있다. 벡터공간 V 의 부분집합 $\mathscr{B}$ 에 대하여 임의의 공집합이 아닌 유한 집합 $S \subset \mathscr{B}$ 의 벡터가 일차독립이면 $\mathscr{B}$ 를 일차독립이라고 한다. V 의 임의의 원소가 $\mathscr{B}$ 의 원소의 일차결합으로 표현되는 일차독립 집합 $\mathscr{B}$ 를 V 의 기저라고 한다.

예제 5.8.11 영이 아닌 실수 α 와 열린구간 $I = (a, b)$ 에 대하여 함수공간

$$V = \{f \in C^2(I) \cap C(\overline{I}) \mid f''(x) - \alpha^2 f(x) = 0\}$$

에 합과 상수곱을

$$(f+g)(x) = f(x) + g(x), \quad (cf)(x) = cf(x)$$

로 정의할 때, 다음에 답하시오. (단, $\overline{I}$ 는 닫힌구간 $[a, b]$ 이다.)

(1) V 가 벡터공간임을 보이시오.

(2) 미분방정식

$$\begin{cases} y'' - \alpha^2 y = 0 \\ y(a) = p \\ y(b) = q \end{cases}$$

의 해는 유일함을 보이시오. (단, p, q 는 실수이다.)

(3) V 의 기저를 하나 구하시오.

풀이 (1) V 는 벡터공간 $\mathcal{F}(\overline{I},\mathbb{R}) = \{f : \overline{I} \to \mathbb{R} \mid f(x)\text{는 함수}\}$ 의 부분집합이므로 $\mathcal{F}(\overline{I},\mathbb{R})$ 의 부분공간임을 보이면 충분하다.

$$\begin{aligned} f,\ g \in V \quad &\Longrightarrow \quad f''(x) - \alpha^2 f(x) = 0, \quad g''(x) - \alpha^2 g(x) = 0 \\ &\Longrightarrow \quad \big(f(x)+g(x)\big)'' - \alpha^2\big(f(x)+g(x)\big) = 0 \\ &\Longrightarrow \quad f+g \in V \end{aligned}$$

이고

$$\begin{aligned} f \in V,\ c \in \mathbb{R} \quad &\Longrightarrow \quad f''(x) - \alpha^2 f(x) = 0 \\ &\Longrightarrow \quad \big(cf(x)\big)'' - \alpha^2\big(cf(x)\big) = 0 \\ &\Longrightarrow \quad cf \in V \end{aligned}$$

이므로 V 는 $\mathcal{F}(\overline{I},\mathbb{R})$ 의 부분공간이다.

(2) $f_1(x)$ 와 $f_2(x)$ 를 주어진 미분방정식의 해라 하자. $f(x) = f_1(x) - f_2(x)$ 라 두면 $f(x)$ 는 다음 미분방정식의 해이다.

$$\begin{cases} f''(x) - \alpha^2 f(x) = 0 \\ f(a) = 0 \\ f(b) = 0 \end{cases}$$

부분적분법에 의해

$$\int_a^b \big(f'(x)\big)^2\,dx = \Big[f'(x)f(x)\Big]_a^b - \int_a^b f''(x)f(x)\,dx = -\alpha^2\int_a^b \big(f(x)\big)^2\,dx$$

이고

$$\int_a^b \big(f'(x)\big)^2\,dx \ge 0, \qquad \int_a^b \big(f(x)\big)^2\,dx \ge 0$$

이므로

$$\int_a^b \big(f(x)\big)^2\,dx = 0$$

이다. 따라서

$$f(x) = 0 \quad (a \le x \le b) \qquad \Longleftrightarrow \qquad f_1(x) = f_2(x) \quad (a \le x \le b)$$

를 얻는다.

(3) 임의의 $f \in V$ 에 대하여

$$g(x) = f(x) - \frac{e^{-\alpha b}f(a) - e^{-\alpha a}f(b)}{e^{\alpha(a-b)} - e^{\alpha(b-a)}}e^{\alpha x} - \frac{e^{\alpha a}f(b) - e^{\alpha b}f(a)}{e^{\alpha(a-b)} - e^{\alpha(b-a)}}e^{-\alpha x}$$

라 두면 $g \in V$ 이고 $g(a) = 0 = g(b)$ 이므로 (2)의 결과에 의해

$$f(x) = \frac{e^{-\alpha b}f(a) - e^{-\alpha a}f(b)}{e^{\alpha(a-b)} - e^{\alpha(b-a)}}e^{\alpha x} + \frac{e^{\alpha a}f(b) - e^{\alpha b}f(a)}{e^{\alpha(a-b)} - e^{\alpha(b-a)}}e^{-\alpha x} \quad (a \le x \le b)$$

를 얻는다. 한편

$$c_1 e^{\alpha x} + c_2 e^{-\alpha x} = 0 \quad (a \le x \le b) \qquad \Longleftrightarrow \qquad c_1 = 0, \quad c_2 = 0$$

이므로 $e^{\alpha x}, e^{-\alpha x}$ 는 일차독립이고 따라서

$$\mathscr{B} = \{e^{\alpha x}, e^{-\alpha x}\}$$

는 V 의 기저이다. □

벡터공간의 차원은 기저의 원소 개수와 관련 있음을 알 수 있는데 주어진 벡터공간의 기저를 선택하는 방법은 무수히 많으므로, 차원을 정의하려면 다음 정리가 필요하다.

정리 5.8.12 $\mathbb{R}^n$ 의 부분공간 W 가 기저 $\{\mathbf{v}_1, \mathbf{v}_2, \cdots, \mathbf{v}_k\}$ 와 $\{\mathbf{w}_1, \mathbf{w}_2, \cdots, \mathbf{w}_l\}$ 을 가지면 $k = l$ 이다.

이제 기저를 이용하여 다음과 같이 차원을 정의한다.

정의 5.8.13 $\mathbb{R}^n$ 의 부분공간 W 의 기저의 원소 개수를 W 의 차원이라고 부른다.

예제 5.8.14 $\mathbb{R}^3$ 의 두 벡터 $\mathbf{v} = (1, 1, 1)$, $\mathbf{w} = (2, 3, 0)$ 에 대하여 직선

$$L = \{t\mathbf{v} : t \in \mathbb{R}\}$$

과 평면

$$P = \{t_1\mathbf{v} + t_2\mathbf{w} : t_1, t_2 \in \mathbb{R}\}$$

의 차원을 구하시오.

풀이 직선

$$L = \{t\mathbf{v} : t \in \mathbb{R}\}$$

의 기저는 $\{\mathbf{v}\}$ 이므로 직선 L 의 차원은 1 이다. 또한 평면

$$P = \{t_1\mathbf{v} + t_2\mathbf{w} : t_1, t_2 \in \mathbb{R}\}$$

의 기저는 $\{\mathbf{v}, \mathbf{w}\}$ 이므로 평면 P 의 차원은 2 이다. □

정리 5.8.15 $\mathbb{R}^n$ 의 벡터 $\mathbf{v}_1, \mathbf{v}_2, \cdots, \mathbf{v}_n$ 이 일차독립이면, $\{\mathbf{v}_1, \mathbf{v}_2, \cdots, \mathbf{v}_n\}$ 은 $\mathbb{R}^n$ 의 기저이다.

예제 5.8.16 $\mathscr{B} = \{(0,1,1), (1,0,1), (1,1,0)\}$ 가 $\mathbb{R}^3$ 의 기저임을 보이시오.

풀이 방정식

$$x(0,1,1) + y(1,0,1) + z(1,1,0) = (y+z, x+z, x+y) = (0,0,0)$$

$$\iff \quad \begin{cases} y + z = 0 \\ x + z = 0 \\ x + y = 0 \end{cases}$$

의 해를 구하면

$$x = 0, \quad y = 0, \quad z = 0$$

이므로 $(0,1,1), (1,0,1), (1,1,0)$ 은 일차독립이고 따라서 $\mathscr{B}$ 는 $\mathbb{R}^3$ 의 기저이다. □

n 차원 벡터공간 V 의 기저 $\mathscr{B} = \{\mathbf{v}_1, \mathbf{v}_2, \cdots, \mathbf{v}_n\}$ 에 대하여 임의의 벡터 $\mathbf{v} \in V$ 는 벡터 $\mathbf{v}_1, \mathbf{v}_2, \cdots, \mathbf{v}_n$ 의 일차결합

$$\mathbf{v} = a_1\mathbf{v}_1 + a_2\mathbf{v}_2 + \cdots + a_n\mathbf{v}_n$$

으로 유일하게 표현된다. 이때 벡터 $(a_1, a_2, \cdots, a_n) \in \mathbb{R}^n$ 을 기저 $\mathscr{B}$ 에 대한 $\mathbf{v}$ 의 좌표라고 부르고 기호로

$$[\mathbf{v}]_{\mathscr{B}} = (a_1, a_2, \cdots, a_n)$$

으로 표기한다. 예를 들면 예제 5.8.9 의 벡터 $\mathbf{a}$ 와 기저 $\mathscr{B}_2$ 에 대하여

$$[\mathbf{a}]_{\mathscr{B}_2} = (a_1 - a_2, a_2)$$

이고, 예제 5.8.10 의 벡터 $\mathbf{v}$ 와 기저 $\mathscr{B}$ 에 대하여

$$[\mathbf{v}]_{\mathscr{B}} = (x_3, x_4, x_5)$$

임을 안다.

예제 5.8.17 $\mathbb{R}^3$ 의 기저 $\mathscr{B} = \{(0,1,1),(1,0,1),(1,1,0)\}$ 에 대한 벡터 $\mathbf{v} = (a,b,c) \in \mathbb{R}^3$ 의 좌표를 구하시오.

풀이 $[\mathbf{v}]_{\mathscr{B}} = (x,y,z)$ 라 하자. 방정식

$$\begin{aligned}(a,b,c) = x(0,1,1) + y(1,0,1) + z(1,1,0) &= (y+z, x+z, x+y) \\ \iff \quad &\begin{cases} y+z=a \\ x+z=b \\ x+y=c \end{cases}\end{aligned}$$

의 해를 구하면

$$x = \frac{1}{2}(-a+b+c), \quad y = \frac{1}{2}(a-b+c), \quad z = \frac{1}{2}(a+b-c)$$

이므로

$$[\mathbf{v}]_{\mathscr{B}} = \frac{1}{2}(-a+b+c, a-b+c, a+b-c)$$

이다. □

제 6 장

행렬과 선형사상

6.1 행렬

행렬이란 수 또는 식을 직사각형 모양으로 배열한 것이다. 모든 $i = 1, 2, \cdots, m$ 과 $j = 1, 2, \cdots, n$ 에 대하여 $a_{ij} \in \mathbb{R}$ 일 때,

$$A = \begin{pmatrix} a_{11} & a_{12} & \cdots & a_{1n} \\ a_{21} & a_{22} & \cdots & a_{2n} \\ \vdots & \vdots & \ddots & \vdots \\ a_{m1} & a_{m2} & \cdots & a_{mn} \end{pmatrix}$$

과 같이 $m \times n$ 개의 수를 직사각형 모양으로 배열한 것을 $m \times n$ 행렬이라고 부르고, 기호로

$$A = (a_{ij})$$

로 표기한다. 이때 각 $i = 1, 2, \cdots, m$ 에 대하여

$$(a_{i1} \; a_{i2} \; \cdots \; a_{in})$$

을 행렬 A 의 i 번째 행 또는 행벡터라고 하고 각 $j = 1, 2, \cdots, n$ 에 대하여

$$\begin{pmatrix} a_{1j} \\ a_{2j} \\ \vdots \\ a_{mj} \end{pmatrix}$$

를 행렬 A의 j번째 열 또는 열벡터라고 한다. 또한 i번째 행과 j번째 열의 공통부분인 a_{ij}를 행렬 A의 (i,j)항이라고 부른다.

6.1.1 행렬의 연산

같은 크기의 두 행렬 $A=(a_{ij})$, $B=(b_{ij})$와 실수 c에 대하여 행렬 A와 행렬 B의 합을

$$A+B=(a_{ij}+b_{ij})$$

로 정의하고, 행렬 A와 상수 c의 곱을

$$cA=(ca_{ij})$$

로 정의한다. 예를 들면

$$\begin{pmatrix}8 & 2 & 1\\ 1 & 8 & -7\end{pmatrix}+\begin{pmatrix}0 & -4 & 9\\ 1 & 8 & 0\end{pmatrix}=\begin{pmatrix}8 & -2 & 10\\ 2 & 16 & -7\end{pmatrix},\quad 7\begin{pmatrix}1 & 8\\ 4 & -2\\ -3 & 5\end{pmatrix}=\begin{pmatrix}7 & 56\\ 28 & -14\\ -21 & 35\end{pmatrix}$$

이다. 또한 $m\times n$행렬 A와 $n\times l$행렬 B의 곱을

$$AB=\left(\sum_{k=1}^{n}a_{ik}b_{kj}\right)$$

로 정의한다. 예를 들면

$$\begin{pmatrix}1 & 0 & 2\\ -1 & 3 & 1\end{pmatrix}\begin{pmatrix}3 & -1 & 0 & 5\\ 2 & 1 & -1 & 3\\ 1 & 0 & 4 & -2\end{pmatrix}=\begin{pmatrix}5 & -1 & 8 & 1\\ 4 & 2 & 1 & 2\end{pmatrix}$$

이다.

영행렬은 행렬의 모든 항이 0인 행렬을 뜻하며 기호로 O로 표기한다.

$$O=\begin{pmatrix}0 & \cdots & 0\\ \vdots & \ddots & \vdots\\ 0 & \cdots & 0\end{pmatrix}.$$

영행렬 O와 같은 크기를 가지는 행렬 A에 대하여 다음이 성립한다.

$$A + O = A = O + A.$$

즉 영행렬은 행렬의 덧셈에 대한 항등원이다.

명제 6.1.1 행렬 A, B, C와 실수 s, t에 대하여 행렬들의 크기가 연산이 가능하도록 주어져 있으면 다음이 성립한다.

(i) $A + B = B + A$

(ii) $(A + B) + C = A + (B + C)$

(iii) $s(A + B) = sA + sB$

(iv) $(s + t)A = sA + tA$

(v) $(st)A = s(tA)$

(vi) $(AB)C = A(BC)$

(vii) $(A + B)C = AC + BC, \quad A(B + C) = AB + AC$

(viii) $(rA)B = r(AB) = A(rB)$

행렬의 집합 $\mathfrak{M}_{m,n}(\mathbb{R}) = \{A = (a_{ij}) \mid A$는 $m \times n$ 행렬, $a_{ij} \in \mathbb{R}\}$은 행렬의 덧셈과 상수배에 대하여 닫혀 있으며, 집합 $\mathfrak{M}_{m,n}(\mathbb{R})$은 덧셈에 대한 항등원과 역원이 존재하므로 명제 6.1.1 에 의해 벡터공간임을 안다.

6.1.2 전치행렬

$m \times n$ 행렬 $A = (a_{ij}) = \begin{pmatrix} a_{11} & a_{12} & \cdots & a_{1n} \\ a_{21} & a_{22} & \cdots & a_{2n} \\ \vdots & \vdots & \ddots & \vdots \\ a_{m1} & a_{m2} & \cdots & a_{mn} \end{pmatrix}$에 대하여 $n \times m$ 행렬

$$A^t = (a_{ji}) = \begin{pmatrix} a_{11} & a_{21} & \cdots & a_{m1} \\ a_{12} & a_{22} & \cdots & a_{m2} \\ \vdots & \vdots & \ddots & \vdots \\ a_{1n} & a_{2n} & \cdots & a_{mn} \end{pmatrix}$$

을 A의 전치행렬이라고 부른다. 예를 들면

$$\begin{pmatrix} 2 & -5 & 7 \\ -1 & 3 & 4 \end{pmatrix}^t = \begin{pmatrix} 2 & -1 \\ -5 & 3 \\ 7 & 4 \end{pmatrix}$$

이다.

명제 6.1.2 $m \times n$ 행렬 A, B와 $n \times l$ 행렬 C 그리고 실수 c에 대하여 다음이 성립한다.

(i) $(A+B)^t = A^t + B^t$

(ii) $(cA)^t = cA^t$

(iii) $(A^t)^t = A$

(iv) $(AC)^t = C^t A^t$

6.1.3 정사각행렬

대각선 항들이 모두 1이고 나머지 항이 0인 $n \times n$ 행렬을 n차 단위행렬 또는 항등행렬이라고 부르고 기호로 I_n으로 표기한다.

$$I_n = \begin{pmatrix} 1 & 0 & \cdots & 0 \\ 0 & 1 & \cdots & 0 \\ \vdots & \vdots & \ddots & \vdots \\ 0 & 0 & \cdots & 1 \end{pmatrix}.$$

$m \times n$ 행렬 A에 대하여 단위행렬은 다음과 같은 성질을 가진다.

$$AI_n = A = I_m A.$$

즉 단위행렬은 행렬의 곱셈에 대한 항등원이다.

$n \times n$ 행렬을 n차 정사각행렬 또는 정방행렬이라고 부른다. 정사각행렬은 거듭제곱이 가능하며 다음과 같은 표기법을 사용한다.

$$A^0 = I_n, \quad A^1 = A, \quad A^2 = AA, \quad A^3 = AA^2, \quad \cdots, \quad A^{n+1} = AA^n, \quad \cdots.$$

예제 6.1.3 (2차 정사각행렬에 대한 케일리-해밀턴 정리) 2차 정사각행렬

$$A = \begin{pmatrix} a & b \\ c & d \end{pmatrix}$$

에 대하여

$$A^2 - (a+d)A + (ad-bc)I_2 = O$$

임을 보이시오.

풀이 주어진 식의 좌변에 행렬

$$A = \begin{pmatrix} a & b \\ c & d \end{pmatrix}$$

를 대입하여 계산한 결과가 영행렬임을 확인해 본다.

$$\begin{aligned} & A^2 - (a+d)A + (ad-bc)I_2 \\ &= \begin{pmatrix} a & b \\ c & d \end{pmatrix}^2 - (a+d)\begin{pmatrix} a & b \\ c & d \end{pmatrix} + (ad-bc)\begin{pmatrix} 1 & 0 \\ 0 & 1 \end{pmatrix} \\ &= \begin{pmatrix} a^2+bc & ab+bd \\ ac+cd & d^2+bc \end{pmatrix} - \begin{pmatrix} a^2+ad & ab+bd \\ ac+cd & ad+d^2 \end{pmatrix} + \begin{pmatrix} ad-bc & 0 \\ 0 & ad-bc \end{pmatrix} \\ &= O. \end{aligned}$$

□

행렬의 곱은 실수의 곱과 비슷한 성질을 가지지만, 교환법칙이 항상 성립하지 않는다. 예를 들면 행렬 2차 정사각행렬

$$A = \begin{pmatrix} 3 & -1 \\ -4 & 2 \end{pmatrix}, \quad B = \begin{pmatrix} -2 & 3 \\ 1 & 0 \end{pmatrix}$$

에 대하여

$$\begin{aligned} AB &= \begin{pmatrix} 3 & -1 \\ -4 & 2 \end{pmatrix}\begin{pmatrix} -2 & 3 \\ 1 & 0 \end{pmatrix} = \begin{pmatrix} -7 & 9 \\ 10 & -12 \end{pmatrix}, \\ BA &= \begin{pmatrix} -2 & 3 \\ 1 & 0 \end{pmatrix}\begin{pmatrix} 3 & -1 \\ -4 & 2 \end{pmatrix} = \begin{pmatrix} -18 & 8 \\ 3 & -1 \end{pmatrix} \end{aligned}$$

이므로 $AB \neq BA$ 이다. 하지만 특수한 조건을 만족하는 경우에는 교환법칙이 성립한다. 예를 들면 n 차 정사각행렬 A, B 에 대하여 다음이 성립한다.

$$A + B = AB \implies AB = BA$$

예제 6.1.4 n 차 정사각행렬 A, B 에 대하여 다음을 보이시오.

(1) 열벡터 $\mathbf{v}_1, \mathbf{v}_2, \cdots, \mathbf{v}_n$ 이 일차독립이고, $A\mathbf{v}_k = \mathbf{v}_k \, (k = 1, 2, \cdots, n)$ 이면, $A = I_n$ 이다.

(2) $AB = I_n$ 이면, $BA = I_n$ 이다.

(3) $A + B = AB$ 이면, $AB = BA$ 이다.

풀이 (1) 열벡터 $\mathbf{v}_1, \mathbf{v}_2, \cdots, \mathbf{v}_n$ 이 일차독립이므로 정리 5.8.15 에 의해 이들은 $\mathbb{R}^n$ 의 기저이다. 따라서 $\mathbb{R}^n$ 의 표준단위벡터 $\mathbf{e}_1, \mathbf{e}_2, \cdots, \mathbf{e}_n$ 을 열벡터로 간주하면,

$$\mathbf{e}_k = c_{k1}\mathbf{v}_1 + c_{k2}\mathbf{v}_2 + \cdots + c_{kn}\mathbf{v}_n \quad (k = 1, 2, \cdots, n)$$

인 실수 c_{ij} $(i, j = 1, 2, \cdots, n)$ 가 존재한다. 행렬 A 의 각 열벡터를 $\mathbf{a}_1, \mathbf{a}_2, \cdots, \mathbf{a}_n$ 이라 두면, 각 $k = 1, 2, \cdots, n$ 에 대하여

$$\begin{aligned}
\mathbf{a}_k &= A\mathbf{e}_k \\
&= A(c_{k1}\mathbf{v}_1 + c_{k2}\mathbf{v}_2 + \cdots + c_{kn}\mathbf{v}_n) \\
&= c_{k1}A\mathbf{v}_1 + c_{k2}A\mathbf{v}_2 + \cdots + c_{kn}A\mathbf{v}_n \\
&= c_{k1}\mathbf{v}_1 + c_{k2}\mathbf{v}_2 + \cdots + c_{kn}\mathbf{v}_n \\
&= \mathbf{e}_k
\end{aligned}$$

이므로 $A = I_n$ 이다.

(2) 행렬 B 의 각 열벡터를 $\mathbf{b}_1, \mathbf{b}_2, \cdots, \mathbf{b}_n$ 이라 두면, $AB = I_n$ 이므로

$$A\mathbf{b}_k = \mathbf{e}_k \quad (k = 1, 2, \cdots, n)$$

이다. 만일 실수 $t_1, t_2, \cdots, t_n$ 에 대하여

$$t_1\mathbf{b}_1 + t_2\mathbf{b}_2 + \cdots + t_n\mathbf{b}_n = \mathbf{0}$$

이면

$$\begin{aligned} t_1\mathbf{e}_1 + t_2\mathbf{e}_2 + \cdots + t_n\mathbf{e}_n &= t_1A\mathbf{b}_1 + t_2A\mathbf{b}_2 + \cdots + t_nA\mathbf{b}_n \\ &= A(t_1\mathbf{b}_1 + t_2\mathbf{b}_2 + \cdots + t_n\mathbf{b}_n) \\ &= A\mathbf{0} = \mathbf{0} \end{aligned}$$

이고, $\mathbf{e}_1, \mathbf{e}_2, \cdots, \mathbf{e}_n$ 은 일차독립이므로

$$t_1 = t_2 = \cdots = t_n = 0$$

이다. 따라서 벡터 $\mathbf{b}_1, \mathbf{b}_2, \cdots, \mathbf{b}_n$ 은 일차독립이다. 한편 각 $k = 1, 2, \cdots, n$ 에 대하여

$$(BA)\mathbf{b}_k = B(A\mathbf{b}_k) = B\mathbf{e}_k = \mathbf{b}_k$$

이므로 (1)의 결과로부터 $BA = I_n$ 을 얻는다.

(3) $A + B = AB$ 이므로

$$(I_n - A)(I_n - B) = I_n - A - B + AB = I_n$$

이다. (2)의 결과로부터

$$(I_n - B)(I_n - A) = I_n$$

이므로

$$I_n - A - B + AB = (I_n - A)(I_n - B) = I_n = (I_n - B)(I_n - A) = I_n - A - B + BA$$

이고, 따라서

$$AB = BA$$

를 얻는다. □

예제 6.1.5 두 행렬

$$A = (a_{ij}) = \begin{pmatrix} a_{11} & 0 & \cdots & 0 \\ 0 & a_{22} & \cdots & 0 \\ \vdots & \vdots & \ddots & \vdots \\ 0 & 0 & \cdots & a_{nn} \end{pmatrix}, \quad B = (b_{ij}) = \begin{pmatrix} b_{11} & 0 & \cdots & 0 \\ 0 & b_{22} & \cdots & 0 \\ \vdots & \vdots & \ddots & \vdots \\ 0 & 0 & \cdots & b_{nn} \end{pmatrix}$$

에 대하여

$$AB = BA$$

임을 보이시오.

풀이 $i, j = 1, 2, \cdots, n$ 에 대하여

$$i \neq j \quad \Longrightarrow \quad a_{ij} = 0 = b_{ij}$$

이므로

$$(AB)_{ij} = \sum_{k=1}^{n} a_{ik}b_{kj} = a_{ii}b_{ij} = \begin{cases} a_{ii}b_{ii} & (i = j) \\ 0 & (i \neq j) \end{cases}$$

이고

$$(BA)_{ij} = \sum_{k=1}^{n} b_{ik}a_{kj} = b_{ii}a_{ij} = \begin{cases} b_{ii}a_{ii} & (i = j) \\ 0 & (i \neq j) \end{cases}$$

이다. 따라서

$$AB = \begin{pmatrix} a_{11}b_{11} & 0 & \cdots & 0 \\ 0 & a_{22}b_{22} & \cdots & 0 \\ \vdots & \vdots & \ddots & \vdots \\ 0 & 0 & \cdots & a_{nn}b_{nn} \end{pmatrix} = \begin{pmatrix} b_{11}a_{11} & 0 & \cdots & 0 \\ 0 & b_{22}a_{22} & \cdots & 0 \\ \vdots & \vdots & \ddots & \vdots \\ 0 & 0 & \cdots & b_{nn}a_{nn} \end{pmatrix} = BA$$

를 얻는다. □

정사각행렬의 대각성분을 제외한 모든 항이 영이면, 이 행렬을 대각행렬이라고 부른다. 앞으로 대각성분이 $d_1, d_2, \cdots, d_n$ 인 대각행렬은 기호로

$$\mathrm{diag}(d_1, d_2, \cdots, d_n) = \begin{pmatrix} d_1 & 0 & \cdots & 0 \\ 0 & d_2 & \cdots & 0 \\ \vdots & \vdots & \ddots & \vdots \\ 0 & 0 & \cdots & d_n \end{pmatrix}$$

으로 표기한다.

예제 6.1.6 행렬

$$A = \begin{pmatrix} 1 & 7 \\ -1 & 2 \end{pmatrix}, \quad B = \mathrm{diag}(1,2,3) = \begin{pmatrix} 1 & 0 & 0 \\ 0 & 2 & 0 \\ 0 & 0 & 3 \end{pmatrix}$$

에 대하여 다음을 구하시오.

(1) $A^5 - 6A^4 + 17A^3 - 22A^2 - 10A + 6I_2$ (2) B^n (단, n은 자연수)

풀이 (1) 케일리-해밀턴 정리에 의해

$$A^2 - 3A + 9I_2 = O$$

이므로

$$\begin{aligned} &A^5 - 6A^4 + 17A^3 - 22A^2 - 10A + 6I_2 \\ &= (A^2 - 3A + 9I_2)(A^3 - 3A^2 - A + 2I_2) + 5A - 12I_2 \\ &= \begin{pmatrix} 5 & 35 \\ -5 & 10 \end{pmatrix} - \begin{pmatrix} 12 & 0 \\ 0 & 12 \end{pmatrix} \\ &= \begin{pmatrix} -7 & 35 \\ -5 & -2 \end{pmatrix} \end{aligned}$$

이다.

(2) 모든 자연수 n에 대하여

$$B^n = \begin{pmatrix} 1 & 0 & 0 \\ 0 & 2^n & 0 \\ 0 & 0 & 3^n \end{pmatrix}$$

임을 보이자. $n = 1$일 때 성립함은 자명하다. 이제 $n = k$일 때 성립한다고 가정하면

$$B^{k+1} = BB^k = \begin{pmatrix} 1 & 0 & 0 \\ 0 & 2 & 0 \\ 0 & 0 & 3 \end{pmatrix} \begin{pmatrix} 1 & 0 & 0 \\ 0 & 2^k & 0 \\ 0 & 0 & 3^k \end{pmatrix} = \begin{pmatrix} 1 & 0 & 0 \\ 0 & 2^{k+1} & 0 \\ 0 & 0 & 3^{k+1} \end{pmatrix}$$

이므로 수학적 귀납법에 의해 모든 자연수 n에 대하여 성립한다. □

일반적으로 대각행렬

$$D = \operatorname{diag}(d_1, d_2, \cdots, d_n) = \begin{pmatrix} d_1 & 0 & \cdots & 0 \\ 0 & d_2 & \cdots & 0 \\ \vdots & \vdots & \ddots & \vdots \\ 0 & 0 & \cdots & d_n \end{pmatrix}$$

에 대하여

$$D^k = \operatorname{diag}(d_1^k, d_2^k, \cdots, d_n^k) = \begin{pmatrix} d_1^k & 0 & \cdots & 0 \\ 0 & d_2^k & \cdots & 0 \\ \vdots & \vdots & \ddots & \vdots \\ 0 & 0 & \cdots & d_n^k \end{pmatrix}$$

가 성립한다.

6.2 선형사상

상수항이 없는 일차함수 $L_a(x) = ax$ 는 임의의 실수 $x, y, c \in \mathbb{R}$ 에 대하여

$$L_a(x+y) = L_a(x) + L_a(y), \quad L_a(cx) = cL_a(x)$$

를 만족한다. 이때 함수 $L_a : \mathbb{R} \to \mathbb{R}$ 는 정의역과 공역의 차원을 높혀 사상 $L_A : \mathbb{R}^n \to \mathbb{R}^m$ 로 다음과 같이 일반화할 수 있다. $m \times n$ 행렬 $A = (a_{ij})$ 에 대하여 $\mathbb{R}^n$ 의 열벡터 $\mathbf{x} = (x_1 \ x_2 \ \cdots \ x_n)^t$ 를 $\mathbb{R}^m$ 의 열벡터 $L_A(\mathbf{x})$ 로 보내는 사상 $L_A : \mathbb{R}^n \to \mathbb{R}^m$ 를 다음과 같이 정의하자.

$$L_A(\mathbf{x}) = A\mathbf{x} = \begin{pmatrix} a_{11} & a_{12} & \cdots & a_{1n} \\ a_{21} & a_{22} & \cdots & a_{2n} \\ \vdots & \vdots & \ddots & \vdots \\ a_{m1} & a_{m2} & \cdots & a_{mn} \end{pmatrix} \begin{pmatrix} x_1 \\ x_2 \\ \vdots \\ x_n \end{pmatrix} = \begin{pmatrix} a_{11}x_1 + a_{12}x_2 + \cdots + a_{1n}x_n \\ a_{21}x_1 + a_{22}x_2 + \cdots + a_{2n}x_n \\ \vdots \\ a_{m1}x_1 + a_{m2}x_2 + \cdots + a_{mn}x_n \end{pmatrix}.$$

이때 열벡터 $L_A(\mathbf{x})$ 의 각 성분은 상수항이 없는 $x_1, x_2, \cdots, x_n$ 의 일차함수이다. 또한 사상 L_A 는 임의의 벡터 $\mathbf{x}, \mathbf{y}$ 와 실수 c 에 대하여

$$L_A(\mathbf{x}+\mathbf{y}) = L_A(\mathbf{x}) + L_A(\mathbf{y}), \quad L_A(c\mathbf{x}) = cL_A(\mathbf{x})$$

를 만족한다. 이러한 성질은 상수항이 없는 일차함수가 가지는 특성이며 선형성이라고 부른다. 여기서 선형이라는 단어는 일차식 정도로 이해하면 된다. 선형성은 함수뿐만 아니라 함수에 작용하는 연산자에서도 볼 수 있다. 예를 들면 미적분학에서 중요한 연산자인 미분과 적분도 선형성을 가지고 있다.

$$\frac{d}{dx}\big(f(x)+g(x)\big)=\frac{d}{dx}f(x)+\frac{d}{dx}g(x), \quad \frac{d}{dx}\big(cf(x)\big)=c\frac{d}{dx}f(x),$$

$$\int\big(f(x)+g(x)\big)\,dx=\int f(x)\,dx+\int g(x)\,dx, \quad \int\big(cf(x)\big)\,dx=c\int f(x)\,dx.$$

선형성은 수학에서 자주 등장하므로 수학적으로 명확하게 정의할 필요가 있다.

정의 6.2.1 사상 $L:\mathbb{R}^n\to\mathbb{R}^m$이 임의의 벡터 $\mathbf{x},\mathbf{y}\in\mathbb{R}^n$와 실수 c에 대하여

$$L(\mathbf{x}+\mathbf{y})=L(\mathbf{x})+L(\mathbf{y}), \quad L(c\mathbf{x})=cL(\mathbf{x})$$

를 만족하면 L을 선형사상이라고 부른다.

다음 절에서 선형대수학의 기본정리를 이해하면 선형사상은 본질적으로 L_A 꼴밖에 없음을 알게 된다. 선형사상 $L_A:\mathbb{R}^n\to\mathbb{R}^m$는 $\mathbb{R}^n$의 열벡터를 $\mathbb{R}^m$의 열벡터로 보내는 사상이므로 특별한 언급이 없는 한 선형사상을 다룰 때는 $\mathbb{R}^n$의 벡터는 열벡터로 간주한다.

예제 6.2.2 $\mathbb{R}^n$의 영벡터가 아닌 벡터 $\mathbf{v}$에 대한 정사영

$$p_{\mathbf{v}}:\mathbb{R}^n\to\mathbb{R}^n, \quad p_{\mathbf{v}}(\mathbf{x})=\frac{\mathbf{v}\cdot\mathbf{x}}{\mathbf{v}\cdot\mathbf{v}}\mathbf{v}$$

는 선형사상임을 보이시오.

풀이 임의의 벡터 $\mathbf{x},\mathbf{y}\in\mathbb{R}^n$와 실수 c에 대하여

$$\begin{aligned} p_{\mathbf{v}}(\mathbf{x}+\mathbf{y})&=\frac{\mathbf{v}\cdot(\mathbf{x}+\mathbf{y})}{\mathbf{v}\cdot\mathbf{v}}\mathbf{v}=\frac{\mathbf{v}\cdot\mathbf{x}}{\mathbf{v}\cdot\mathbf{v}}\mathbf{v}+\frac{\mathbf{v}\cdot\mathbf{y}}{\mathbf{v}\cdot\mathbf{v}}\mathbf{v}=p_{\mathbf{v}}(\mathbf{x})+p_{\mathbf{v}}(\mathbf{y}),\\ p_{\mathbf{v}}(c\mathbf{x})&=\frac{\mathbf{v}\cdot(c\mathbf{x})}{\mathbf{v}\cdot\mathbf{v}}\mathbf{v}=c\,\frac{\mathbf{v}\cdot\mathbf{x}}{\mathbf{v}\cdot\mathbf{v}}\mathbf{v}=cp_{\mathbf{v}}(\mathbf{x})\end{aligned}$$

이므로 $p_{\mathbf{v}}$는 선형사상이다. □

벡터공간 V와 W의 거리함수가 각각 $d_V : V \times V \to [0,\infty)$와 $d_W : W \times W \to [0,\infty)$로 주어져 있을 때, 선형사상 $L : V \to W$이 벡터 $\mathbf{a} \in V$에 대하여

$$\lim_{d_V(\mathbf{x},\mathbf{a})\to 0} d_W\big(L(\mathbf{x}), L(\mathbf{a})\big) = 0$$

이면 L을 $\mathbf{a}$에서 연속이라고 한다.

> **정리 6.2.3** 벡터공간 V 위의 거리함수 $d_V : V \times V \to [0,\infty)$와 벡터공간 W 위의 거리함수 $d_W : W \times W \to [0,\infty)$가
>
> $$d_V(\mathbf{x}+\mathbf{z}, \mathbf{y}+\mathbf{z}) = d_V(\mathbf{x},\mathbf{y}) \quad (\mathbf{x},\mathbf{y},\mathbf{z} \in V),$$
> $$d_W(\mathbf{u}+\mathbf{w}, \mathbf{v}+\mathbf{w}) = d_W(\mathbf{u},\mathbf{v}) \quad (\mathbf{u},\mathbf{v},\mathbf{w} \in W)$$
>
> 를 만족하면 선형사상 $L : V \to W$에 대하여 다음은 동치이다.
>
> (i) L은 $\mathbf{0} \in V$에서 연속이다.
>
> (ii) L은 모든 벡터 $\mathbf{a} \in V$에서 연속이다.

증명 (ii) $\Longrightarrow$ (i)은 자명하므로 (i) $\Longrightarrow$ (ii)를 보이면 충분하다. 임의의 벡터 $\mathbf{a} \in V$에 대하여

$$\begin{aligned}
\lim_{d_V(\mathbf{x},\mathbf{a})\to 0} d_W\big(L(\mathbf{x}), L(\mathbf{a})\big) &= \lim_{d_V(\mathbf{x}-\mathbf{a},\mathbf{0})\to 0} d_W\big(L(\mathbf{x}), L(\mathbf{a})\big) \\
&= \lim_{d_V(\mathbf{y},\mathbf{0})\to 0} d_W\big(L(\mathbf{y}+\mathbf{a}), L(\mathbf{a})\big) \\
&= \lim_{d_V(\mathbf{y},\mathbf{0})\to 0} d_W\big(L(\mathbf{y})+L(\mathbf{a}), L(\mathbf{a})\big) \\
&= \lim_{d_V(\mathbf{y},\mathbf{0})\to 0} d_W\big(L(\mathbf{y}), L(\mathbf{0})\big) = 0 \qquad (\because L\text{은 } \mathbf{0}\text{에서 연속})
\end{aligned}$$

이므로 L은 벡터 $\mathbf{a} \in V$에서 연속이다. □

좌표공간 $\mathbb{R}^n$의 거리함수 $d(\mathbf{x},\mathbf{y}) = |\mathbf{x}-\mathbf{y}|$는 정리 6.2.3의 가정을 만족한다.

예제 6.2.4 모든 선형사상 $L : \mathbb{R}^n \to \mathbb{R}^m$은 연속임을 보이시오.

풀이 정리 6.2.3에 의해 L이 $\mathbf{0} \in \mathbb{R}^n$에서 연속임을 보이면 충분하다. $\mathbf{x} = (x_1\ x_2\ \cdots\ x_n)^t$

라 두면 $\mathbb{R}^n$ 의 표준단위벡터 $\mathbf{e}_1, \mathbf{e}_2, \cdots, \mathbf{e}_n$ 에 대하여

$$\begin{aligned}|L(\mathbf{x})| &= |x_1 L(\mathbf{e}_1) + x_2 L(\mathbf{e}_2) + \cdots + x_n L(\mathbf{e}_n)| \\ &\le |x_1||L(\mathbf{e}_1)| + |x_2||L(\mathbf{e}_2)| + \cdots + |x_n||L(\mathbf{e}_n)| \\ &\le \big(|L(\mathbf{e}_1)| + |L(\mathbf{e}_2)| + \cdots + |L(\mathbf{e}_n)|\big)|\mathbf{x}|\end{aligned}$$

이므로 샌드위치 정리에 의해

$$\lim_{|\mathbf{x}|\to 0} |L(\mathbf{x})| = 0$$

이다. 따라서 L 은 $\mathbf{0} \in \mathbb{R}^n$ 에서 연속이다. □

선형사상은 좌표공간뿐만 아니라 함수공간과 같은 무한 차원 벡터공간에서도 생각할 수 있다. 유한 차원 벡터공간 $\mathbb{R}^n$ 에서 정의된 선형사상 $L : \mathbb{R}^n \to \mathbb{R}^m$ 은 항상 연속이지만 무한 차원 벡터공간에서는 이와 같은 사실이 더 이상 성립하지 않는다.

예제 6.2.5 벡터공간 $C(I_\varepsilon)$ 의 거리함수

$$d : C(I_\varepsilon) \times C(I_\varepsilon) \to [0, \infty), \quad d(f, g) = \sup\{|f(x) - g(x)| : x \in [a, b]\}$$

에 대하여 선형사상

$$\mathcal{D} : C^1(I_\varepsilon) \to C(I_\varepsilon), \quad \mathcal{D}(f) = f'$$

은 불연속 사상임을 보이시오. 단, I_ε $(\varepsilon > 0)$ 는 열린구간 $(a - \varepsilon, b + \varepsilon)$ 이다.

풀이 $C(I_\varepsilon)$ 의 거리함수가 임의의 $f, g, h \in C(I_\varepsilon)$ 에 대하여

$$\begin{aligned}d(f+h, g+h) &= \sup\left\{\big|\big(f(x) + h(x)\big) - \big(g(x) + h(x)\big)\big| : x \in [a, b]\right\} \\ &= \sup\{|f(x) - g(x)| : x \in [a, b]\} \\ &= d(f, g)\end{aligned}$$

를 만족하므로 정리 6.2.3 에 의해 $\mathcal{D}$ 가 상수함수 $0 \in C^1(I_\varepsilon)$ 에서 연속일 필요충분조건은 $\mathcal{D}$ 가 모든 함수 $f \in C^1(I_\varepsilon)$ 에서 연속인 것이다. 자연수 n 에 대하여

$$f_n(x) = \frac{1}{n} \sin \frac{n\pi(x-a)}{b-a} \quad (x \in I_\varepsilon)$$

라 하자.

$$f_n'(x) = \frac{\pi}{b-a} \cos \frac{n\pi(x-a)}{b-a} \quad (x \in I_\varepsilon)$$

이므로

$$d(f_n, 0) = \sup\left\{\left|\frac{1}{n}\sin\frac{n\pi(x-a)}{b-a}\right| : x \in [a,b]\right\} = \left|f_n\left(a + \frac{b-a}{2n}\right)\right| = \frac{1}{n},$$
$$d(f_n', 0) = \sup\left\{\left|\frac{\pi}{b-a}\cos\frac{n\pi(x-a)}{b-a}\right| : x \in [a,b]\right\} = |f_n'(a)| = \frac{\pi}{b-a}$$

이고

$$\lim_{d(f_n,0)\to 0} d\big(\mathcal{D}(f_n), 0\big) = \lim_{d(f_n,0)\to 0} d(f_n', 0) = \lim_{n\to\infty}\frac{\pi}{b-a} = \frac{\pi}{b-a} \neq 0$$

이 되어 $\mathcal{D}$는 $0 \in C^1(I_\varepsilon)$에서 연속이 아님을 안다. 따라서 $\mathcal{D}$는 모든 함수 $f \in C^1(I_\varepsilon)$에서 연속이 아니다. □

6.3 선형대수학의 기본정리

앞 절에서 $m \times n$ 행렬 A가 주어지면 선형사상 $L_A : \mathbb{R}^n \to \mathbb{R}^m$를 얻을 수 있었다. 역으로 선형사상 $L : \mathbb{R}^n \to \mathbb{R}^m$이 주어지면 이에 대응되는 $m \times n$ 행렬을 얻을 수 있다. 편의상 각 $j = 1, 2, \cdots, n$에 대하여 j번째 열이 열벡터 $\mathbf{v}_j$인 행렬을

$$(\mathbf{v}_1, \mathbf{v}_2, \cdots, \mathbf{v}_n)$$

으로 표기하자. 그러면 $\mathbb{R}^n$의 임의의 벡터 $\mathbf{x}$와 $m\times n$ 행렬 $A = \big(L(\mathbf{e}_1), L(\mathbf{e}_2), \cdots, L(\mathbf{e}_n)\big)$에 대하여

$$L(\mathbf{x}) = L_A(\mathbf{x})$$

이고, 따라서

$$L = L_A$$

이다. 실제로 다음 두 벡터공간

$$\mathcal{L}(\mathbb{R}^n, \mathbb{R}^m) = \{L : \mathbb{R}^n \to \mathbb{R}^m \mid L\text{은 선형사상}\},$$
$$\mathfrak{M}_{m,n}(\mathbb{R}) = \{A = (a_{ij}) \mid A\text{는 } m \times n\text{ 행렬, } a_{ij} \in \mathbb{R}\}$$

사이에 일대일 대응이 있고, 덧셈과 상수곱의 구조가 같다는 것을 보일 수 있는데 이것을 선형대수학의 기본정리라고 부른다. 선형대수학의 기본정리는 선형사상과 행렬이 본질적으로 같음을 말해 준다.

정리 6.3.1 (선형대수학의 기본정리) 함수 $\Phi : \mathfrak{M}_{m,n}(\mathbb{R}) \to \mathcal{L}(\mathbb{R}^n, \mathbb{R}^m)$ 과 함수 $\Psi : \mathcal{L}(\mathbb{R}^n, \mathbb{R}^m) \to \mathfrak{M}_{m,n}(\mathbb{R})$ 을 각각

$$\begin{cases} \Phi(A) = L_A & (A \in \mathfrak{M}_{m,n}(\mathbb{R})) \\ \Psi(L) = \big(L(\mathbf{e}_1), L(\mathbf{e}_2), \cdots, L(\mathbf{e}_n)\big) & (L \in \mathcal{L}(\mathbb{R}^n, \mathbb{R}^m)) \end{cases}$$

으로 정의하면 Φ 는 일대일 대응인 선형사상이며, $\Phi^{-1} = \Psi$ 이다.

함수 $\Phi : \mathfrak{M}_{m,n}(\mathbb{R}) \to \mathcal{L}(\mathbb{R}^n, \mathbb{R}^m)$ 이 선형사상이라는 것은 두 벡터공간 $\mathfrak{M}_{m,n}(\mathbb{R})$ 과 $\mathcal{L}(\mathbb{R}^n, \mathbb{R}^m)$ 의 덧셈과 상수곱의 구조가 같다는 것을 의미한다. 앞으로 선형사상 L 에 대응하는 행렬

$$\big(L(\mathbf{e}_1), L(\mathbf{e}_2), \cdots, L(\mathbf{e}_n)\big)$$

을 간단히 $[L]$ 로 표기한다. 선형사상 L_A 의 정의에 의해

$$[L_A] = A$$

임을 안다.

예제 6.3.2 3차원 공간에서 영벡터가 아닌 벡터 $(a\ b\ c)^t$ 에 대한 정사영을 나타내는 행렬을 구하시오.

풀이 $\mathbf{v} = (a\ b\ c)^t$, $\mathbf{x} = (x\ y\ z)^t$ 라 두면 주어진 정사영은

$$p_{\mathbf{v}} : \mathbb{R}^3 \to \mathbb{R}^3, \quad p_{\mathbf{v}}(\mathbf{x}) = \frac{\mathbf{v} \cdot \mathbf{x}}{\mathbf{v} \cdot \mathbf{v}} \mathbf{v} = \frac{ax + by + cz}{a^2 + b^2 + c^2} \begin{pmatrix} a \\ b \\ c \end{pmatrix}$$

이다.

$$p_{\mathbf{v}}(\mathbf{e}_1) = \frac{a}{a^2 + b^2 + c^2} \begin{pmatrix} a \\ b \\ c \end{pmatrix},$$

$$p_{\mathbf{v}}(\mathbf{e}_2) = \frac{b}{a^2 + b^2 + c^2} \begin{pmatrix} a \\ b \\ c \end{pmatrix},$$

$$p_{\mathbf{v}}(\mathbf{e}_3) = \frac{c}{a^2+b^2+c^2}\begin{pmatrix} a \\ b \\ c \end{pmatrix}$$

이므로 정사영 $p_{\mathbf{v}}$ 에 대응되는 행렬은

$$[p_{\mathbf{v}}] = \big(p_{\mathbf{v}}(\mathbf{e}_1), p_{\mathbf{v}}(\mathbf{e}_2), p_{\mathbf{v}}(\mathbf{e}_3)\big) = \frac{1}{a^2+b^2+c^2}\begin{pmatrix} a^2 & ab & ca \\ ab & b^2 & bc \\ ca & bc & c^2 \end{pmatrix}$$

이다. □

좌표평면의 점 $P = (x, y)$ 에 대하여 벡터 $\overrightarrow{OP}$ 의 크기를 r, x-축의 양의 방향과 이루는 각의 크기를 α 라 하면 $x = r\cos\alpha$, $y = r\sin\alpha$ 이다. 이때 점 $P = (x, y)$ 를 원점을 중심으로 θ 만큼 회전시킨 점 $P' = (u, v)$ 는

$$u = r\cos(\alpha+\theta), \qquad v = r\sin(\alpha+\theta)$$

가 된다. 덧셈정리에 의해

$$u = r\cos(\alpha+\theta) = r\cos\alpha\cos\theta - r\sin\alpha\sin\theta = x\cos\theta - y\sin\theta,$$
$$v = r\sin(\alpha+\theta) = r\sin\alpha\cos\theta + r\cos\alpha\sin\theta = x\sin\theta + y\cos\theta$$

이므로 이를 행렬로 표현하면 다음과 같다.

$$\begin{pmatrix} u \\ v \end{pmatrix} = \begin{pmatrix} \cos\theta & -\sin\theta \\ \sin\theta & \cos\theta \end{pmatrix}\begin{pmatrix} x \\ y \end{pmatrix}.$$

즉 행렬

$$R_\theta = \begin{pmatrix} \cos\theta & -\sin\theta \\ \sin\theta & \cos\theta \end{pmatrix}$$

에 대응되는 선형사상

$$L_{R_\theta} : \mathbb{R}^2 \to \mathbb{R}^2, \quad L_{R_\theta}(\mathbf{x}) = \begin{pmatrix} \cos\theta & -\sin\theta \\ \sin\theta & \cos\theta \end{pmatrix}\begin{pmatrix} x \\ y \end{pmatrix}$$

에 대하여 $L_{R_\theta}(\mathbf{x})$ 는 점 $\mathbf{x}$ 를 원점을 중심으로 θ 만큼 회전시킨 점이다. 이 선형사상을 회전변환이라고 부른다.

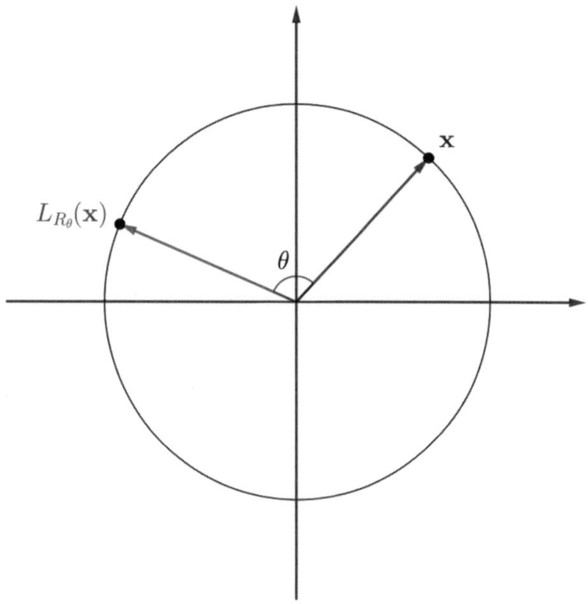

예제 6.3.3 다음에 답하시오.

(1) 좌표평면의 이차곡선

$$C : x^2 + 2pxy + y^2 = q \quad (-1 < p < 1,\ q > 0)$$

는 타원임을 보이시오.

(2) 좌표평면의 곡선

$$C : 17x^2 - 16|x|y + 17y^2 = 225$$

의 개형을 그리시오.

풀이 (1) 곡선 C 위의 점 $P = (x, y)$를 원점을 중심으로 θ만큼 회전시킨 점 $P' = (u, v)$는 다음 관계식을 만족한다.

$$\begin{pmatrix} u \\ v \end{pmatrix} = \begin{pmatrix} \cos\theta & -\sin\theta \\ \sin\theta & \cos\theta \end{pmatrix} \begin{pmatrix} x \\ y \end{pmatrix}$$

$$\iff \quad \begin{pmatrix} x \\ y \end{pmatrix} = \begin{pmatrix} \cos\theta & \sin\theta \\ -\sin\theta & \cos\theta \end{pmatrix} \begin{pmatrix} u \\ v \end{pmatrix} = \begin{pmatrix} u\cos\theta + v\sin\theta \\ -u\sin\theta + v\cos\theta \end{pmatrix}$$

곡선 C의 방정식에 $x = u\cos\theta + v\sin\theta,\ y = -u\sin\theta + v\cos\theta$를 대입하여 정리하면

$$(1 - p\sin 2\theta)u^2 + (1 + p\sin 2\theta)v^2 + 2puv\cos 2\theta = q$$

이다. 이 방정식은 점 $P' = (u, v)$가 만족하는 방정식이므로 곡선 C를 원점을 중심으로 θ만큼 회전시킨 도형의 방정식이다. 이제 uv항을 제거하기 위해 $\theta = \pi/4$로 두면

$$E : (1 - p)u^2 + (1 + p)v^2 = q$$

이므로 곡선 C는 타원 E를 원점을 중심으로 $-\pi/4$만큼 회전시킨 타원임을 안다.

(2) 곡선 C의 $x \geq 0$인 부분은

$$C_+ : 17x^2 - 16xy + 17y^2 = 225 \quad \Longleftrightarrow \quad x^2 - \frac{16}{17}xy + y^2 = \frac{225}{17}$$

이므로 (1)의 결과에 의해 곡선 C_+는 타원

$$E : \left(1 + \frac{8}{17}\right)u^2 + \left(1 - \frac{8}{17}\right)v^2 = \frac{225}{17} \quad \Longleftrightarrow \quad \frac{u^2}{3^2} + \frac{v^2}{5^2} = 1$$

를 원점을 중심으로 $-\pi/4$만큼 회전시킨 도형임을 안다. 같은 방법으로 곡선 C의 $x < 0$인 부분

$$C_- : 17x^2 + 16xy + 17y^2 = 225$$

는 타원 E를 $\pi/4$만큼 회전시킨 도형이고 따라서 곡선 C의 개형은 다음과 같다.

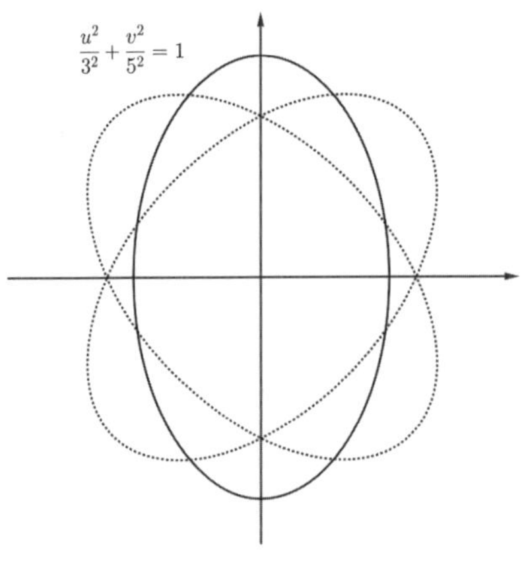

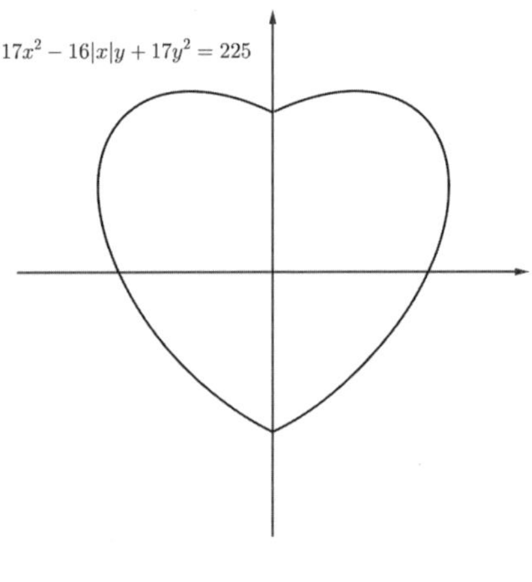

□

예제 6.3.4 다항식

$$p(x) = a_0 + a_1x + a_2x^2 + \cdots + a_nx^n$$

과 $\mathbb{R}^{n+1}$ 의 열벡터 $(a_0\ a_1\ a_2\ \cdots\ a_n)^t$ 를 같은 것으로 이해하면, 차수가 n 이하인 다항식 전체의 집합

$$P_n = \{a_0 + a_1x + a_2x^2 + \cdots + a_nx^n \mid a_0, a_1, \cdots, a_n \in \mathbb{R}\}$$

은 $\mathbb{R}^{n+1}$ 로 이해할 수 있다. 이때 다음 선형사상에 대응되는 행렬을 구하시오.

(1) $\mathcal{D} : P_n \to P_{n-1}, \quad p(x) \mapsto p'(x)$

(2) $\mathcal{I} : P_n \to P_{n+1}, \quad p(x) \mapsto \int_0^x p(t)\,dt$

(3) $\mathcal{S} : P_n \to P_{n+1}, \quad p(x) \mapsto xp(x)$

풀이 (1) $P_n = \mathbb{R}^{n+1}$ 의 표준단위벡터 $\hat{\mathbf{e}}_1, \hat{\mathbf{e}}_2, \cdots, \hat{\mathbf{e}}_{n+1}$ 과 $P_{n-1} = \mathbb{R}^n$ 의 표준단위벡터 $\mathbf{e}_1, \mathbf{e}_2, \cdots, \mathbf{e}_n$ 에 대하여

$$\mathcal{D}(\hat{\mathbf{e}}_1) = \mathcal{D}(1) = 0 = \mathbf{0}, \quad \mathcal{D}(\hat{\mathbf{e}}_{k+1}) = \mathcal{D}(x^k) = kx^{k-1} = k\mathbf{e}_k \quad (k = 1, 2, \cdots, n)$$

이므로 $\mathcal{D}$ 에 대응되는 $n \times (n+1)$ 행렬은

$$[\mathcal{D}] = \big(\mathcal{D}(\hat{\mathbf{e}}_1), \mathcal{D}(\hat{\mathbf{e}}_2), \cdots, \mathcal{D}(\hat{\mathbf{e}}_{n+1})\big) = \begin{pmatrix} 0 & 1 & 0 & \cdots & 0 \\ 0 & 0 & 2 & \cdots & 0 \\ \vdots & \vdots & \vdots & \ddots & \vdots \\ 0 & 0 & 0 & \cdots & n \end{pmatrix} \in \mathfrak{M}_{n,n+1}(\mathbb{R})$$

이다.

(2) $P_n = \mathbb{R}^{n+1}$ 의 표준단위벡터 $\hat{\mathbf{e}}_1, \hat{\mathbf{e}}_2, \cdots, \hat{\mathbf{e}}_{n+1}$ 과 $P_{n+1} = \mathbb{R}^{n+2}$ 의 표준단위벡터 $\widetilde{\mathbf{e}}_1, \widetilde{\mathbf{e}}_2, \cdots, \widetilde{\mathbf{e}}_{n+2}$ 에 대하여

$$\mathcal{I}(\hat{\mathbf{e}}_k) = \mathcal{I}(x^{k-1}) = \frac{1}{k}x^k = \frac{1}{k}\widetilde{\mathbf{e}}_{k+1} \quad (k = 1, 2, \cdots, n+1)$$

이므로 $\mathcal{I}$에 대응되는 $(n+2)\times(n+1)$ 행렬은

$$[\mathcal{I}] = \big(\mathcal{I}(\hat{\mathbf{e}}_1), \mathcal{I}(\hat{\mathbf{e}}_2), \cdots, \mathcal{I}(\hat{\mathbf{e}}_{n+1})\big) = \begin{pmatrix} 0 & 0 & 0 & \cdots & 0 \\ 1 & 0 & 0 & \cdots & 0 \\ 0 & \frac{1}{2} & 0 & \cdots & 0 \\ 0 & 0 & \frac{1}{3} & \cdots & 0 \\ \vdots & \vdots & \vdots & \ddots & \vdots \\ 0 & 0 & 0 & \cdots & \frac{1}{n+1} \end{pmatrix} \in \mathfrak{M}_{n+2,n+1}(\mathbb{R})$$

이다.

(3) $P_n = \mathbb{R}^{n+1}$의 표준단위벡터 $\hat{\mathbf{e}}_1, \hat{\mathbf{e}}_2, \cdots, \hat{\mathbf{e}}_{n+1}$과 $P_{n+1} = \mathbb{R}^{n+2}$의 표준단위벡터 $\widetilde{\mathbf{e}}_1, \widetilde{\mathbf{e}}_2, \cdots, \widetilde{\mathbf{e}}_{n+2}$에 대하여

$$\mathcal{S}(\hat{\mathbf{e}}_k) = \mathcal{S}(x^{k-1}) = x^k = \widetilde{\mathbf{e}}_{k+1} \quad (k = 1, 2, \cdots, n+1)$$

이므로 $\mathcal{S}$에 대응되는 $(n+2)\times(n+1)$ 행렬은

$$[\mathcal{S}] = \big(\mathcal{S}(\hat{\mathbf{e}}_1), \mathcal{S}(\hat{\mathbf{e}}_2), \cdots, \mathcal{S}(\hat{\mathbf{e}}_{n+1})\big) = \begin{pmatrix} 0 & 0 & \cdots & 0 \\ 1 & 0 & \cdots & 0 \\ 0 & 1 & \cdots & 0 \\ \vdots & \vdots & \ddots & \vdots \\ 0 & 0 & \cdots & 1 \end{pmatrix} \in \mathfrak{M}_{n+2,n+1}(\mathbb{R})$$

이다. □

예제 6.3.5 평면 $x + 2y + 3z = 0$에 대한 점 $\mathbf{x} \in \mathbb{R}^3$의 대칭점을 $\mathbf{x}'$이라 하자. 사상

$$L : \mathbb{R}^3 \to \mathbb{R}^3, \quad L(\mathbf{x}) = \mathbf{x}'$$

이 선형사상임을 보이고, L에 대응되는 행렬을 구하시오.

풀이 평면의 법선벡터가 $\mathbf{n} = (1\ 2\ 3)^t$이므로 예제 5.6.6에 의해

$$L(\mathbf{x}) = \mathbf{x} - 2p_{\mathbf{n}}(\mathbf{x}) = \begin{pmatrix} x \\ y \\ z \end{pmatrix} - \frac{x+2y+3z}{7}\begin{pmatrix} 1 \\ 2 \\ 3 \end{pmatrix} = \frac{1}{7}\begin{pmatrix} 6x - 2y - 3z \\ -2x + 3y - 6z \\ -3x - 6y - 2z \end{pmatrix}$$

이다. 임의의 벡터 $\mathbf{x}, \mathbf{y} \in \mathbb{R}^3$ 와 실수 c 에 대하여

$$L(\mathbf{x}+\mathbf{y}) = \mathbf{x}+\mathbf{y} - 2p_{\mathbf{n}}(\mathbf{x}+\mathbf{y}) = \Big(\mathbf{x} - 2p_{\mathbf{n}}(\mathbf{x})\Big) + \Big(\mathbf{y} - 2p_{\mathbf{n}}(\mathbf{y})\Big) = L(\mathbf{x}) + L(\mathbf{y})$$
$$L(c\mathbf{x}) = c\mathbf{x} - 2p_{\mathbf{n}}(c\mathbf{x}) = c\Big(\mathbf{x} - 2p_{\mathbf{n}}(\mathbf{x})\Big) = cL(\mathbf{x})$$

이므로 L 은 선형사상이다. 또한 $\mathbb{R}^3$ 의 표준단위벡터 $\mathbf{e}_1, \mathbf{e}_2, \mathbf{e}_3$ 에 대하여

$$L(\mathbf{e}_1) = \frac{1}{7}\begin{pmatrix} 6 \\ -2 \\ -3 \end{pmatrix}, \quad L(\mathbf{e}_2) = \frac{1}{7}\begin{pmatrix} -2 \\ 3 \\ -6 \end{pmatrix}, \quad L(\mathbf{e}_3) = \frac{1}{7}\begin{pmatrix} -3 \\ -6 \\ -2 \end{pmatrix}$$

이므로 선형사상 L 에 대응되는 행렬은

$$[L] = \big(L(\mathbf{e}_1), L(\mathbf{e}_2), L(\mathbf{e}_3)\big) = \frac{1}{7}\begin{pmatrix} 6 & -2 & -3 \\ -2 & 3 & -6 \\ -3 & -6 & -2 \end{pmatrix}$$

이다. □

행렬의 연산에서 행렬의 합과 상수배는 누구나 납득이 가능한 수준의 정의였지만 행렬의 곱은 우리의 직관과는 다르게 매우 부자연스럽게 정의하였다. 다음 정리는 행렬의 곱이 선형사상의 합성에 대응되는 개념임을 말해 주며, 앞 절에서 정의한 행렬의 곱에 대한 타당성을 보장해 준다.

정리 6.3.6 $m \times n$ 행렬 A 에 대응하는 선형사상 $L_A : \mathbb{R}^n \to \mathbb{R}^m$ 와 $n \times l$ 행렬 B 에 대응하는 선형사상 $L_B : \mathbb{R}^l \to \mathbb{R}^n$ 에 대하여

$$L_A \circ L_B = L_{AB}$$

가 성립한다.

위 정리로부터

$$[L_A \circ L_B] = [L_{AB}] = AB = [L_A][L_B]$$

를 얻는다.

예제 6.3.7 차수가 2 이하인 다항식 전체 집합 P_2 에 대하여 두 선형사상 $L : P_2 \to P_2$ 과 $M : P_2 \to \mathbb{R}^3$ 을 다음과 같이 정의하자.

$$L\big(p(x)\big) = (1+2x)p'(x) + 3p(x), \quad M(a+bx+cx^2) = \begin{pmatrix} 2a-b \\ -a+2b-c \\ -b+2c \end{pmatrix}.$$

이때 선형사상 $M \circ L$ 에 대응하는 행렬을 구하시오.

풀이 $a, b, c \in \mathbb{R}$ 에 대하여

$$a + bx + cx^2 = \begin{pmatrix} a \\ b \\ c \end{pmatrix}$$

로 간주하면 $P_2 = \mathbb{R}^3$ 이고 $\mathbb{R}^3$ 의 표준단위벡터 $\mathbf{e}_1, \mathbf{e}_2, \mathbf{e}_3$ 에 대하여

$$L(\mathbf{e}_1) = L(1) = 3 = \begin{pmatrix} 3 \\ 0 \\ 0 \end{pmatrix},$$

$$L(\mathbf{e}_2) = L(x) = 1 + 5x = \begin{pmatrix} 1 \\ 5 \\ 0 \end{pmatrix},$$

$$L(\mathbf{e}_3) = L(x^2) = 2x + 7x^2 = \begin{pmatrix} 0 \\ 2 \\ 7 \end{pmatrix}$$

이므로 선형사상 L 에 대응되는 행렬은

$$[L] = \big(L(\mathbf{e}_1), L(\mathbf{e}_2), L(\mathbf{e}_3)\big) = \begin{pmatrix} 3 & 1 & 0 \\ 0 & 5 & 2 \\ 0 & 0 & 7 \end{pmatrix}$$

이다. 또한

$$M(\mathbf{e}_1) = M(1) = \begin{pmatrix} 2 \\ -1 \\ 0 \end{pmatrix}, \quad M(\mathbf{e}_2) = M(x) = \begin{pmatrix} -1 \\ 2 \\ -1 \end{pmatrix}, \quad M(\mathbf{e}_3) = M(x^2) = \begin{pmatrix} 0 \\ -1 \\ 2 \end{pmatrix}$$

이므로 선형사상 M 에 대응되는 행렬은

$$[M] = \big(M(\mathbf{e}_1), M(\mathbf{e}_2), M(\mathbf{e}_3)\big) = \begin{pmatrix} 2 & -1 & 0 \\ -1 & 2 & -1 \\ 0 & -1 & 2 \end{pmatrix}$$

이다. 따라서 선형사상 $M \circ L$ 에 대응되는 행렬은

$$[M \circ L] = [M][L] = \begin{pmatrix} 2 & -1 & 0 \\ -1 & 2 & -1 \\ 0 & -1 & 2 \end{pmatrix} \begin{pmatrix} 3 & 1 & 0 \\ 0 & 5 & 2 \\ 0 & 0 & 7 \end{pmatrix} = \begin{pmatrix} 6 & -3 & -2 \\ -3 & 9 & -3 \\ 0 & -5 & 12 \end{pmatrix}$$

이다. □

제 7 장

행렬식

이 장의 목적은 정사각행렬의 행렬식을 정의하고, 그 성질을 공부하는 것이다. 역사적으로 볼 때 행렬식의 개념은 행렬보다 먼저 나왔으며, 행렬식은 본래 연립 1차 방정식의 해를 구하기 위해서 고안되었다.

7.1 역행렬

정의 7.1.1 n차 정사각행렬 A에 대하여

$$AB = I_n = BA$$

를 만족하는 n차 정사각행렬 B가 존재할 때, A를 가역행렬, B를 A의 역행렬이라고 부르고 기호로

$$B = A^{-1}$$

로 쓴다.

예제 7.1.2 행렬 $A = \begin{pmatrix} 4 & -5 & -2 \\ 5 & -6 & -2 \\ -8 & 9 & 3 \end{pmatrix}$에 대하여 행렬 $B = \begin{pmatrix} 0 & -3 & -2 \\ 1 & -4 & -2 \\ -3 & 4 & 1 \end{pmatrix}$이 A의 역행렬임을 보이고 이를 이용하여 다음 연립방정식의 해를 구하시오.

$$\begin{cases} 4x - 5y - 2y = 3 \\ 5x - 6y - 2z = 2 \\ -8x + 9y + 3z = -1 \end{cases}$$

풀이 주어진 두 행렬 A, B 에 대하여

$$AB = \begin{pmatrix} 4 & -5 & -2 \\ 5 & -6 & -2 \\ -8 & 9 & 3 \end{pmatrix} \begin{pmatrix} 0 & -3 & -2 \\ 1 & -4 & -2 \\ -3 & 4 & 1 \end{pmatrix} = \begin{pmatrix} 1 & 0 & 0 \\ 0 & 1 & 0 \\ 0 & 0 & 1 \end{pmatrix}$$

이고

$$BA = \begin{pmatrix} 0 & -3 & -2 \\ 1 & -4 & -2 \\ -3 & 4 & 1 \end{pmatrix} \begin{pmatrix} 4 & -5 & -2 \\ 5 & -6 & -2 \\ -8 & 9 & 3 \end{pmatrix} = \begin{pmatrix} 1 & 0 & 0 \\ 0 & 1 & 0 \\ 0 & 0 & 1 \end{pmatrix}$$

이므로 $B = A^{-1}$ 이다. 또한 $\mathbf{x} = \begin{pmatrix} x \\ y \\ z \end{pmatrix}$ 라 두면 주어진 연립방정식은

$$A\mathbf{x} = \begin{pmatrix} 4 & -5 & -2 \\ 5 & -6 & -2 \\ -8 & 9 & 3 \end{pmatrix} \begin{pmatrix} x \\ y \\ z \end{pmatrix} = \begin{pmatrix} 3 \\ 2 \\ -1 \end{pmatrix}$$

이고 따라서 구하는 연립방정식의 해는

$$\begin{pmatrix} x \\ y \\ z \end{pmatrix} = \begin{pmatrix} 4 & -5 & -2 \\ 5 & -6 & -2 \\ -8 & 9 & 3 \end{pmatrix}^{-1} \begin{pmatrix} 3 \\ 2 \\ -1 \end{pmatrix} = \begin{pmatrix} 0 & -3 & -2 \\ 1 & -4 & -2 \\ -3 & 4 & 1 \end{pmatrix} \begin{pmatrix} 3 \\ 2 \\ -1 \end{pmatrix} = \begin{pmatrix} -4 \\ -3 \\ -2 \end{pmatrix}$$

이다. □

예제 7.1.3 영이 아닌 실수 $d_1, d_2, \cdots, d_n$ 에 대하여 다음 행렬의 역행렬을 구하시오.

(1) $A = \begin{pmatrix} d_1 & 0 & \cdots & 0 \\ 0 & d_2 & \cdots & 0 \\ \vdots & \vdots & \ddots & \vdots \\ 0 & 0 & \cdots & d_n \end{pmatrix}$　　(2) $A = \begin{pmatrix} 0 & \cdots & 0 & d_1 \\ 0 & \cdots & d_2 & 0 \\ \vdots & ⋰ & \vdots & \vdots \\ d_n & \cdots & 0 & 0 \end{pmatrix}$

풀이 (1) $\mathbb{R}^n$ 의 표준단위벡터 $\mathbf{e}_1, \mathbf{e}_2, \cdots, \mathbf{e}_n$ 을 열벡터로 간주하면, 주어진 행렬은

$$A = (d_1\mathbf{e}_1, d_2\mathbf{e}_2, \cdots, d_n\mathbf{e}_n)$$

과 같이 표현된다. 이제 행렬 $B = (\mathbf{b}_1, \mathbf{b}_2, \cdots, \mathbf{b}_n)$ 에 대하여

$$\begin{aligned} BA &= B(d_1\mathbf{e}_1, d_2\mathbf{e}_2, \cdots, d_n\mathbf{e}_n) \\ &= (d_1B\mathbf{e}_1, d_2B\mathbf{e}_2, \cdots, d_nB\mathbf{e}_n) \\ &= (d_1\mathbf{b}_1, d_2\mathbf{b}_2, \cdots, d_n\mathbf{b}_n) \end{aligned}$$

이다. 이때 행렬 B 가 A 의 역행렬이 되려면

$$BA = I = (\mathbf{e}_1, \mathbf{e}_2, \cdots, \mathbf{e}_n) \quad \Longleftrightarrow \quad d_k\mathbf{b}_k = \mathbf{e}_k \quad (k = 1, 2, \cdots, n)$$

이므로

$$\mathbf{b}_1 = d_1^{-1}\mathbf{e}_1, \quad \mathbf{b}_2 = d_2^{-1}\mathbf{e}_2, \quad \cdots, \quad \mathbf{b}_n = d_n^{-1}\mathbf{e}_n$$

이다. 따라서 구하는 역행렬은

$$A^{-1} = B = \begin{pmatrix} d_1^{-1} & 0 & \cdots & 0 \\ 0 & d_2^{-1} & \cdots & 0 \\ \vdots & \vdots & \ddots & \vdots \\ 0 & 0 & \cdots & d_n^{-1} \end{pmatrix}$$

이다.

(2) $\mathbb{R}^n$ 의 표준단위벡터 $\mathbf{e}_1, \mathbf{e}_2, \cdots, \mathbf{e}_n$ 을 열벡터로 간주하면, 주어진 행렬은

$$A = (d_n\mathbf{e}_n, d_{n-1}\mathbf{e}_{n-1}, \cdots, d_1\mathbf{e}_1)$$

과 같이 표현된다. 이제 행렬 $B = (\mathbf{b}_1, \mathbf{b}_2, \cdots, \mathbf{b}_n)$ 에 대하여

$$\begin{aligned} BA &= B(d_n\mathbf{e}_n, d_{n-1}\mathbf{e}_{n-1}, \cdots, d_1\mathbf{e}_1) \\ &= (d_nB\mathbf{e}_n, d_{n-1}B\mathbf{e}_{n-1}, \cdots, d_1B\mathbf{e}_1) \\ &= (d_n\mathbf{b}_n, d_{n-1}\mathbf{b}_{n-1}, \cdots, d_1\mathbf{b}_1) \end{aligned}$$

이다. 이때 행렬 B 가 A 의 역행렬이 되려면

$$BA = I = (\mathbf{e}_1, \mathbf{e}_2, \cdots, \mathbf{e}_n) \quad \Longleftrightarrow \quad d_k\mathbf{b}_k = \mathbf{e}_{n-k+1} \quad (k = 1, 2, \cdots, n)$$

이므로

$$\mathbf{b}_1 = d_1^{-1}\mathbf{e}_n, \quad \mathbf{b}_2 = d_2^{-1}\mathbf{e}_{n-1}, \quad \cdots, \quad \mathbf{b}_n = d_n^{-1}\mathbf{e}_1$$

이다. 따라서 구하는 역행렬은

$$A^{-1} = B = \begin{pmatrix} 0 & 0 & \cdots & d_n^{-1} \\ \vdots & \vdots & \iddots & \vdots \\ 0 & d_2^{-1} & \cdots & 0 \\ d_1^{-1} & 0 & \cdots & 0 \end{pmatrix}$$

이다.

□

7.1.1 2차 정사각행렬의 역행렬

정리 7.1.4 2차 정사각행렬 $A = \begin{pmatrix} a & b \\ c & d \end{pmatrix}$ 에 대하여 $ad - bc \neq 0$ 이면

$$A^{-1} = \frac{1}{ad-bc}\begin{pmatrix} d & -b \\ -c & a \end{pmatrix}$$

이다.

예제 7.1.5 두 행렬 $A = \begin{pmatrix} 2 & 1 \\ 3 & 4 \end{pmatrix}$, $U = \begin{pmatrix} 1 & 1 \\ -1 & 3 \end{pmatrix}$ 에 대하여 다음을 구하시오.

(1) $U^{-1}AU$ (2) $A^k \quad (k \in \mathbb{N})$

풀이 (1) 정리 7.1.4에 의해

$$\begin{aligned} U^{-1}AU &= \begin{pmatrix} 1 & 1 \\ -1 & 3 \end{pmatrix}^{-1} \begin{pmatrix} 2 & 1 \\ 3 & 4 \end{pmatrix} \begin{pmatrix} 1 & 1 \\ -1 & 3 \end{pmatrix} \\ &= \frac{1}{4}\begin{pmatrix} 3 & -1 \\ 1 & 1 \end{pmatrix} \begin{pmatrix} 2 & 1 \\ 3 & 4 \end{pmatrix} \begin{pmatrix} 1 & 1 \\ -1 & 3 \end{pmatrix} = \begin{pmatrix} 1 & 0 \\ 0 & 5 \end{pmatrix} \end{aligned}$$

이다.

(2) (1)의 결과를 이용하면 임의의 자연수 k에 대하여

$$U^{-1}A^kU = (U^{-1}AU)^k = \begin{pmatrix} 1 & 0 \\ 0 & 5 \end{pmatrix}^k = \begin{pmatrix} 1 & 0 \\ 0 & 5^k \end{pmatrix}$$

이므로

$$\begin{aligned} A^k &= U\begin{pmatrix} 1 & 0 \\ 0 & 5^k \end{pmatrix}U^{-1} = \begin{pmatrix} 1 & 1 \\ -1 & 3 \end{pmatrix}\begin{pmatrix} 1 & 0 \\ 0 & 5^k \end{pmatrix}\frac{1}{4}\begin{pmatrix} 3 & -1 \\ 1 & 1 \end{pmatrix} \\ &= \frac{1}{4}\begin{pmatrix} 3+5^k & -1+5^k \\ -3+3\cdot 5^k & 1+3\cdot 5^k \end{pmatrix} \end{aligned}$$

을 얻는다. □

예제 7.1.6 사상 $R_\theta : \mathbb{R}^2 \to \mathbb{R}^2$를 원점을 중심으로 θ만큼 회전시키는 회전변환이라고 하자. 선형사상 $L : \mathbb{R}^2 \to \mathbb{R}^2$이

$$(R_\theta \circ L)\begin{pmatrix} 2 \\ 3 \end{pmatrix} = \begin{pmatrix} 1 \\ 5 \end{pmatrix}, \quad (R_\theta \circ L)\begin{pmatrix} 3 \\ 4 \end{pmatrix} = \begin{pmatrix} 1 \\ 6 \end{pmatrix}$$

을 만족할 때, 행렬 $[L]$을 구하시오.

풀이 정리 6.3.6에 의해 $[R_\theta \circ L] = [R_\theta][L]$이므로 주어진 조건으로부터

$$[R_\theta][L]\begin{pmatrix} 2 & 3 \\ 3 & 4 \end{pmatrix} = \begin{pmatrix} 1 & 1 \\ 5 & 6 \end{pmatrix}$$

임을 안다. 따라서

$$\begin{aligned} [L] = [R_\theta]^{-1}\begin{pmatrix} 1 & 1 \\ 5 & 6 \end{pmatrix}\begin{pmatrix} 2 & 3 \\ 3 & 4 \end{pmatrix}^{-1} &= \begin{pmatrix} \cos\theta & \sin\theta \\ -\sin\theta & \cos\theta \end{pmatrix}\begin{pmatrix} 1 & 1 \\ 5 & 6 \end{pmatrix}\begin{pmatrix} -4 & 3 \\ 3 & -2 \end{pmatrix} \\ = \begin{pmatrix} \cos\theta & \sin\theta \\ -\sin\theta & \cos\theta \end{pmatrix}\begin{pmatrix} -1 & 1 \\ -2 & 3 \end{pmatrix} &= \begin{pmatrix} -2\sin\theta - \cos\theta & 3\sin\theta + \cos\theta \\ \sin\theta - 2\cos\theta & -\sin\theta + 3\cos\theta \end{pmatrix} \end{aligned}$$

를 얻는다. □

명제 7.1.7 n차 정사각행렬 A, B가 가역행렬일 때, 다음이 성립한다.

(i) $(A^{-1})^{-1} = A, \quad (A^{-1})^k = (A^k)^{-1} \quad (k = 1, 2, \cdots)$

(ii) $(cA)^{-1} = c^{-1}A^{-1}$

(iii) $(A^t)^{-1} = (A^{-1})^t$

(iv) $(AB)^{-1} = B^{-1}A^{-1}$

7.2 치환

n차 정사각행렬의 행렬식은 행렬의 서로 다른 n개의 성분을 선택하여 곱한 것들의 합으로 정의하는데, 이때 서로 다른 n개의 성분을 선택하는 방법을 수학적으로 명확하게 정의하기 위해 치환이라는 개념을 도입한다.

정의 7.2.1 일대일 대응 $\sigma : \{1, 2, \cdots, n\} \to \{1, 2, \cdots, n\}$을 n-치환이라고 하고 기호로

$$\sigma = \begin{pmatrix} 1 & 2 & 3 & \cdots & n \\ \sigma(1) & \sigma(2) & \sigma(3) & \cdots & \sigma(n) \end{pmatrix}$$

로 표기한다. 이때 n-치환 전체의 집합을 S_n으로 나타낸다. 특히 치환

$$\mathrm{id} = \begin{pmatrix} 1 & 2 & 3 & \cdots & n \\ 1 & 2 & 3 & \cdots & n \end{pmatrix}$$

을 항등치환이라고 부른다.

두 치환 $\sigma, \tau \in S_n$의 곱을

$$\sigma\tau = \sigma \circ \tau$$

로 정의한다. 또한 역함수 σ^{-1}를 역치환이라고 부른다.

예제 7.2.2 두 6-치환 $\sigma = \begin{pmatrix} 1 & 2 & 3 & 4 & 5 & 6 \\ 3 & 2 & 5 & 4 & 1 & 6 \end{pmatrix}$, $\tau = \begin{pmatrix} 1 & 2 & 3 & 4 & 5 & 6 \\ 6 & 2 & 4 & 3 & 1 & 5 \end{pmatrix}$에 대하여 다음을 구하시오.

(1) $\sigma\tau$ (2) σ^{-1}

풀이 (1) 두 치환 σ, τ 의 곱은

$$\sigma\tau = \begin{pmatrix} 1 & 2 & 3 & 4 & 5 & 6 \\ 3 & 2 & 5 & 4 & 1 & 6 \end{pmatrix}\begin{pmatrix} 1 & 2 & 3 & 4 & 5 & 6 \\ 6 & 2 & 4 & 3 & 1 & 5 \end{pmatrix} = \begin{pmatrix} 1 & 2 & 3 & 4 & 5 & 6 \\ 6 & 2 & 4 & 5 & 3 & 1 \end{pmatrix}$$

이다.

(2) σ 의 역치환은

$$\sigma^{-1} = \begin{pmatrix} 1 & 2 & 3 & 4 & 5 & 6 \\ 5 & 2 & 1 & 4 & 3 & 6 \end{pmatrix}$$

이다. □

치환 $\sigma \in S_n$ 가 서로 다른 자연수 $a_1, a_2, \cdots, a_k \in \{1, 2, \cdots, n\}$ 에 대하여

$$\begin{cases} \sigma(a_l) = a_{l+1} & (l = 1, 2, \cdots, k-1) \\ \sigma(a_k) = a_1 & \\ \sigma(k) = k & (k \neq a_1, a_2, \cdots, a_k) \end{cases}$$

이면 순환치환이라고 하고 기호로

$$\sigma = (a_1\ a_2\ \cdots\ a_k)$$

로 나타낸다. 예를 들면 순환치환 $(1\ 3\ 5) \in S_6$ 는

$$(1\ 3\ 5) = \begin{pmatrix} 1 & 2 & 3 & 4 & 5 & 6 \\ 3 & 2 & 5 & 4 & 1 & 6 \end{pmatrix}$$

이다. 특히 $k = 2$ 인 경우 $(a_1\ a_2)$ 를 호환이라고 부른다. 순환치환은 다음과 같이 호환의 곱으로 표현할 수 있다.

$$(a_1\ a_2\ \cdots\ a_k) = (a_1\ a_k)(a_1\ a_{k-1})(a_1\ a_{k-2})\cdots(a_1\ a_3)(a_1\ a_2).$$

정리 7.2.3 $n \geq 2$ 일 때, 모든 n-치환은 호환의 곱으로 표현된다.

예제 7.2.4 치환 $\sigma = \begin{pmatrix} 1 & 2 & 3 & 4 & 5 & 6 & 7 & 8 & 9 \\ 3 & 9 & 6 & 5 & 7 & 1 & 4 & 8 & 2 \end{pmatrix} \in S_9$ 를 호환의 곱으로 표현하시오.

풀이 먼저 주어진 치환을 순환치환의 곱으로 표현한 후 각 순환치환을 다시 호환의 곱으로 표현한다.

$$\begin{aligned}\sigma &= \begin{pmatrix} 1 & 2 & 3 & 4 & 5 & 6 & 7 & 8 & 9 \\ 3 & 9 & 6 & 5 & 7 & 1 & 4 & 8 & 2 \end{pmatrix} \\ &= (1\ 3\ 6)(2\ 9)(4\ 5\ 7) \\ &= (1\ 6)(1\ 3)(2\ 9)(4\ 7)(4\ 5).\end{aligned}$$

□

정의 7.2.5 치환 $\sigma \in S_n$ 이 r 개의 호환의 곱으로 표현될 때, σ 의 부호는 다음과 같이 정의한다.

$$\operatorname{sgn}(\sigma) = (-1)^r.$$

예제 7.2.6 치환 $\sigma = \begin{pmatrix} 1 & 2 & 3 & 4 & 5 & 6 \\ 3 & 1 & 5 & 4 & 2 & 6 \end{pmatrix} \in S_6$ 의 부호를 구하시오.

풀이 주어진 치환을 호환의 곱으로 표현하면

$$\sigma = \begin{pmatrix} 1 & 2 & 3 & 4 & 5 & 6 \\ 3 & 1 & 5 & 4 & 2 & 6 \end{pmatrix} = (1\ 3\ 5\ 2) = (1\ 2)(1\ 5)(1\ 3)$$

이므로 $\operatorname{sgn}(\sigma) = (-1)^3 = -1$ 이다. □

7.3 행렬식

행렬식은 정사각행렬에 특정한 수 하나를 대응시키는 함수이다. 행렬식은 주어진 행렬이 가역인지 판단하는 근거가 되며, 연립 1차 방정식의 근의 유일성을 판단하고 그 값을 구하는 데 중요한 역할을 한다.

정의 7.3.1 n 차 정사각행렬 $A = (a_{ij})$ 에 대하여

$$\sum_{\sigma \in S_n} \operatorname{sgn}(\sigma)\, a_{\sigma(1)1}\, a_{\sigma(2)2} \cdots a_{\sigma(n)n}$$

을 A 의 행렬식이라고 부르고 기호로는 $\det A$ 로 표기한다.

예제 7.3.2 행렬

$$A=(a_{ij})=\begin{pmatrix}0&0&0&0&0&1&0&0&0\\0&0&0&0&0&0&0&2&3\\1&0&0&0&0&0&0&0&0\\0&0&0&0&0&0&1&0&0\\0&0&0&1&0&0&0&0&0\\0&0&1&0&0&0&0&0&0\\0&0&0&0&1&0&0&0&0\\0&0&0&0&0&0&0&4&5\\0&1&0&0&0&0&0&0&0\end{pmatrix}$$

의 행렬식을 구하시오.

풀이 $T=\{\sigma\in S_9 : a_{\sigma(1)1}\,a_{\sigma(2)2}\,\cdots\,a_{\sigma(9)9}\neq 0\}$ 이라 두면

$$\det A=\sum_{\sigma\in T}\operatorname{sgn}(\sigma)\,a_{\sigma(1)1}\,a_{\sigma(2)2}\,\cdots\,a_{\sigma(9)9}$$

이다. 1 열부터 7 열까지 0 이 아닌 성분은 차례로

$$a_{31},\quad a_{92},\quad a_{63},\quad a_{54},\quad a_{75},\quad a_{16},\quad a_{47}$$

이고, 이 값들은 모두 1 이다. 따라서 임의의 $\sigma\in T$ 에 대하여

$$\sigma(1)=3,\quad \sigma(2)=9,\quad \sigma(3)=6,\quad \sigma(4)=5,\quad \sigma(5)=7,\quad \sigma(6)=1,\quad \sigma(7)=4$$

이고, 다음 둘 중 하나를 만족한다.

$$\begin{cases}\sigma(8)=8\\ \sigma(9)=2\end{cases}\qquad \text{또는}\qquad \begin{cases}\sigma(8)=2\\ \sigma(9)=8\end{cases}$$

즉 집합 T 의 원소를 모두 구하면 다음과 같다.

$$\sigma_1=\begin{pmatrix}1&2&3&4&5&6&7&8&9\\3&9&6&5&7&1&4&8&2\end{pmatrix},\quad \sigma_2=\begin{pmatrix}1&2&3&4&5&6&7&8&9\\3&9&6&5&7&1&4&2&8\end{pmatrix}$$

한편 두 치환 σ_1,σ_2 를 호환의 곱으로 표현하면

$$\sigma_1 = (1\ 3\ 6)(2\ 9)(4\ 5\ 7) = (1\ 6)(1\ 3)(2\ 9)(4\ 7)(4\ 5),$$
$$\sigma_2 = (1\ 3\ 6)(2\ 9\ 8)(4\ 5\ 7) = (1\ 6)(1\ 3)(2\ 8)(2\ 9)(4\ 7)(4\ 5)$$

이므로

$$\operatorname{sgn}(\sigma_1) = (-1)^5 = -1, \qquad \operatorname{sgn}(\sigma_2) = (-1)^6 = 1$$

이고, 따라서

$$\begin{aligned}\det A &= \sum_{\sigma \in T} \operatorname{sgn}(\sigma)\, a_{\sigma(1)1}\, a_{\sigma(2)2} \cdots a_{\sigma(9)9} \\ &= \operatorname{sgn}(\sigma_1)\, a_{31}a_{92}a_{63}a_{54}a_{75}a_{16}a_{47}a_{88}a_{29} + \operatorname{sgn}(\sigma_2)\, a_{31}a_{92}a_{63}a_{54}a_{75}a_{16}a_{47}a_{28}a_{89} \\ &= -1\cdot 1\cdot 1\cdot 1\cdot 1\cdot 1\cdot 1\cdot 4\cdot 3 + 1\cdot 1\cdot 1\cdot 1\cdot 1\cdot 1\cdot 1\cdot 2\cdot 5 \\ &= -2\end{aligned}$$

이다. □

7.3.1 2차 정사각행렬과 3차 정사각행렬의 행렬식

2차 정사각행렬의 행렬식은

$$\det \begin{pmatrix} a_{11} & a_{12} \\ a_{21} & a_{22} \end{pmatrix} = a_{11}a_{22} - a_{21}a_{12}$$

이고 3차 정사각행렬의 행렬식은

$$\det \begin{pmatrix} a_{11} & a_{12} & a_{13} \\ a_{21} & a_{22} & a_{23} \\ a_{31} & a_{32} & a_{33} \end{pmatrix} = a_{11}a_{22}a_{33} + a_{21}a_{32}a_{13} + a_{31}a_{12}a_{23}$$
$$- a_{11}a_{32}a_{23} - a_{21}a_{12}a_{33} - a_{31}a_{22}a_{13}$$

이다. 예를 들면 행렬 $A = \begin{pmatrix} 4 & 9 & 2 \\ 3 & 5 & 7 \\ 8 & 1 & 6 \end{pmatrix}$ 의 행렬식은

$$\det A = 4\cdot 5\cdot 6 + 3\cdot 1\cdot 2 + 8\cdot 9\cdot 7 - 4\cdot 1\cdot 7 - 3\cdot 9\cdot 6 - 8\cdot 5\cdot 2 = 360$$

이다.

예제 7.3.3 (케일리-해밀턴 정리) n차 정사각행렬 $A = (a_{ij})$에 대하여

$$\det(tI_n - A) = t^n + c_{n-1}t^{n-1} + \cdots + c_1 t + c_0$$

이면

$$A^n + c_{n-1}A^{n-1} + \cdots + c_1 A + c_0 I_n = O$$

가 성립하는데, 이것을 케일리-해밀턴 정리라고 한다. A의 대각합을

$$\operatorname{tr} A = \sum_{i=1}^{n} a_{ii} = a_{11} + a_{22} + \cdots + a_{nn}$$

으로 정의할 때, 다음에 답하시오.

(1) 3차 정사각행렬

$$A = \begin{pmatrix} a_{11} & a_{12} & a_{13} \\ a_{21} & a_{22} & a_{23} \\ a_{31} & a_{32} & a_{33} \end{pmatrix}$$

에 대하여

$$A^3 - (\operatorname{tr} A)A^2 + \frac{1}{2}\big[(\operatorname{tr} A)^2 - \operatorname{tr}(A^2)\big]A - (\det A)I_3 = O$$

임을 보이시오.

(2) 행렬

$$A = \begin{pmatrix} 1 & 2 & -1 \\ -2 & 0 & 1 \\ 1 & -1 & 0 \end{pmatrix}$$

의 역행렬을 구하시오.

풀이 (1) 주어진 행렬 A에 대하여

$$\begin{aligned}(\operatorname{tr} A)^2 - \operatorname{tr}(A^2) &= (a_{11} + a_{22} + a_{33})^2 - \sum_{k=1}^{3}(a_{1k}a_{k1} + a_{2k}a_{k2} + a_{3k}a_{k3}) \\ &= 2(a_{22}a_{33} - a_{23}a_{32} + a_{11}a_{33} - a_{13}a_{31} + a_{11}a_{22} - a_{12}a_{21})\end{aligned}$$

이므로

$$
\begin{aligned}
&\det(tI_3 - A)\\
&\quad= \det\begin{pmatrix} t-a_{11} & -a_{12} & -a_{13} \\ -a_{21} & t-a_{22} & -a_{23} \\ -a_{31} & -a_{32} & t-a_{33} \end{pmatrix}\\
&\quad= t^3 - (a_{11}+a_{22}+a_{33})t^2\\
&\qquad + (a_{22}a_{33} - a_{23}a_{32} + a_{11}a_{33} - a_{13}a_{31} + a_{11}a_{22} - a_{12}a_{21})t\\
&\qquad - (a_{11}a_{22}a_{33} + a_{21}a_{32}a_{13} + a_{31}a_{12}a_{23} - a_{11}a_{32}a_{23} - a_{21}a_{12}a_{33} - a_{31}a_{22}a_{13})\\
&\quad= t^3 - (\operatorname{tr} A)t^2 + \frac{1}{2}\big[(\operatorname{tr} A)^2 - \operatorname{tr}(A^2)\big]t - \det A
\end{aligned}
$$

이고, 따라서 케일리-해밀턴 정리에 의해

$$A^3 - (\operatorname{tr} A)A^2 + \frac{1}{2}\big[(\operatorname{tr} A)^2 - \operatorname{tr}(A^2)\big]A - (\det A)I_3 = O$$

를 얻는다.

(2) 행렬 A의 행렬식과 대각합은 각각

$$
\begin{aligned}
\det A &= 1\cdot 0\cdot 0 + (-2)\cdot(-1)\cdot(-1) + 1\cdot 2\cdot 1\\
&\qquad\qquad - 1\cdot(-1)\cdot 1 - (-2)\cdot 2\cdot 0 - 1\cdot 0\cdot(-1)\\
&= 1
\end{aligned}
$$

과

$$\operatorname{tr} A = 1 + 0 + 0 = 1$$

이다. 한편

$$A^2 = \begin{pmatrix} -4 & 3 & 1 \\ -1 & -5 & 2 \\ 3 & 2 & -2 \end{pmatrix}$$

이므로

$$\operatorname{tr}(A^2) = -4 + (-5) + (-2) = -11$$

이다. 따라서 (1)의 결과로부터

$$A^3 - A^2 + 6A - I_3 = O \quad \Longrightarrow \quad A(A^2 - A + 6I_3) = I_3$$

이므로

$$\begin{aligned} A^{-1} &= A^2 - A + 6I_3 \\ &= \begin{pmatrix} -4 & 3 & 1 \\ -1 & -5 & 2 \\ 3 & 2 & -2 \end{pmatrix} - \begin{pmatrix} 1 & 2 & -1 \\ -2 & 0 & 1 \\ 1 & -1 & 0 \end{pmatrix} + \begin{pmatrix} 6 & 0 & 0 \\ 0 & 6 & 0 \\ 0 & 0 & 6 \end{pmatrix} \\ &= \begin{pmatrix} 1 & 1 & 2 \\ 1 & 1 & 1 \\ 2 & 3 & 4 \end{pmatrix} \end{aligned}$$

이다. □

7.3.2 대각행렬과 삼각행렬의 행렬식

대각행렬의 행렬식은 각 대각성분의 곱과 같다.

$$\det \begin{pmatrix} \lambda_1 & 0 & \cdots & 0 \\ 0 & \lambda_2 & \cdots & 0 \\ \vdots & \vdots & \ddots & \vdots \\ 0 & 0 & \cdots & \lambda_n \end{pmatrix} = \lambda_1 \lambda_2 \cdots \lambda_n.$$

마찬가지로 상삼각행렬의 행렬식은

$$\det \begin{pmatrix} a_{11} & a_{12} & \cdots & a_{1n} \\ 0 & a_{22} & \cdots & a_{2n} \\ \vdots & \vdots & \ddots & \vdots \\ 0 & 0 & \cdots & a_{nn} \end{pmatrix} = a_{11} a_{22} \cdots a_{nn}$$

이고, 하삼각행렬의 행렬식은

$$\det \begin{pmatrix} a_{11} & 0 & \cdots & 0 \\ a_{21} & a_{22} & \cdots & 0 \\ \vdots & \vdots & \ddots & \vdots \\ a_{n1} & a_{n2} & \cdots & a_{nn} \end{pmatrix} = a_{11} a_{22} \cdots a_{nn}$$

이다.

예제 7.3.4 행렬

$$A = \begin{pmatrix} 1 & 85 & 39 & 73 & 28 & 11 \\ 0 & 2 & 42 & 22 & 63 & 22 \\ 0 & 0 & 3 & 67 & 82 & 33 \\ 0 & 0 & 0 & 4 & 79 & 44 \\ 0 & 0 & 0 & 0 & -1 & 55 \\ 0 & 0 & 0 & 0 & 0 & -2 \end{pmatrix}$$

의 행렬식을 구하시오.

풀이 행렬 A는 상삼각행렬이므로 행렬식은

$$\det \begin{pmatrix} 1 & 85 & 39 & 73 & 28 & 11 \\ 0 & 2 & 42 & 22 & 63 & 22 \\ 0 & 0 & 3 & 67 & 82 & 33 \\ 0 & 0 & 0 & 4 & 79 & 44 \\ 0 & 0 & 0 & 0 & -1 & 55 \\ 0 & 0 & 0 & 0 & 0 & -2 \end{pmatrix} = 1 \cdot 2 \cdot 3 \cdot 4 \cdot (-1) \cdot (-2) = -48$$

이다. □

7.3.3 라플라스 전개와 수반행렬

n차 정사각행렬 A의 i번째 행과 j번째 열을 제거한 $(n-1)$차 정사각행렬을 M_{ij}라고 하자. 이때 M_{ij}와 $\det M_{ij}$를 각각 행렬 A의 (i,j)-소행렬과 (i,j)-소행렬식이라고 부른다. 예를 들면 행렬

$$A = \begin{pmatrix} 3 & -1 & 2 & 1 \\ 4 & 5 & 6 & -2 \\ -7 & -1 & 2 & 3 \\ 7 & 6 & 5 & 4 \end{pmatrix}$$

의 $(1,2)$-소행렬과 $(1,2)$-소행렬식은 각각

$$M_{12} = \begin{pmatrix} 4 & 6 & -2 \\ -7 & 2 & 3 \\ 7 & 5 & 4 \end{pmatrix}, \qquad \det M_{12} = 364$$

이다.

앞 절에서 치환을 이용하여 행렬식을 정의하였지만, 이러한 방식으로 행렬식을 계산하는 것은 매우 비효율적이다. 다음 정리는 행렬식의 계산을 귀납적으로 적용하는 방법을 제시하며 실제로 행렬식을 계산할 때 사용되는 정리이다.

정리 7.3.5 n 차 정사각행렬 A 에 대하여 다음이 성립한다.

(E1) $\det A = \sum_{j=1}^{n}(-1)^{i+j}a_{ij}\det M_{ij}, \quad (i = 1, 2, \cdots, n)$

(E2) $\det A = \sum_{i=1}^{n}(-1)^{i+j}a_{ij}\det M_{ij}, \quad (j = 1, 2, \cdots, n)$

위 정리에서

$$c_{ij} = (-1)^{i+j}\det M_{ij}$$

를 (i, j)-여인자라고 부르며 전개식 (E1)을 i 번째 행에 관한 라플라스 전개, 전개식 (E2)를 j 번째 열에 관한 라플라스 전개라고 부른다.

예제 7.3.6 행렬 $A = \begin{pmatrix} 2 & 1 & -1 & 3 \\ -2 & 1 & 3 & 1 \\ 0 & 5 & 1 & 4 \\ 4 & 2 & -3 & 5 \end{pmatrix}$ 의 행렬식을 구하시오.

풀이 첫 번째 열에 관한 라플라스 전개를 하면

$$\begin{aligned} \det A &= 2\det M_{11} - (-2)\det M_{21} + 0\det M_{31} - 4\det M_{41} \\ &= 2\det\begin{pmatrix} 1 & 3 & 1 \\ 5 & 1 & 4 \\ 2 & -3 & 5 \end{pmatrix} + 2\det\begin{pmatrix} 1 & -1 & 3 \\ 5 & 1 & 4 \\ 2 & -3 & 5 \end{pmatrix} - 4\det\begin{pmatrix} 1 & -1 & 3 \\ 1 & 3 & 1 \\ 5 & 1 & 4 \end{pmatrix} \\ &= 2 \cdot (-51) + 2 \cdot (-17) - 4 \cdot (-32) \\ &= -8 \end{aligned}$$

을 얻는다. □

여인자를 이용하면 가역행렬의 역행렬을 구할 수 있다. n 차 정사각행렬 A 에 대하여 행렬

$$\text{adj}(A) = \big((-1)^{i+j}\det M_{ij}\big)^t = \big((-1)^{i+j}\det M_{ji}\big)$$

를 행렬 A 의 수반행렬이라고 부른다.

정리 7.3.7 n차 정사각행렬 A가 가역행렬이면

$$A^{-1} = \frac{1}{\det A}\,\mathrm{adj}(A)$$

이다.

예제 7.3.8 다음 행렬의 수반행렬과 역행렬을 구하시오.

$$A = \begin{pmatrix} 4 & 9 & 2 \\ 3 & 5 & 7 \\ 8 & 1 & 6 \end{pmatrix}.$$

풀이 9개의 여인자를 모두 구하면

$$\begin{aligned} c_{11} &= 23, & c_{12} &= 38, & c_{13} &= -37, \\ c_{21} &= -52, & c_{22} &= 8, & c_{23} &= 68, \\ c_{31} &= 53, & c_{32} &= -22, & c_{33} &= -7 \end{aligned}$$

이므로 수반행렬은

$$\mathrm{adj}(A) = (c_{ij})^t = \begin{pmatrix} 23 & -52 & 53 \\ 38 & 8 & -22 \\ -37 & 68 & -7 \end{pmatrix}$$

이다. 또한

$$\det A = \begin{vmatrix} 4 & 9 & 2 \\ 3 & 5 & 7 \\ 8 & 1 & 6 \end{vmatrix} = 360$$

이므로 구하는 역행렬은

$$A^{-1} = \frac{1}{\det A}\,\mathrm{adj}(A) = \frac{1}{360}\begin{pmatrix} 23 & -52 & 53 \\ 38 & 8 & -22 \\ -37 & 68 & -7 \end{pmatrix}$$

이다. □

7.3.4 행렬식의 성질

n차 정사각행렬 $A = (a_{ij})$의 각 열벡터

$$\mathbf{a}_j = \begin{pmatrix} a_{1j} \\ a_{2j} \\ \vdots \\ a_{nj} \end{pmatrix} \quad (j = 1, 2, \cdots, n)$$

를 이용하여 A의 행렬식을 다음과 같이 표기한다.

$$\det A = \det(\mathbf{a}_1, \mathbf{a}_2, \cdots, \mathbf{a}_n).$$

위 표기법으로부터 행렬식은 사상

$$\det : \underbrace{\mathbb{R}^n \times \mathbb{R}^n \times \cdots \times \mathbb{R}^n}_{n\text{개의 곱}} \to \mathbb{R}$$

로 이해할 수 있다.

정리 7.3.9 실수 c와 서로 다른 자연수 $i, j \in \{1, 2, \cdots, n\}$에 대하여 행렬식 $\det : \mathbb{R}^n \times \mathbb{R}^n \times \cdots \times \mathbb{R}^n \to \mathbb{R}$는 다음 성질을 가진다.

(i) $\det(\mathbf{a}_1, \cdots, \mathbf{a}_i + \mathbf{a}'_i, \cdots, \mathbf{a}_n)$
$= \det(\mathbf{a}_1, \cdots, \mathbf{a}_i, \cdots, \mathbf{a}_n) + \det(\mathbf{a}_1, \cdots, \mathbf{a}'_i, \cdots, \mathbf{a}_n)$

(ii) $\det(\mathbf{a}_1, \cdots, c\mathbf{a}_i, \cdots, \mathbf{a}_n) = c\det(\mathbf{a}_1, \cdots, \mathbf{a}_i, \cdots, \mathbf{a}_n)$

(iii) $\det(\mathbf{a}_1, \cdots, \mathbf{a}_i, \cdots, \mathbf{a}_j, \cdots, \mathbf{a}_n) = -\det(\mathbf{a}_1, \cdots, \mathbf{a}_j, \cdots, \mathbf{a}_i, \cdots, \mathbf{a}_n)$

(iv) $\det(\mathbf{a}_1, \cdots, \mathbf{a}_{i-1}, \mathbf{a}_i, \mathbf{a}_{i+1}, \cdots, \mathbf{a}_n)$
$= \det(\mathbf{a}_1, \cdots, \mathbf{a}_{i-1}, \mathbf{a}_i + c\mathbf{a}_j, \mathbf{a}_{i+1}, \cdots, \mathbf{a}_n)$

정리 7.3.9의 (iii)으로부터 서로 다른 자연수 $i, j \in \{1, 2, \cdots, n\}$에 대하여 $\mathbf{a}_i = \mathbf{a}_j$이면, 다음이 성립한다.

$$\det(\mathbf{a}_1, \cdots, \mathbf{a}_i, \cdots, \mathbf{a}_j, \cdots, \mathbf{a}_n) = 0.$$

예제 7.3.10 행렬 $A = \begin{pmatrix} 2 & 0 & -1 & 0 & 0 & 0 \\ 0 & 2 & 0 & -1 & 0 & 0 \\ -1 & 0 & 2 & -1 & 0 & 0 \\ 0 & -1 & -1 & 2 & -1 & 0 \\ 0 & 0 & 0 & -1 & 2 & -1 \\ 0 & 0 & 0 & 0 & -1 & 2 \end{pmatrix}$ 의 행렬식을 구하시오.

풀이 정리 7.3.9 에 의해 구하는 행렬식은 다음과 같다.

$$\det A = \begin{pmatrix} 2 & 0 & -1 & 0 & 0 & 0 \\ 0 & 2 & 0 & -1 & 0 & 0 \\ -1 & 0 & 2 & -1 & 0 & 0 \\ 0 & -1 & -1 & 2 & -1 & 0 \\ 0 & 0 & 0 & -1 & 2 & -1 \\ 0 & 0 & 0 & 0 & -1 & 2 \end{pmatrix} = \begin{pmatrix} 2 & 0 & 0 & 0 & 0 & 0 \\ 0 & 2 & 0 & 0 & 0 & 0 \\ -1 & 0 & \frac{3}{2} & -1 & 0 & 0 \\ 0 & -1 & -1 & \frac{3}{2} & -1 & 0 \\ 0 & 0 & 0 & -1 & 2 & -1 \\ 0 & 0 & 0 & 0 & -1 & 2 \end{pmatrix}$$

$$= \begin{pmatrix} 2 & 0 & 0 & 0 & 0 & 0 \\ 0 & 2 & 0 & 0 & 0 & 0 \\ -1 & 0 & \frac{3}{2} & 0 & 0 & 0 \\ 0 & -1 & -1 & \frac{5}{6} & -1 & 0 \\ 0 & 0 & 0 & -1 & 2 & -1 \\ 0 & 0 & 0 & 0 & -1 & 2 \end{pmatrix} = \begin{pmatrix} 2 & 0 & 0 & 0 & 0 & 0 \\ 0 & 2 & 0 & 0 & 0 & 0 \\ -1 & 0 & \frac{3}{2} & 0 & 0 & 0 \\ 0 & -1 & -1 & \frac{5}{6} & 0 & 0 \\ 0 & 0 & 0 & -1 & \frac{4}{5} & -1 \\ 0 & 0 & 0 & 0 & -1 & 2 \end{pmatrix}$$

$$= \begin{pmatrix} 2 & 0 & 0 & 0 & 0 & 0 \\ 0 & 2 & 0 & 0 & 0 & 0 \\ -1 & 0 & \frac{3}{2} & 0 & 0 & 0 \\ 0 & -1 & -1 & \frac{5}{6} & 0 & 0 \\ 0 & 0 & 0 & -1 & \frac{4}{5} & 0 \\ 0 & 0 & 0 & 0 & -1 & \frac{3}{4} \end{pmatrix} = 2 \cdot 2 \cdot \frac{3}{2} \cdot \frac{5}{6} \cdot \frac{4}{5} \cdot \frac{3}{4} = 3.$$

□

예제 7.3.11 자연수 $n \geq 2$ 에 대하여 다음 등식이 성립함을 보이시오.

$$\det \begin{pmatrix} 1 & x_1 & x_1^2 & \cdots & x_1^{n-1} \\ 1 & x_2 & x_2^2 & \cdots & x_2^{n-1} \\ \vdots & \vdots & \vdots & \ddots & \vdots \\ 1 & x_n & x_n^2 & \cdots & x_n^{n-1} \end{pmatrix} = \prod_{1 \leq i < j \leq n} (x_j - x_i). \qquad (\star)$$

풀이 n에 대한 수학적 귀납법을 이용하여 증명한다.

(i) $n=2$일 때, $\det\begin{pmatrix}1 & x_1\\ 1 & x_2\end{pmatrix} = x_2 - x_1$이므로 식 $(\star)$가 성립한다.

(ii) $n = k-1$일 때, 식 $(\star)$가 성립한다고 가정하자.

$$\mathbf{a}_i = \begin{pmatrix} x_1^{i-1} \\ x_2^{i-1} \\ \vdots \\ x_k^{i-1} \end{pmatrix} \quad (i = 1, 2, \cdots, k)$$

이라 두면

$$\det(\mathbf{a}_1, \mathbf{a}_2, \cdots, \mathbf{a}_k) = \det(\mathbf{a}_1, \mathbf{a}_2 - x_1\mathbf{a}_1, \mathbf{a}_3 - x_1\mathbf{a}_2, \cdots, \mathbf{a}_k - x_1\mathbf{a}_{k-1})$$

이므로

$$\begin{aligned}
&\det\begin{pmatrix} 1 & x_1 & x_1^2 & \cdots & x_1^{k-1} \\ 1 & x_2 & x_2^2 & \cdots & x_2^{k-1} \\ \vdots & \vdots & \vdots & \ddots & \vdots \\ 1 & x_k & x_k^2 & \cdots & x_k^{k-1} \end{pmatrix} \\
&= \det\begin{pmatrix} 1 & 0 & 0 & \cdots & 0 \\ 1 & x_2 - x_1 & x_2(x_2 - x_1) & \cdots & x_2^{k-2}(x_2 - x_1) \\ 1 & x_3 - x_1 & x_3(x_3 - x_1) & \cdots & x_3^{k-2}(x_3 - x_1) \\ \vdots & \vdots & \vdots & \ddots & \vdots \\ 1 & x_k - x_1 & x_k(x_k - x_1) & \cdots & x_k^{k-2}(x_k - x_1) \end{pmatrix} \\
&= \det\begin{pmatrix} x_2 - x_1 & x_2(x_2 - x_1) & \cdots & x_2^{k-2}(x_2 - x_1) \\ x_3 - x_1 & x_3(x_3 - x_1) & \cdots & x_3^{k-2}(x_3 - x_1) \\ \vdots & \vdots & \ddots & \vdots \\ x_k - x_1 & x_k(x_k - x_1) & \cdots & x_k^{k-2}(x_k - x_1) \end{pmatrix} \\
&= (x_2 - x_1)(x_3 - x_1)\cdots(x_k - x_1)\det\begin{pmatrix} 1 & x_2 & x_2^2 & \cdots & x_2^{k-2} \\ 1 & x_3 & x_3^2 & \cdots & x_3^{k-2} \\ \vdots & \vdots & \vdots & \ddots & \vdots \\ 1 & x_k & x_k^2 & \cdots & x_k^{k-2} \end{pmatrix} \\
&= \prod_{1 \le i < j \le k} (x_j - x_i)
\end{aligned}$$

이다. 따라서 $n=k$ 일 때도 식 $(\star)$가 성립한다.

(i), (ii)에 의해 자연수 $n \geq 2$ 에 대하여 식 $(\star)$가 성립한다. □

정리 7.3.12 n차 정사각행렬 A, B 와 실수 c 대하여 다음이 성립한다.

(i) $\det A^t = \det A$

(ii) $\det(AB) = (\det A)(\det B)$

(iii) $\det(cA) = c^n \det A$

정리 7.3.12 의 (i)로부터 행렬의 열벡터에 대해 성립한 행렬식의 모든 성질은 행벡터에서도 성립함을 안다.

예제 7.3.13 3차원 공간의 임의의 네 벡터

$$\begin{aligned} \mathbf{x} &= (x_1, x_2, x_3), & \mathbf{y} &= (y_1, y_2, y_3), \\ \mathbf{a} &= (a_1, a_2, a_3), & \mathbf{b} &= (b_1, b_2, b_3) \end{aligned}$$

에 대하여

$$\det \begin{pmatrix} x_1 & y_1 & 4a_1 \\ 2x_2 & y_2 & 5a_2 \\ 3x_3 & y_3 & 6a_3 \end{pmatrix} = -3, \quad \det \begin{pmatrix} x_1 & 2x_2 & 3x_3 \\ y_1 & y_2 & y_3 \\ b_1 & b_2 & b_3 \end{pmatrix} = 4$$

가 성립할 때, 행렬식

$$\det \begin{pmatrix} 3x_1 & 12a_1 + 2b_1 & 2x_1 + 3y_1 \\ 6x_2 & 15a_2 + 2b_2 & 4x_2 + 3y_2 \\ 9x_3 & 18a_3 + 2b_3 & 6x_3 + 3y_3 \end{pmatrix}$$

을 구하시오.

풀이 정리 7.3.9 와 정리 7.3.12 에 의해

$$
\begin{aligned}
&\det\begin{pmatrix} 3x_1 & 12a_1+2b_1 & 2x_1+3y_1 \\ 6x_2 & 15a_2+2b_2 & 4x_2+3y_2 \\ 9x_3 & 18a_3+2b_3 & 6x_3+3y_3 \end{pmatrix} \\
&= \det\begin{pmatrix} 3x_1 & 12a_1+2b_1 & 3y_1 \\ 6x_2 & 15a_2+2b_2 & 3y_2 \\ 9x_3 & 18a_3+2b_3 & 3y_3 \end{pmatrix} = -\det\begin{pmatrix} 3x_1 & 3y_1 & 12a_1+2b_1 \\ 6x_2 & 3y_2 & 15a_2+2b_2 \\ 9x_3 & 3y_3 & 18a_3+2b_3 \end{pmatrix} \\
&= -\det\begin{pmatrix} 3x_1 & 3y_1 & 12a_1 \\ 6x_2 & 3y_2 & 15a_2 \\ 9x_3 & 3y_3 & 18a_3 \end{pmatrix} - \det\begin{pmatrix} 3x_1 & 3y_1 & 2b_1 \\ 6x_2 & 3y_2 & 2b_2 \\ 9x_3 & 3y_3 & 2b_3 \end{pmatrix} \\
&= -3^3\det\begin{pmatrix} x_1 & y_1 & 4a_1 \\ 2x_2 & y_2 & 5a_2 \\ 3x_3 & y_3 & 6a_3 \end{pmatrix} - 3\cdot 3\cdot 2\det\begin{pmatrix} x_1 & y_1 & b_1 \\ 2x_2 & y_2 & b_2 \\ 3x_3 & y_3 & b_3 \end{pmatrix} \\
&= -27\cdot(-3) - 18\cdot 4 = 9
\end{aligned}
$$

이다. □

예제 7.3.14 선형사상 $L : \mathbb{R}^4 \to \mathbb{R}^4$ 이

$$
L\begin{pmatrix} 2 \\ -2 \\ 0 \\ 4 \end{pmatrix} = \begin{pmatrix} 2 \\ 0 \\ 0 \\ 0 \end{pmatrix}, \quad L\begin{pmatrix} 1 \\ 1 \\ 5 \\ 2 \end{pmatrix} = \begin{pmatrix} -2 \\ 4 \\ 0 \\ 0 \end{pmatrix}, \quad L\begin{pmatrix} -1 \\ 3 \\ 1 \\ -3 \end{pmatrix} = \begin{pmatrix} -1 \\ 3 \\ 5 \\ 0 \end{pmatrix}, \quad L\begin{pmatrix} 3 \\ 1 \\ 4 \\ 5 \end{pmatrix} = \begin{pmatrix} -1 \\ 3 \\ 5 \\ 2 \end{pmatrix}
$$

를 만족할 때, 행렬식 $\det[L]$ 을 구하시오.

풀이 주어진 조건으로부터 선형사상 L 에 대응되는 행렬 $[L]$ 은

$$
[L]\begin{pmatrix} 2 & 1 & -1 & 3 \\ -2 & 1 & 3 & 1 \\ 0 & 5 & 1 & 4 \\ 4 & 2 & -3 & 5 \end{pmatrix} = \begin{pmatrix} 2 & -2 & -1 & -1 \\ 0 & 4 & 3 & 3 \\ 0 & 0 & 5 & 5 \\ 0 & 0 & 0 & 2 \end{pmatrix}
$$

를 만족한다. 정리 7.3.12 의 (ii)에 의해

$$(\det[L])\det\begin{pmatrix}2 & 1 & -1 & 3\\ -2 & 1 & 3 & 1\\ 0 & 5 & 1 & 4\\ 4 & 2 & -3 & 5\end{pmatrix} = \det\begin{pmatrix}2 & -2 & -1 & -1\\ 0 & 4 & 3 & 3\\ 0 & 0 & 5 & 5\\ 0 & 0 & 0 & 2\end{pmatrix}$$

이다. 그런데

$$\det\begin{pmatrix}2 & 1 & -1 & 3\\ -2 & 1 & 3 & 1\\ 0 & 5 & 1 & 4\\ 4 & 2 & -3 & 5\end{pmatrix} = -8, \qquad \det\begin{pmatrix}2 & -2 & -1 & -1\\ 0 & 4 & 3 & 3\\ 0 & 0 & 5 & 5\\ 0 & 0 & 0 & 2\end{pmatrix} = 80$$

이므로

$$\det[L] = -10$$

을 얻는다. □

정리 7.3.15 $\mathbb{R}^n$ 의 벡터 $\mathbf{a}_1, \mathbf{a}_2, \cdots, \mathbf{a}_n$ 이 일차독립일 필요충분조건은

$$\det(\mathbf{a}_1, \mathbf{a}_2, \cdots, \mathbf{a}_n) \neq 0$$

이다.

예제 7.3.16 3 차원 공간의 세 벡터

$$\mathbf{a} = (t+1, 2t-1, 3t-2), \quad \mathbf{b} = (2t-1, 3t-2, 4t-3), \quad \mathbf{c} = (3t-2, 4t-3, 5t-4)$$

가 일차종속이 되도록 하는 실수 t 의 값을 구하시오.

풀이 $\mathbf{a}, \mathbf{b}, \mathbf{c}$ 가 일차종속일 필요충분조건은 $\det(\mathbf{a}, \mathbf{b}, \mathbf{c}) = 0$ 이다. 그런데

$$\det(\mathbf{a}, \mathbf{b}, \mathbf{c}) = \det\begin{pmatrix}t+1 & 2t-1 & 3t-2\\ 2t-1 & 3t-2 & 4t-3\\ 3t-2 & 4t-3 & 5t-4\end{pmatrix} = -(t-1)^2$$

이므로 $t = 1$ 일 때, 주어진 벡터는 일차종속이다. □

정리 7.3.17 n차 정사각행렬 A가 가역행렬일 필요충분조건은

$$\det A \neq 0$$

이고, 이때 $\det(A^{-1}) = \dfrac{1}{\det A}$ 이다.

예제 7.3.18 n차 정사각행렬 A, P에 대하여 P가 가역행렬이면

$$\det(A) = \det(P^{-1}AP)$$

임을 보이시오.

풀이 정리 7.3.17에 의해

$$\begin{aligned}\det(P^{-1}AP) &= \big(\det(P^{-1})\big)(\det A)(\det P)\\ &= \frac{1}{\det P}(\det A)(\det P)\\ &= \det A\end{aligned}$$

이다. □

예제 7.3.19 5차 정사각행렬 A, B가 임의의 가역행렬 P에 대하여

$$A = P^{-1}\begin{pmatrix}1 & 2 & 3 & 4 & 5\\ 0 & 2 & 4 & 6 & 8\\ 0 & 0 & 3 & 6 & 9\\ 0 & 0 & 0 & 4 & 8\\ 0 & 0 & 0 & 0 & 5\end{pmatrix}P$$

이고, $2A^2 + 3AB - 12A - 18B = I_5$를 만족할 때, $\det(2A + 3B)$를 구하시오.

풀이 주어진 식의 좌변을 인수분해하면

$$2A^2 + 3AB - 12A - 18B = (A - 6I_5)(2A + 3B)$$

이므로 $2A+3B=(A-6I_5)^{-1}$ 이다. 한편 $D=\begin{pmatrix}1&2&3&4&5\\0&2&4&6&8\\0&0&3&6&9\\0&0&0&4&8\\0&0&0&0&5\end{pmatrix}$ 라 두면

$$A-6I_5=P^{-1}DP-P^{-1}\times 6I_5\times P=P^{-1}(D-6I_5)P$$

이므로 예제 7.3.18 의 결과에 의해

$$\det(A-6I_5)=\det(D-6I_5)=\det\begin{pmatrix}-5&2&3&4&5\\0&-4&4&6&8\\0&0&-3&6&9\\0&0&0&-2&8\\0&0&0&0&-1\end{pmatrix}=-120$$

이다. 따라서

$$\det(2A+3B)=\frac{1}{\det(A-6I_5)}=-\frac{1}{120}$$

이다. □

7.3.5 행렬식의 기하학적 의미

이 절의 목적은 가역인 n차 정사각행렬 A에 대하여 행렬식의 절댓값 $|\det A|$은 $\mathbb{R}^n$의 어떤 도형의 n차원 부피임을 공부하는 것이다.

정의 7.3.20 $\mathbb{R}^n$ 의 벡터 $\mathbf{v}_1,\mathbf{v}_2,\cdots,\mathbf{v}_k$ 에 대하여

$$P(\mathbf{v}_1,\mathbf{v}_2,\cdots,\mathbf{v}_k)=\{t_1\mathbf{v}_1+t_2\mathbf{v}_2+\cdots+c_k\mathbf{v}_k \mid 0\le t_i\le 1,\ i=1,2,\cdots,k\}$$

를 $\mathbf{v}_1,\mathbf{v}_2,\cdots,\mathbf{v}_k$ 가 이루는 k-차원 평행체 또는 나란히꼴이라고 부른다.

n차 정사각행렬 A에 대하여 행렬식의 절댓값 $|\det A|$ 의 기하학적 의미는 행렬 A의 열벡터(또는 행벡터)가 이루는 n-차원 평행체의 부피이다.

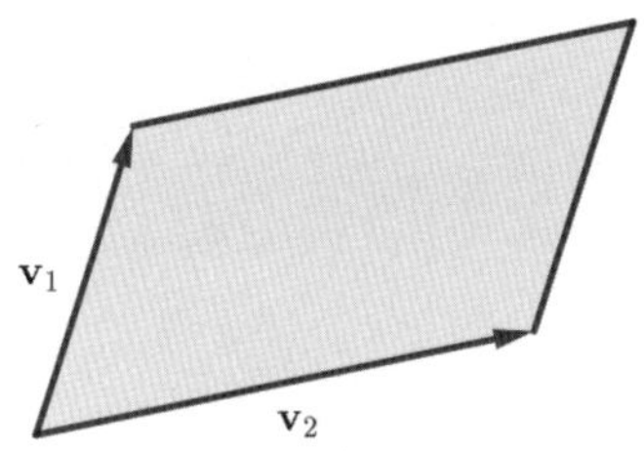

2차원 평행체(평행사변형)

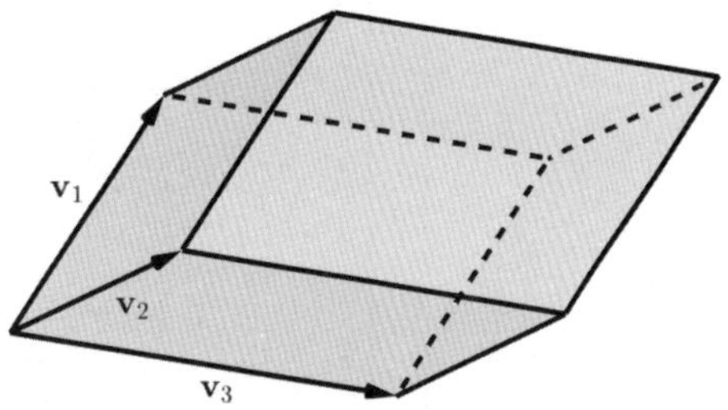

3차원 평행체(평행육면체)

정리 7.3.21 $\mathbb{R}^n$ 의 벡터 $\mathbf{v}_1, \mathbf{v}_2, \cdots, \mathbf{v}_n$ 에 대하여

$$\mathrm{Vol}_n\big(P(\mathbf{v}_1, \mathbf{v}_2, \cdots, \mathbf{v}_n)\big) = |\det(\mathbf{v}_1, \mathbf{v}_2, \cdots, \mathbf{v}_n)|$$

이다.

특히 $n = 2$ 인 경우 평면 도형 $D \subset \mathbb{R}^2$ 에 대하여

$$\mathrm{Vol}_2(D) = \mathrm{Area}(D)$$

로 표기한다.

예제 7.3.22 좌표평면에서 다음 네 점을 꼭짓점으로 하는 사각형의 넓이를 구하시오.

$$O = (0,0), \quad A = (5,4), \quad B = (1,5), \quad C = (2,3).$$

풀이 사각형 $OABC$ 의 넓이는 삼각형 OAB 의 넓이와 삼각형 OBC 의 넓이의 차이므로 구하는 넓이는

$$\begin{aligned}|\triangle OAB - \triangle OBC| &= \frac{1}{2}\,\mathrm{Area}\big(P(\overrightarrow{OA}, \overrightarrow{OB})\big) - \frac{1}{2}\,\mathrm{Area}\big(P(\overrightarrow{OB}, \overrightarrow{OC})\big) \\ &= \frac{1}{2}|\det(\overrightarrow{OA}, \overrightarrow{OB})| - \frac{1}{2}|\det(\overrightarrow{OB}, \overrightarrow{OC})| \\ &= \frac{1}{2}\left|\det\begin{pmatrix}5 & 1\\ 4 & 5\end{pmatrix}\right| - \frac{1}{2}\left|\det\begin{pmatrix}1 & 2\\ 5 & 3\end{pmatrix}\right| = 7\end{aligned}$$

이다.

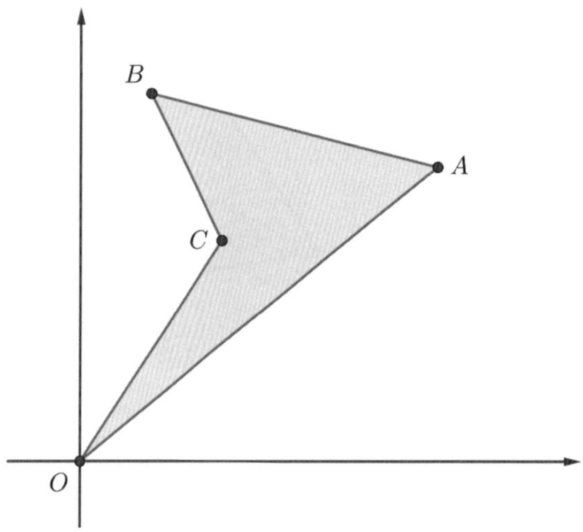

□

예제 7.3.23 (신발끈 공식) 좌표평면의 n개의 점 (x_1, y_1), (x_2, y_2), $\cdots$, (x_n, y_n)을 꼭짓점으로 하는 n각형의 넓이는

$$\frac{1}{2}\left|\sum_{k=1}^{n} \det \begin{pmatrix} x_k & x_{k+1} \\ y_k & y_{k+1} \end{pmatrix}\right|$$

임을 보이시오. (단, $x_{n+1} = x_1$, $y_{n+1} = y_1$ 이다.)

풀이 각 $k = 1, 2, \cdots, n$에 대하여

$$A_k = (x_k, y_k), \quad \tilde{A}_k = (x_k, 0), \quad A_{n+1} = A_1$$

이라 두자. 충분히 큰 양수 M에 대하여

$$z_k = y_k + M > 0 \quad (k = 1, 2, \cdots, n)$$

이므로

$$B_k = (x_k, z_k) \quad (k = 1, 2, \cdots, n)$$

라 두면, 점 $B_1, B_2, \cdots, B_n$은 모두 반평면

$$\{(x, y) \in \mathbb{R}^2 \mid y > 0\}$$

의 점이다. 한편 주어진 도형을 y-축의 방향으로 M만큼 평행이동하여도 넓이가 변하지 않으므로 구하는 n각형의 넓이는 꼭짓점이 차례로 $B_1, B_2, \cdots, B_n$ 인 n각형의 넓이와 같다. 따라서 구하는 도형의 넓이는

$$\begin{aligned}
&\left|\sum_{x_{k+1}\le x_k} \square B_k B_{k+1}\tilde{A}_{k+1}\tilde{A}_k - \sum_{x_{k+1}>x_k} \square B_k B_{k+1}\tilde{A}_{k+1}\tilde{A}_k\right| \\
&= \left|\sum_{x_{k+1}\le x_k} \frac{1}{2}(x_k - x_{k+1})(z_k + z_{k+1}) - \sum_{x_{k+1}>x_k} \frac{1}{2}(x_{k+1} - x_k)(z_k + z_{k+1})\right| \\
&= \left|\sum_{k=1}^{n} \frac{1}{2}(x_k - x_{k+1})(z_k + z_{k+1})\right| \\
&= \frac{1}{2}\left|\sum_{k=1}^{n}(x_k - x_{k+1})(y_k + y_{k+1} + 2M)\right| \\
&= \frac{1}{2}\left|\sum_{k=1}^{n}(x_k y_{k+1} - x_{k+1} y_k) + \sum_{k=1}^{n}(x_k y_k - x_{k+1} y_{k+1}) + 2M\sum_{k=1}^{n}(x_k - x_{k+1})\right| \\
&= \frac{1}{2}\left|\sum_{k=1}^{n} \det\begin{pmatrix} x_k & x_{k+1} \\ y_k & y_{k+1}\end{pmatrix}\right|
\end{aligned}$$

이다.

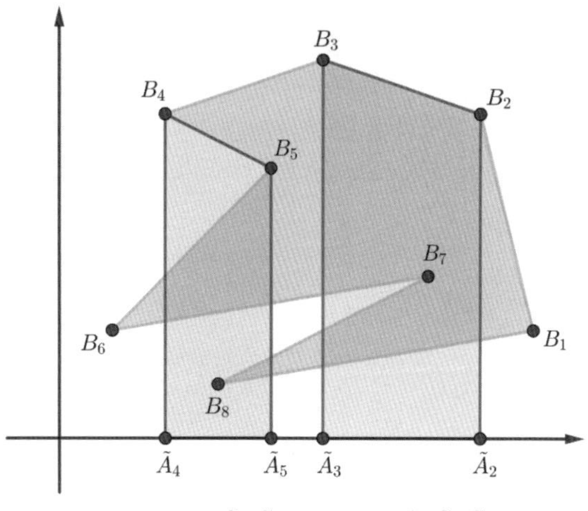

$\square B_4 B_5 \tilde{A}_5 \tilde{A}_4$ $\quad$ $\square B_2 B_3 \tilde{A}_3 \tilde{A}_2$

□

예제 7.3.24 3차원 공간의 네 점

$$A = (3,2,1), \quad B = (4,3,2), \quad C = (4,4,5), \quad D = (4,5,10)$$

을 꼭짓점으로 하는 사면체의 부피를 구하시오.

풀이 사면체 $ABCD$ 의 부피는 다음 세 벡터가 이루는 평행육면체의 부피의 1/6 이다.

$$\overrightarrow{AB} = (1,1,1), \quad \overrightarrow{AC} = (1,2,4), \quad \overrightarrow{AD} = (1,3,9).$$

따라서 구하는 부피는

$$\frac{1}{6}|\det(\overrightarrow{AB}, \overrightarrow{AC}, \overrightarrow{AD})| = \frac{1}{6}\left|\det\begin{pmatrix}1 & 1 & 1\\ 1 & 2 & 3\\ 1 & 4 & 9\end{pmatrix}\right| = \frac{1}{3}$$

이다. □

예제 7.3.25 임의의 실수 a, b, c 에 대하여 3차원 공간의 도형

$$\{(a,b,c) + t_1(1,1,1) + t_2(-1,4,3) + t_3(2,-3,1) \mid 1 \le t_1 \le 2,\ 3 \le t_2 \le 5,\ 6 \le t_3 \le 9\}$$

의 부피를 구하시오.

풀이 매개변수 t_1, t_2, t_3 에 대하여 다음 치환

$$s_1 = t_1 - 1, \quad s_2 = \frac{t_2 - 3}{2}, \quad s_3 = \frac{t_3 - 6}{3}$$

을 생각하면

$$0 \le s_1 \le 1, \quad 0 \le s_2 \le 1, \quad 0 \le s_3 \le 1$$

이고 주어진 집합을 매개변수 s_1, s_2, s_3 로 표현하면

$$\{(a+10, b-5, c+16) + s_1(1,1,1) + s_2(-2,8,6) + s_3(6,-9,3) \mid 0 \le s_i \le 1,\ i = 1,2,3\}$$

이다. 이 집합이 이루는 도형은 다음 세 벡터

$$\mathbf{v}_1 = (1,1,1), \quad \mathbf{v}_2 = (-2,8,6), \quad \mathbf{v}_3 = (6,-9,3)$$

이 이루는 평행육면체를 벡터 $(a+10, b-5, c+16)$ 만큼 평행이동한 도형이다. 따라서 구하는 도형의 부피는

$$|\det(\mathbf{v}_1, \mathbf{v}_2, \mathbf{v}_3)| = \left|\det\begin{pmatrix}1 & -2 & 6\\ 1 & 8 & -9\\ 1 & 6 & 3\end{pmatrix}\right| = 90$$

이다. □

선형사상 $L : \mathbb{R}^n \to \mathbb{R}^n$ 에 의한 벡터 $\mathbf{v}_1, \mathbf{v}_2, \cdots, \mathbf{v}_k$ 가 이루는 평행체의 상은

$$\begin{aligned} L\big(P(\mathbf{v}_1, \mathbf{v}_2, \cdots, \mathbf{v}_k)\big) &= \{L(t_1\mathbf{v}_1 + t_2\mathbf{v}_t + \cdots + t_k\mathbf{v}_k) \mid 0 \le t_i \le 1,\ 1 \le i \le k\} \\ &= \{t_1 L(\mathbf{v}_1) + t_2 L(\mathbf{v}_2) + \cdots + t_k L(\mathbf{v}_k) \mid 0 \le t_i \le 1,\ 1 \le i \le k\} \\ &= P\big(L(\mathbf{v}_1), L(\mathbf{v}_2), \cdots, L(\mathbf{v}_k)\big) \end{aligned}$$

이므로 벡터 $L(\mathbf{v}_1), L(\mathbf{v}_2), \cdots, L(\mathbf{v}_k)$ 가 이루는 평행체가 된다.

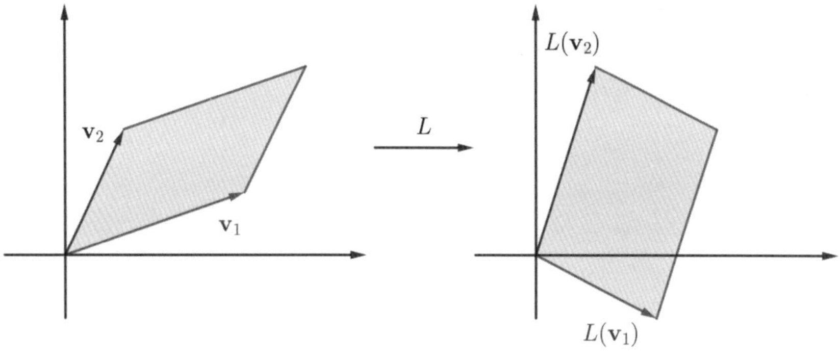

또한 등식

$$\big(L(\mathbf{v}_1), L(\mathbf{v}_2), \cdots, L(\mathbf{v}_k)\big) = [L](\mathbf{v}_1, \mathbf{v}_2, \cdots, \mathbf{v}_k)$$

로부터 다음 정리를 얻는다.

정리 7.3.26 $\mathbb{R}^n$ 의 벡터 $\mathbf{v}_1, \mathbf{v}_2, \cdots, \mathbf{v}_n$ 과 선형사상 $L : \mathbb{R}^n \to \mathbb{R}^n$ 에 대하여

$$\left|\det\big(L(\mathbf{v}_1), L(\mathbf{v}_2), \cdots, L(\mathbf{v}_k)\big)\right| = |\det[L]|\,|\det(\mathbf{v}_1, \mathbf{v}_2, \cdots, \mathbf{v}_n)|$$

이다.

정리 7.3.26 으로부터

$$\mathrm{Vol}_n\big[L\big(P(\mathbf{v}_1, \mathbf{v}_2, \cdots, \mathbf{v}_k)\big)\big] = |\det[L]|\,\mathrm{Vol}_n\big(P(\mathbf{v}_1, \mathbf{v}_2, \cdots, \mathbf{v}_n)\big)$$

임을 안다. 일반적으로 어떤 도형 R 에 대하여 선형사상 L 에 의한 상 $L(R)$ 의 부피는

$$\mathrm{Vol}_n\big(L(R)\big) = |\det[L]|\,\mathrm{Vol}_n(R)$$

이다.

예제 7.3.27 타원체

$$E : \frac{x^2}{a^2} + \frac{y^2}{b^2} + \frac{z^2}{c^2} \leq 1 \quad (a, b, c > 0)$$

의 부피를 구하시오.

풀이 선형사상

$$L : \mathbb{R}^3 \to \mathbb{R}^3, \quad [L] = \begin{pmatrix} a & 0 & 0 \\ 0 & b & 0 \\ 0 & 0 & c \end{pmatrix}$$

에 의한 공

$$B : x^2 + y^2 + z^2 \leq 1$$

의 상은

$$\begin{aligned} L(B) &= \left\{ L\begin{pmatrix} x \\ y \\ z \end{pmatrix} : x^2 + y^2 + z^2 \leq 1 \right\} = \left\{ \begin{pmatrix} ax \\ by \\ cz \end{pmatrix} : x^2 + y^2 + z^2 \leq 1 \right\} \\ &= \left\{ \begin{pmatrix} u \\ v \\ w \end{pmatrix} : \frac{u^2}{a^2} + \frac{v^2}{b^2} + \frac{w^2}{c^2} \leq 1 \right\} = E \end{aligned}$$

이므로 구하는 부피는

$$\mathrm{Vol}_3(E) = \mathrm{Vol}_3\big(L(B)\big) = |\det[L]|\,\mathrm{Vol}_3(B) = \frac{4}{3}\pi abc$$

이다. □

예제 7.3.28 3차원 공간의 네 점

$$A=(2,-4,4),\quad B=(8,3,7),\quad C=(-5,6,-9),\quad D=(4,0,1)$$

과 선형사상

$$L:\mathbb{R}^3\to\mathbb{R}^3,\quad [L]=\begin{pmatrix}1&0&2\\0&3&0\\4&0&5\end{pmatrix}$$

에 대하여 다음 세 벡터

$$L(\overrightarrow{AB}),\quad L(\overrightarrow{AC}),\quad L(\overrightarrow{AD})$$

가 이루는 평행체의 부피를 구하시오.

풀이 다음 세 벡터

$$\overrightarrow{AB}=(6,7,3),\quad \overrightarrow{AC}=(-7,10,-13),\quad \overrightarrow{AD}=(2,4,-3)$$

이 이루는 평행체의 부피 V_1은

$$V_1=|\det(\overrightarrow{AB},\overrightarrow{AC},\overrightarrow{AD})|=\left|\det\begin{pmatrix}6&-7&2\\7&10&4\\3&-13&-3\end{pmatrix}\right|=341$$

이다. 한편 $\det[L]=9$ 이므로 정리 7.3.26에 의해 세 벡터 $L(\overrightarrow{AB}),L(\overrightarrow{AC}),L(\overrightarrow{AD})$가 이루는 평행체의 부피 V_2는

$$\begin{aligned}V_2&=\left|\det\left(L(\overrightarrow{AB}),L(\overrightarrow{AC}),L(\overrightarrow{AD})\right)\right|\\&=|\det[L]|\,|\det(\overrightarrow{AB},\overrightarrow{AC},\overrightarrow{AD})|\\&=9\times 341\\&=3069\end{aligned}$$

이다. □

예제 7.3.29 $\mathbb{R}^n$ 의 두 단위벡터 $\mathbf{u}, \mathbf{v}$ 가 이루는 각을 $\theta \in (0, \pi)$ 라고 하자. 실수 x, y 가 부등식

$$|x\mathbf{u} + y\mathbf{v}| \leq 1$$

을 만족할 때, 점 $P = (x, y)$ 가 그리는 자취의 넓이는

$$\frac{\pi}{\sin\theta}$$

임을 보이시오.

풀이 점 $P = (x, y)$ 가 그리는 자취를 E 라 하자.

$$|x\mathbf{u} + y\mathbf{v}|^2 = x^2|\mathbf{u}|^2 + 2xy\mathbf{u}\cdot\mathbf{v} + y^2|\mathbf{v}|^2 = x^2 + 2(\cos\theta)xy + y^2$$

이므로

$$|x\mathbf{u} + y\mathbf{v}| \leq 1 \qquad \Longleftrightarrow \qquad x^2 + 2(\cos\theta)xy + y^2 \leq 1$$

이다. 회전변환

$$L_{R_{\pi/4}} : \mathbb{R}^2 \to \mathbb{R}^2, \quad R_{\pi/4} = \begin{pmatrix} \cos\frac{\pi}{4} & -\sin\frac{\pi}{4} \\ \sin\frac{\pi}{4} & \cos\frac{\pi}{4} \end{pmatrix} = \frac{1}{\sqrt{2}}\begin{pmatrix} 1 & -1 \\ 1 & 1 \end{pmatrix}$$

에 의한 영역

$$E : x^2 + 2(\cos\theta)xy + y^2 \leq 1$$

의 상은

$$\begin{aligned} L_{R_{\pi/4}}(E) &= \left\{ L_{R_{\pi/4}}\begin{pmatrix} x \\ y \end{pmatrix} : x^2 + 2(\cos\theta)xy + y^2 \leq 1 \right\} \\ &= \left\{ \frac{1}{\sqrt{2}}\begin{pmatrix} x-y \\ x+y \end{pmatrix} : x^2 + 2(\cos\theta)xy + y^2 \leq 1 \right\} \\ &= \left\{ \begin{pmatrix} u \\ v \end{pmatrix} : (1-\cos\theta)u^2 + (1+\cos\theta)v^2 \leq 1 \right\} \end{aligned}$$

이고, 선형사상

$$L_A : \mathbb{R}^2 \to \mathbb{R}^2, \quad A = \begin{pmatrix} \sqrt{1-\cos\theta} & 0 \\ 0 & \sqrt{1+\cos\theta} \end{pmatrix}$$

에 의한 영역 $L_{R_{\pi/4}}(E)$ 의 상은

$$\begin{aligned}(L_A \circ L_{R_{\pi/4}})(E) &= \left\{ L_A \begin{pmatrix} u \\ v \end{pmatrix} : (1-\cos\theta)u^2 + (1+\cos\theta)v^2 \le 1 \right\} \\ &= \left\{ \begin{pmatrix} u\sqrt{1-\cos\theta} \\ v\sqrt{1+\cos\theta} \end{pmatrix} : (1-\cos\theta)u^2 + (1+\cos\theta)v^2 \le 1 \right\} \\ &= \left\{ \begin{pmatrix} s \\ t \end{pmatrix} : s^2 + t^2 \le 1 \right\}\end{aligned}$$

이므로 단위원이다. 한편

$$|\det R_{\pi/4}| = 1, \qquad |\det A| = \sin\theta, \qquad \mathrm{Vol}_3\big((L_A \circ L_{R_{\pi/4}})(E)\big) = \pi$$

이고

$$\mathrm{Vol}_3\big((L_A \circ L_{R_{\pi/4}})(E)\big) = |\det A||\det R_{\pi/4}|\,\mathrm{Vol}_3(E)$$

이므로 구하는 부피는

$$\mathrm{Vol}_3(E) = \frac{\pi}{\sin\theta}$$

이다. □

제 8 장

벡터곱

이 장에서는 3차원 공간에서 두 벡터의 곱의 한 종류인 벡터곱에 대해 공부한다.

8.1 벡터곱의 정의

정의 8.1.1 (벡터곱의 기하학적 정의) $\mathbb{R}^3$ 의 두 벡터 $\mathbf{a}$와 $\mathbf{b}$가 이루는 각의 크기가 θ일 때, 벡터곱은

$$\mathbf{a} \times \mathbf{b} = |\mathbf{a}||\mathbf{b}|(\sin\theta)\mathbf{n}$$

으로 정의한다. 여기서 벡터 $\mathbf{n}$은 $\mathbf{a}$와 $\mathbf{b}$가 이루는 평면에 수직이고 방향은 다음 그림과 같이 주어진 단위벡터이다.

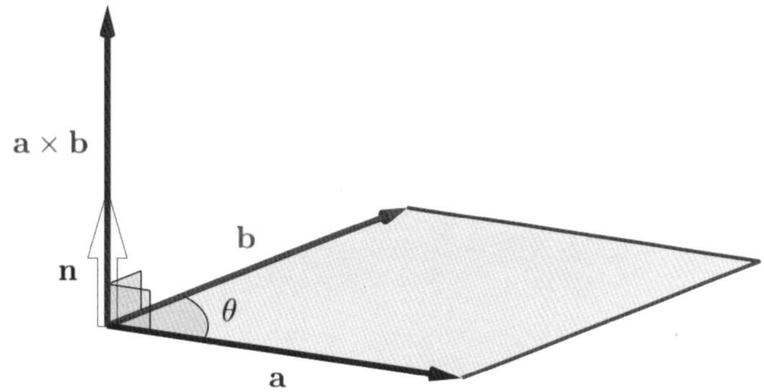

벡터곱의 방향

벡터곱의 기하학적 정의로부터 $|\mathbf{a} \times \mathbf{b}|$는 두 벡터 $\mathbf{a}$와 $\mathbf{b}$가 이루는 평행사변형의 넓이와 같고

$$(\mathbf{a} \times \mathbf{b}) \cdot \mathbf{a} = 0, \quad (\mathbf{a} \times \mathbf{b}) \cdot \mathbf{b} = 0$$

임을 안다. 벡터곱의 기하학적 정의는 직관적으로 이해하기는 쉬우나 이를 이용하여 벡터곱을 직접 계산하기에는 적합하지 않다. 다음 정의는 우리가 실제로 벡터곱을 계산할 때 사용한다.

정의 8.1.2 (벡터곱의 대수적 정의) $\mathbb{R}^3$의 두 벡터 $\mathbf{a} = (a_1, a_2, a_3)$와 $\mathbf{b} = (b_1, b_2, b_3)$의 벡터곱은

$$\begin{aligned}\mathbf{a} \times \mathbf{b} &= \det \begin{pmatrix} \mathbf{e}_1 & \mathbf{e}_2 & \mathbf{e}_3 \\ a_1 & a_2 & a_3 \\ b_1 & b_2 & b_3 \end{pmatrix} \\ &= \det \begin{pmatrix} a_2 & a_3 \\ b_2 & b_3 \end{pmatrix} \mathbf{e}_1 - \det \begin{pmatrix} a_1 & a_3 \\ b_1 & b_3 \end{pmatrix} \mathbf{e}_2 + \det \begin{pmatrix} a_1 & a_2 \\ b_1 & b_2 \end{pmatrix} \mathbf{e}_3\end{aligned}$$

로 정의한다.

예제 8.1.3 $\mathbb{R}^3$의 두 벡터 $\mathbf{a} = (1, 2, 3)$과 $\mathbf{b} = (4, 5, 6)$의 벡터곱 $\mathbf{a} \times \mathbf{b}$를 구하시오.

풀이 벡터곱의 정의에 의해

$$\begin{aligned}\mathbf{a} \times \mathbf{b} &= \det \begin{pmatrix} \mathbf{e}_1 & \mathbf{e}_2 & \mathbf{e}_3 \\ 1 & 2 & 3 \\ 4 & 5 & 6 \end{pmatrix} \\ &= \det \begin{pmatrix} 2 & 3 \\ 5 & 6 \end{pmatrix} \mathbf{e}_1 - \det \begin{pmatrix} 1 & 3 \\ 4 & 6 \end{pmatrix} \mathbf{e}_2 + \det \begin{pmatrix} 1 & 2 \\ 4 & 5 \end{pmatrix} \mathbf{e}_3 \\ &= -3\mathbf{e}_1 + 6\mathbf{e}_2 - 3\mathbf{e}_3 = (-3, 6, -3)\end{aligned}$$

이다. □

예제 8.1.4 벡터 $\mathbf{a} = (1, -2, 3)$과 $\mathbf{b} = (-4, 5, -6)$에 수직이고, 점 $(7, -8, 9)$를 지나는 직선의 방정식을 구하시오.

풀이 구하는 직선의 방향벡터는

$$\begin{aligned}\mathbf{v} = \mathbf{a} \times \mathbf{b} &= \det \begin{pmatrix} \mathbf{e}_1 & \mathbf{e}_2 & \mathbf{e}_3 \\ 1 & -2 & 3 \\ -4 & 5 & -6 \end{pmatrix} \\ &= \det \begin{pmatrix} -2 & 3 \\ 5 & -6 \end{pmatrix} \mathbf{e}_1 - \det \begin{pmatrix} 1 & 3 \\ -4 & -6 \end{pmatrix} \mathbf{e}_2 + \det \begin{pmatrix} 1 & -2 \\ -4 & 5 \end{pmatrix} \mathbf{e}_3 \\ &= -3\mathbf{e}_1 - 6\mathbf{e}_2 - 3\mathbf{e}_3 = (-3, -6, -3)\end{aligned}$$

이므로 직선의 벡터방정식은

$$(x, y, z) = (7, -8, 9) + t(-3, -6, -3) \quad (t \in \mathbb{R})$$

이다. □

예제 8.1.5 3차원 공간의 한 점 P와 두 벡터 $\mathbf{a} = (6, 1, 4)$, $\mathbf{b} = (4, 2, 1)$에 대하여 평행사변형

$$\{\overrightarrow{OP} + s\mathbf{a} + t\mathbf{b} \mid 0 \le s \le 1,\ 0 \le t \le 1\}$$

의 넓이를 구하시오.

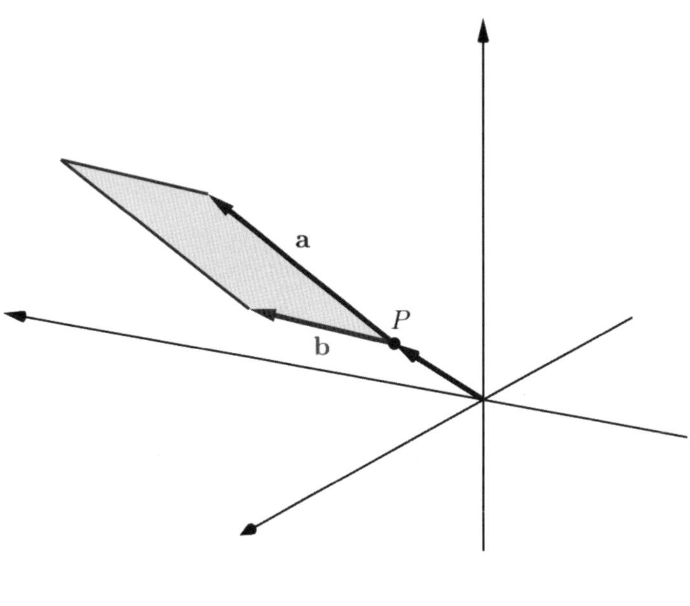

풀이 주어진 평행사변형은 두 벡터 $\mathbf{a}$와 $\mathbf{b}$가 이루는 평행사변형을 벡터 $\overrightarrow{OP}$만큼 평행이동한 도형이다. 따라서 구하는 넓이는

$$\begin{aligned}|\mathbf{a}\times\mathbf{b}| &= \left|\det\begin{pmatrix}\mathbf{e}_1 & \mathbf{e}_2 & \mathbf{e}_3\\ 6 & 1 & 4\\ 4 & 2 & 1\end{pmatrix}\right| = \left|\det\begin{pmatrix}1 & 4\\ 2 & 1\end{pmatrix}\mathbf{e}_1 - \det\begin{pmatrix}6 & 4\\ 4 & 1\end{pmatrix}\mathbf{e}_2 + \det\begin{pmatrix}6 & 1\\ 4 & 2\end{pmatrix}\mathbf{e}_3\right|\\ &= |(-7,10,8)| = \sqrt{213}\end{aligned}$$

이다. □

예제 8.1.6 3차원 공간의 세 점

$$A = (2,1,-3),\quad B = (1,-4,1),\quad C = (-5,2,1)$$

을 지나는 평면의 방정식을 구하시오.

풀이 세 점 A, B, C를 지나는 평면은 법선벡터가

$$\overrightarrow{AB}\times\overrightarrow{AC} = \det\begin{pmatrix}\mathbf{e}_1 & \mathbf{e}_2 & \mathbf{e}_3\\ -1 & -5 & 4\\ -7 & 1 & 4\end{pmatrix} = (-24,-24,-36)$$

인 평면이므로 구하는 평면의 방정식은

$$2(x-2)+2(y-1)+3(z+3)=0 \quad\Longleftrightarrow\quad 2x+2y+3z+3=0$$

이다. □

예제 8.1.7 3차원 공간의 벡터 $\mathbf{v} = (v_1\ v_2\ v_3)^t$에 대하여 선형사상 $L_\mathbf{v} : \mathbb{R}^3 \to \mathbb{R}^3$를

$$L_\mathbf{v}(\mathbf{x}) = \mathbf{v}\times\mathbf{x}$$

로 정의할 때 다음에 답하시오.

(1) 선형사상 $L_\mathbf{v}$에 대응되는 행렬 $[L_\mathbf{v}]$를 구하시오.

(2) $[L_\mathbf{v}]^3 + |\mathbf{v}|^2[L_\mathbf{v}] = O$ 임을 보이시오.

(3) 3차원 공간의 두 벡터 $\mathbf{a}, \mathbf{b}$ 에 대하여

$$[L_{\mathbf{a}\times\mathbf{b}}] = [L_{\mathbf{a}}][L_{\mathbf{b}}] - [L_{\mathbf{b}}][L_{\mathbf{a}}] = \mathbf{b}\mathbf{a}^t - \mathbf{a}\mathbf{b}^t$$

임을 보이시오.

풀이 (1) $\mathbb{R}^3$ 의 표준단위벡터 $\mathbf{e}_1, \mathbf{e}_2, \mathbf{e}_3$ 에 대하여

$$L_{\mathbf{v}}(\mathbf{e}_1) = \mathbf{v}\times\mathbf{e}_1 = \begin{pmatrix} 0 \\ v_3 \\ -v_2 \end{pmatrix},\ L_{\mathbf{v}}(\mathbf{e}_2) = \mathbf{v}\times\mathbf{e}_2 = \begin{pmatrix} -v_3 \\ 0 \\ v_1 \end{pmatrix},\ L_{\mathbf{v}}(\mathbf{e}_3) = \mathbf{v}\times\mathbf{e}_3 = \begin{pmatrix} v_2 \\ -v_1 \\ 0 \end{pmatrix}$$

이므로

$$[L_{\mathbf{v}}] = \big(L_{\mathbf{v}}(\mathbf{e}_1), L_{\mathbf{v}}(\mathbf{e}_2), L_{\mathbf{v}}(\mathbf{e}_3)\big) = \begin{pmatrix} 0 & -v_3 & v_2 \\ v_3 & 0 & -v_1 \\ -v_2 & v_1 & 0 \end{pmatrix}$$

이다.

(2) 행렬 $[L_{\mathbf{v}}]$ 에 대하여

$$\operatorname{tr}[L_{\mathbf{v}}] = 0, \qquad \operatorname{tr}([L_{\mathbf{v}}]^2) = -2(v_1^2 + v_2^2 + v_3^2) = -2|\mathbf{v}|^2, \qquad \det[L_{\mathbf{v}}] = 0$$

이므로 케일리-해밀턴 정리에 의해

$$[L_{\mathbf{v}}]^3 + |\mathbf{v}|^2[L_{\mathbf{v}}] = O$$

이다.

(3) $\mathbf{a} = (a_1\ a_2\ a_3)^t, \mathbf{b} = (b_1\ b_2\ b_3)^t$ 라 두면

$$[L_{\mathbf{a}\times\mathbf{b}}] = \begin{pmatrix} 0 & a_2b_1 - a_1b_2 & a_3b_1 - a_1b_3 \\ a_1b_2 - a_2b_1 & 0 & a_3b_2 - a_2b_3 \\ a_1b_3 - a_3b_1 & a_2b_3 - a_3b_2 & 0 \end{pmatrix}$$

이고

$$
\begin{aligned}
&[L_{\mathbf{a}}][L_{\mathbf{b}}] - [L_{\mathbf{b}}][L_{\mathbf{a}}] \\
&= \begin{pmatrix} 0 & -a_3 & a_2 \\ a_3 & 0 & -a_1 \\ -a_2 & a_1 & 0 \end{pmatrix} \begin{pmatrix} 0 & -b_3 & b_2 \\ b_3 & 0 & -b_1 \\ -b_2 & b_1 & 0 \end{pmatrix} \\
&\qquad - \begin{pmatrix} 0 & -b_3 & b_2 \\ b_3 & 0 & -b_1 \\ -b_2 & b_1 & 0 \end{pmatrix} \begin{pmatrix} 0 & -a_3 & a_2 \\ a_3 & 0 & -a_1 \\ -a_2 & a_1 & 0 \end{pmatrix} \\
&= \begin{pmatrix} -a_3b_3 - a_2b_2 & a_2b_1 & a_3b_1 \\ a_1b_2 & -a_3b_3 - a_1b_1 & a_3b_2 \\ a_1b_3 & a_2b_3 & -a_2b_2 - a_1b_1 \end{pmatrix} \\
&\qquad - \begin{pmatrix} -a_3b_3 - a_2b_2 & a_1b_2 & a_1b_3 \\ a_2b_1 & -a_3b_3 - a_1b_1 & a_2b_3 \\ a_3b_1 & a_3b_2 & -a_2b_2 - a_1b_1 \end{pmatrix} \\
&= \begin{pmatrix} 0 & a_2b_1 - a_1b_2 & a_3b_1 - a_1b_3 \\ a_1b_2 - a_2b_1 & 0 & a_3b_2 - a_2b_3 \\ a_1b_3 - a_3b_1 & a_2b_3 - a_3b_2 & 0 \end{pmatrix}
\end{aligned}
$$

이다. 또한

$$
\begin{aligned}
\mathbf{b}\mathbf{a}^t - \mathbf{a}\mathbf{b}^t &= \begin{pmatrix} b_1 \\ b_2 \\ b_3 \end{pmatrix} \begin{pmatrix} a_1 & a_2 & a_3 \end{pmatrix} - \begin{pmatrix} a_1 \\ a_2 \\ a_3 \end{pmatrix} \begin{pmatrix} b_1 & b_2 & b_3 \end{pmatrix} \\
&= \begin{pmatrix} a_1b_1 & a_2b_1 & a_3b_1 \\ a_1b_2 & a_2b_2 & a_3b_2 \\ a_1b_3 & a_2b_3 & a_3b_3 \end{pmatrix} - \begin{pmatrix} a_1b_1 & a_1b_2 & a_1b_3 \\ a_2b_1 & a_2b_2 & a_2b_3 \\ a_3b_1 & a_3b_2 & a_3b_3 \end{pmatrix} \\
&= \begin{pmatrix} 0 & a_2b_1 - a_1b_2 & a_3b_1 - a_1b_3 \\ a_1b_2 - a_2b_1 & 0 & a_3b_2 - a_2b_3 \\ a_1b_3 - a_3b_1 & a_2b_3 - a_3b_2 & 0 \end{pmatrix}
\end{aligned}
$$

이므로

$$[L_{\mathbf{a}\times\mathbf{b}}] = [L_{\mathbf{a}}][L_{\mathbf{b}}] - [L_{\mathbf{b}}][L_{\mathbf{a}}] = \mathbf{b}\mathbf{a}^t - \mathbf{a}\mathbf{b}^t$$

이다. □

8.2 벡터곱의 성질

정리 8.2.1 $\mathbb{R}^3$ 의 영벡터가 아닌 두 벡터 $\mathbf{a}, \mathbf{b}$가 평행할 필요충분조건은

$$\mathbf{a} \times \mathbf{b} = \mathbf{0}$$

이다.

$\mathbb{R}^3$ 의 표준단위벡터 $\mathbf{i}, \mathbf{j}, \mathbf{k}$에 대하여

$$\begin{aligned} \mathbf{i} \times \mathbf{j} &= \mathbf{k}, & \mathbf{j} \times \mathbf{k} &= \mathbf{i}, & \mathbf{k} \times \mathbf{i} &= \mathbf{j}, \\ \mathbf{j} \times \mathbf{i} &= -\mathbf{k}, & \mathbf{k} \times \mathbf{j} &= -\mathbf{i}, & \mathbf{i} \times \mathbf{k} &= -\mathbf{j} \end{aligned}$$

가 성립한다. 이 사실로부터 일반적으로 벡터곱에 대한 교환법칙이 성립하지 않음을 알 수 있다.

$$\mathbf{a} \times \mathbf{b} \neq \mathbf{b} \times \mathbf{a}.$$

또한

$$\mathbf{i} \times (\mathbf{i} \times \mathbf{j}) = \mathbf{i} \times \mathbf{k} = -\mathbf{j}, \qquad (\mathbf{i} \times \mathbf{i}) \times \mathbf{j} = \mathbf{0} \times \mathbf{j} = \mathbf{0}$$

이므로 벡터곱은 결합법칙도 성립하지 않음을 알 수 있다.

$$\mathbf{a} \times (\mathbf{b} \times \mathbf{c}) \neq (\mathbf{a} \times \mathbf{b}) \times \mathbf{c}.$$

정리 8.2.2 $\mathbb{R}^3$ 의 세 벡터 $\mathbf{a}, \mathbf{b}, \mathbf{c}$에 대하여 다음이 성립한다.

$$(\mathbf{a} \times \mathbf{b}) \cdot \mathbf{c} = \det(\mathbf{a}, \mathbf{b}, \mathbf{c}).$$

이 값을 $\mathbf{a}, \mathbf{b}, \mathbf{c}$의 스칼라 삼중곱이라고 부른다.

정리 8.2.2로부터 스칼라 삼중곱 $(\mathbf{a} \times \mathbf{b}) \cdot \mathbf{c}$의 절댓값의 기하학적 의미는 세 벡터 $\mathbf{a}, \mathbf{b}, \mathbf{c}$가 이루는 평행육면체의 부피임을 안다.

명제 8.2.3 $\mathbb{R}^3$의 네 벡터 $\mathbf{a}, \mathbf{b}, \mathbf{c}, \mathbf{d}$와 실수 t에 대하여 다음이 성립한다.

(i) $\mathbf{a} \times \mathbf{b} = -\mathbf{b} \times \mathbf{a}, \quad \mathbf{a} \times \mathbf{a} = \mathbf{0}$

(ii) $(\mathbf{a} \times \mathbf{b}) \cdot \mathbf{c} = \mathbf{a} \cdot (\mathbf{b} \times \mathbf{c})$

(iii) $\mathbf{a} \times (\mathbf{b} + \mathbf{c}) = \mathbf{a} \times \mathbf{b} + \mathbf{a} \times \mathbf{c}, \quad (\mathbf{a} + \mathbf{b}) \times \mathbf{c} = \mathbf{a} \times \mathbf{c} + \mathbf{b} \times \mathbf{c}$

(iv) $(t\mathbf{a}) \times \mathbf{b} = t(\mathbf{a} \times \mathbf{b}) = \mathbf{a} \times (t\mathbf{b})$

(v) $|\mathbf{a}|^2|\mathbf{b}|^2 = (\mathbf{a} \cdot \mathbf{b})^2 + |\mathbf{a} \times \mathbf{b}|^2$

(vi) $\mathbf{a} \times (\mathbf{b} \times \mathbf{c}) = (\mathbf{a} \cdot \mathbf{c})\mathbf{b} - (\mathbf{a} \cdot \mathbf{b})\mathbf{c}, \quad (\mathbf{a} \times \mathbf{b}) \times \mathbf{c} = (\mathbf{a} \cdot \mathbf{c})\mathbf{b} - (\mathbf{b} \cdot \mathbf{c})\mathbf{a}$

(vii) $(\mathbf{a} \times \mathbf{b}) \cdot (\mathbf{c} \times \mathbf{d}) = (\mathbf{a} \cdot \mathbf{c})(\mathbf{b} \cdot \mathbf{d}) - (\mathbf{a} \cdot \mathbf{d})(\mathbf{b} \cdot \mathbf{c})$

예제 8.2.4 3차원 공간의 세 벡터 $\mathbf{a}, \mathbf{b}, \mathbf{c}$에 대하여 다음에 답하시오.

(1) $\mathbf{a}, \mathbf{b}, \mathbf{c}$가 일차독립이면 $\mathbf{a} \times \mathbf{b}, \mathbf{b} \times \mathbf{c}, \mathbf{c} \times \mathbf{a}$도 일차독립임을 보이시오.

(2) $\det(\mathbf{a} \times \mathbf{b}, \mathbf{b} \times \mathbf{c}, \mathbf{c} \times \mathbf{a}) = \big(\det(\mathbf{a}, \mathbf{b}, \mathbf{c})\big)^2$ 임을 보이시오.

풀이 (1) 실수 x, y, z에 대하여

$$x\mathbf{a} \times \mathbf{b} + y\mathbf{b} \times \mathbf{c} + z\mathbf{c} \times \mathbf{a} = \mathbf{0}$$

이라고 하자. 이 식의 양변에 차례로 $\mathbf{a}, \mathbf{b}, \mathbf{c}$를 내적하면

$$\begin{aligned}
\mathbf{a} \cdot (x\mathbf{a} \times \mathbf{b} + y\mathbf{b} \times \mathbf{c} + z\mathbf{c} \times \mathbf{a}) = \mathbf{a} \cdot \mathbf{0} \quad &\Longrightarrow \quad y\mathbf{a} \cdot \mathbf{b} \times \mathbf{c} = y\det(\mathbf{a}, \mathbf{b}, \mathbf{c}) = 0 \\
\mathbf{b} \cdot (x\mathbf{a} \times \mathbf{b} + y\mathbf{b} \times \mathbf{c} + z\mathbf{c} \times \mathbf{a}) = \mathbf{b} \cdot \mathbf{0} \quad &\Longrightarrow \quad z\mathbf{b} \cdot \mathbf{c} \times \mathbf{a} = z\det(\mathbf{b}, \mathbf{c}, \mathbf{a}) = 0 \\
\mathbf{c} \cdot (x\mathbf{a} \times \mathbf{b} + y\mathbf{b} \times \mathbf{c} + z\mathbf{c} \times \mathbf{a}) = \mathbf{c} \cdot \mathbf{0} \quad &\Longrightarrow \quad x\mathbf{c} \cdot \mathbf{a} \times \mathbf{b} = x\det(\mathbf{c}, \mathbf{a}, \mathbf{b}) = 0
\end{aligned}$$

이다. $\mathbf{a}, \mathbf{b}, \mathbf{c}$가 일차독립이므로

$$\det(\mathbf{a}, \mathbf{b}, \mathbf{c}) = \det(\mathbf{b}, \mathbf{c}, \mathbf{a}) = \det(\mathbf{c}, \mathbf{a}, \mathbf{b}) \neq 0$$

이고, 따라서 $x = 0, y = 0, z = 0$이 되어 $\mathbf{a} \times \mathbf{b}, \mathbf{b} \times \mathbf{c}, \mathbf{c} \times \mathbf{a}$가 일차독립임을 안다.

(2) 정리 8.2.2와 명제 8.2.3의 (vii)로부터

$$\begin{aligned}\det(\mathbf{a}\times\mathbf{b},\mathbf{b}\times\mathbf{c},\mathbf{c}\times\mathbf{a}) &= (\mathbf{a}\times\mathbf{b})\cdot\big((\mathbf{b}\times\mathbf{c})\times(\mathbf{c}\times\mathbf{a})\big)\\ &= \big(\mathbf{a}\cdot(\mathbf{b}\times\mathbf{c})\big)\big(\mathbf{b}\cdot(\mathbf{c}\times\mathbf{a})\big)-\big(\mathbf{a}\cdot(\mathbf{c}\times\mathbf{a})\big)\big(\mathbf{b}\cdot(\mathbf{b}\times\mathbf{c})\big)\\ &= \det(\mathbf{a},\mathbf{b},\mathbf{c})\det(\mathbf{b},\mathbf{c},\mathbf{a})\\ &= \big(\det(\mathbf{a},\mathbf{b},\mathbf{c})\big)^2\end{aligned}$$

을 얻는다. □

예제 8.2.5 3차원 공간의 세 벡터 $\mathbf{a},\mathbf{b},\mathbf{c}$에 대하여 다음 등식이 성립함을 보이시오.

$$(\mathbf{a}\times\mathbf{b})\times\mathbf{c}=(\mathbf{a}\cdot\mathbf{c})\mathbf{b}-(\mathbf{b}\cdot\mathbf{c})\mathbf{a}.$$

풀이 세 벡터 $\mathbf{a},\mathbf{b},\mathbf{c}$를

$$\mathbf{a}=(a_1,a_2,a_3),\quad \mathbf{b}=(b_1,b_2,b_3),\quad \mathbf{c}=(c_1,c_2,c_3)$$

라 두면

$$\begin{aligned}\big((\mathbf{a}\times\mathbf{b})\times\mathbf{c}\big)\cdot\mathbf{e}_1 &= (\mathbf{a}\times\mathbf{b})\cdot\big(\mathbf{c}\times\mathbf{e}_1\big)\\ &= (a_2b_3-a_3b_2,a_3b_1-a_1b_3,a_1b_2-a_2b_1)\cdot(0,c_3,-c_2)\\ &= (a_2c_2+a_3c_3)b_1-(b_2c_2+b_3c_3)a_1\\ &= (a_1c_1+a_2c_2+a_3c_3)\mathbf{b}\cdot\mathbf{e}_1-(b_1c_1+b_2c_2+b_3c_3)\mathbf{a}\cdot\mathbf{e}_1\\ &= \big((\mathbf{a}\cdot\mathbf{c})\mathbf{b}-(\mathbf{b}\cdot\mathbf{c})\mathbf{a}\big)\cdot\mathbf{e}_1\end{aligned}$$

이다. 같은 방법으로

$$\begin{aligned}\big((\mathbf{a}\times\mathbf{b})\times\mathbf{c}\big)\cdot\mathbf{e}_2 &= \big((\mathbf{a}\cdot\mathbf{c})\mathbf{b}-(\mathbf{b}\cdot\mathbf{c})\mathbf{a}\big)\cdot\mathbf{e}_2,\\ \big((\mathbf{a}\times\mathbf{b})\times\mathbf{c}\big)\cdot\mathbf{e}_3 &= \big((\mathbf{a}\cdot\mathbf{c})\mathbf{b}-(\mathbf{b}\cdot\mathbf{c})\mathbf{a}\big)\cdot\mathbf{e}_3\end{aligned}$$

임을 안다. 두 벡터

$$(\mathbf{a}\times\mathbf{b})\times\mathbf{c},\qquad (\mathbf{a}\cdot\mathbf{c})\mathbf{b}-(\mathbf{b}\cdot\mathbf{c})\mathbf{a}$$

의 모든 성분이 일치하므로 두 벡터는 같은 벡터이다. □

8.3 벡터곱의 응용

8.3.1 점과 직선 사이의 거리

정리 8.3.1 $\mathbb{R}^3$의 네 점 A, B, P, Q와 벡터 $\mathbf{v}$에 대하여 다음이 성립한다.

(i) 점 P를 지나고 방향벡터가 $\mathbf{v}$인 직선과 점 Q 사이의 거리는

$$\frac{|\overrightarrow{PQ} \times \mathbf{v}|}{|\mathbf{v}|}$$

이다.

(ii) 두 점 A, B를 지나는 직선과 점 Q 사이의 거리는

$$\frac{|\overrightarrow{AQ} \times \overrightarrow{BQ}|}{|\overrightarrow{AB}|}$$

이다.

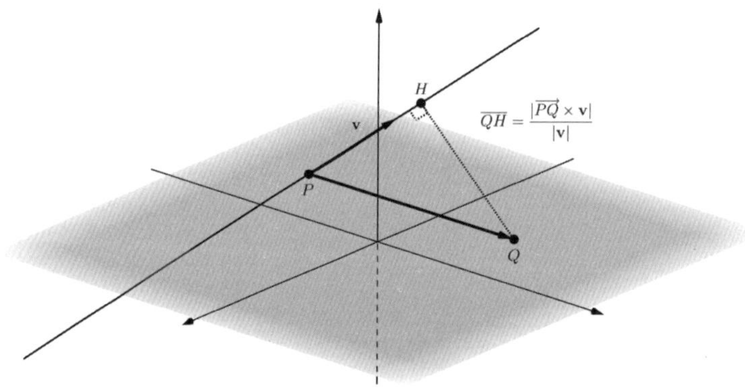

예제 8.3.2 3차원 공간에서 두 평면

$$x - 2y + 2z = 1, \quad 2x + y - 3z = 7$$

의 교선과 점 $Q = (3, 2, 1)$ 사이의 거리를 구하시오.

풀이 두 평면의 법선벡터를 각각 $\mathbf{n}_1 = (1, -2, 2)$, $\mathbf{n}_2 = (2, 1, -3)$이라 두면 교선의 방향벡터는 $\mathbf{v} = \mathbf{n}_1 \times \mathbf{n_2} = (4, 7, 5)$이다. 이 방향은 xy-평면과 평행하지 않으므로

교선은 xy-평면과 만난다. 따라서 두 평면의 방정식에 $z=0$을 대입하여 얻은 연립방정식

$$x-2y=1, \quad 2x+y=7$$

의 해를 구하면 $x=3, y=1$이므로 점 $P=(3,1,0)$은 두 평면의 교선 위의 점이다. 따라서 구하는 거리는

$$\frac{|\overrightarrow{PQ}\times\mathbf{v}|}{|\mathbf{v}|}=\frac{|(0,1,1)\times(4,7,5)|}{|(4,7,5)|}=\frac{\sqrt{10}}{5}$$

이다. □

8.3.2 두 직선 사이의 거리

정리 8.3.3 $\mathbb{R}^3$의 두 직선

$$l_1:\overrightarrow{OX}=\overrightarrow{OP}+t\mathbf{v_1}, \qquad l_2:\overrightarrow{OX}=\overrightarrow{OQ}+t\mathbf{v_2}$$

에 대하여 $\mathbf{n}=\mathbf{v_1}\times\mathbf{v_2}$라 두면, 두 직선 l_1, l_2 사이의 거리는

$$|p_{\mathbf{n}}(\overrightarrow{PQ})|$$

이다.

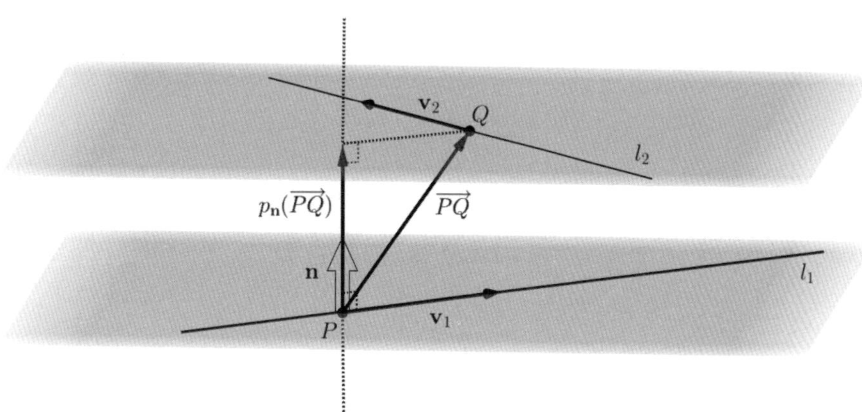

예제 8.3.4 다음 두 직선 사이의 거리를 구하시오.

$$l_1 : 1 - x = \frac{y+1}{2} = -z, \qquad l_2 : \frac{x-1}{4} = y - 3 = -z - 1.$$

풀이 직선 l_1 은 점 $P = (1, -1, 0)$ 을 지나고 방향벡터가 $\mathbf{v}_1 = (-1, 2, -1)$ 인 직선이고, 직선 l_2 는 점 $Q = (1, 3, -1)$ 을 지나고 방향벡터가 $\mathbf{v}_2 = (4, 1, -1)$ 인 직선이므로

$$\mathbf{n} = \mathbf{v}_1 \times \mathbf{v}_2 = \det \begin{pmatrix} \mathbf{e}_1 & \mathbf{e}_2 & \mathbf{e}_3 \\ -1 & 2 & -1 \\ 4 & 1 & -1 \end{pmatrix} = (-1, -5, -9)$$

라 두면 구하는 거리는

$$|p_{\mathbf{n}}(\overrightarrow{PQ})| = \frac{|\mathbf{n} \cdot \overrightarrow{PQ}|}{|\mathbf{n}|} = \frac{|(-1, -5, -9) \cdot (0, 4, -1)|}{|(-1, -5, -9)|} = \frac{11}{\sqrt{107}}$$

이다. □

제 9 장

곡선

이 장의 목적은 기하학적 대상인 곡선을 대수적 대상인 일변수 벡터함수로 이해하고, 일변수 함수의 미적분 이론을 일변수 벡터함수로 확장하는 것이다. 일변수 벡터함수에 대한 미적분 이론은 곡선의 기하학적 성질을 연구하는 데 있어서 중요한 역할을 한다.

9.1 곡선의 매개화

$\mathbb{R}^n$ 의 곡선이란 연속적인 점들의 집합으로 이루어진 1 차원 도형을 의미한다. 이러한 점들의 연속성은 매개변수 t 와 n 개의 연속함수

$$x_i : [a, b] \to \mathbb{R} \quad (i = 1, 2, \cdots, n)$$

를 이용하여 다음과 같이 일변수 벡터함수로 표현할 수 있다.

$$X : [a, b] \to \mathbb{R}^n, \quad X(t) = \big(x_1(t), x_2(t), \cdots, x_n(t)\big).$$

이때 일변수 벡터함수 X 를 곡선의 매개화라고 부른다.

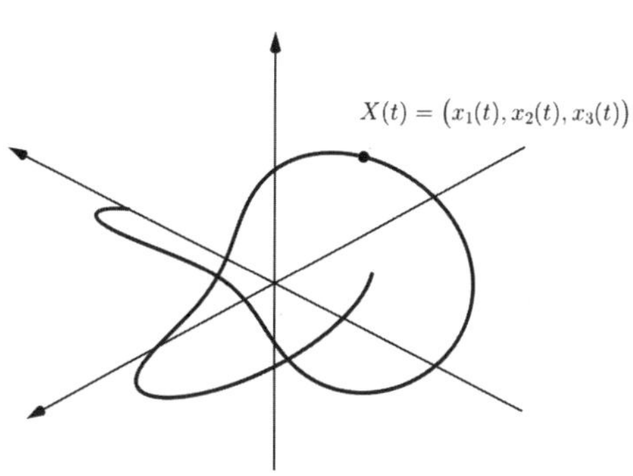

예제 9.1.1 다음 곡선을 매개화하시오.

(1) $\dfrac{x^2}{a^2} - \dfrac{y^2}{b^2} = 1 \quad (x \geq a,\ a > 0,\ b > 0)$

(2) $y^2 = x^3 + x^2$

(3) 원기둥 $x^2 + y^2 = 1$과 평면 $y + z = 2$의 교선

풀이 (1) 주어진 곡선의 방정식은

$$\left(\frac{x}{a}\right)^2 - \left(\frac{y}{b}\right)^2 = 1$$

이므로

$$\frac{x}{a} = \cosh t, \quad \frac{y}{b} = \sinh t$$

라 두면, 구하는 곡선의 매개화는

$$X(t) = (a\cosh t, b\sinh t) \quad (t \in \mathbb{R})$$

이다.

(2) $y = tx$ 라 두고 주어진 방정식에 대입하면

$$t^2x^2 = x^3 + x^2$$

을 얻는다. 원점이 아닌 점에서 매개화를 하면 $x \neq 0$ 이므로

$$x = t^2 - 1$$

이고, 따라서

$$y = t^3 - t$$

이다. 한편 $t = \pm 1$ 이면 제외하였던 원점이 포함되므로 구하는 곡선의 매개화는

$$X(t) = (t^2 - 1, t^3 - t) \quad (t \in \mathbb{R})$$

이다.

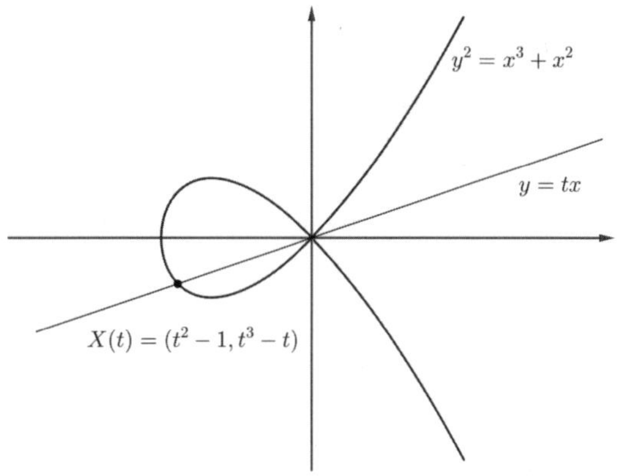

(3) 원기둥을 매개화하면

$$x^2 + y^2 = 1 \quad \Longrightarrow \quad x = \cos t, \quad y = \sin t \quad (0 \leq t \leq 2\pi)$$

이다. 한편 평면의 방정식으로부터 $z = 2 - y = 2 - \sin t$ 이므로 구하는 곡선의 매개화는

$$X(t) = (\cos t, \sin t, 2 - \sin t) \quad (0 \leq t \leq 2\pi)$$

이다.

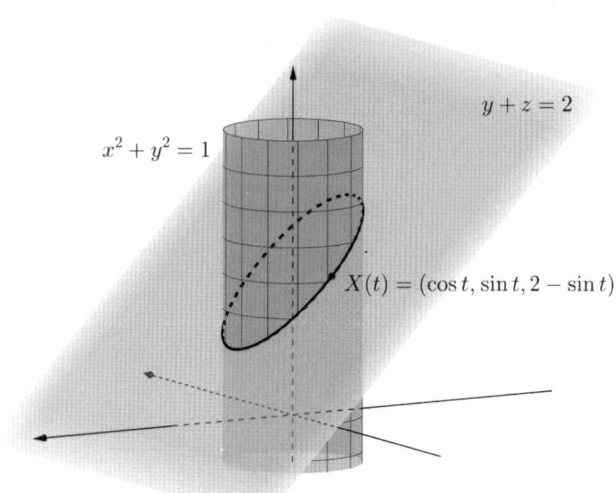

□

9.2 곡선의 미분

9.2.1 미분가능 곡선과 속도벡터

이 절에서는 곡선의 미분인 속도벡터에 대해 공부한다.

정의 9.2.1 매개화된 곡선

$$X : [a,b] \to \mathbb{R}^n, \quad X(t) = \big(x_1(t), x_2(t), \cdots, x_n(t)\big)$$

에 대하여 각 성분함수 $x_1(t), x_2(t), \cdots, x_n(t)$ 가 모두 □-함수이면, X 를 □-곡선이라고 한다. 단, □는 미분가능, 일급, 이급, 무한급 등을 의미한다.

미분가능한 일변수 함수의 그래프는 뾰족점(첨점)을 갖지 않지만, 일변수 벡터함수에서는 이와 같은 사실이 성립하지 않는다. 주어진 곡선을 매개화하는 방법은 무수히 많으며 매개화 방법에 따라 미분가능성이 달라진다. 다음 예제는 뾰족점을 가지는 곡선이 무한급 곡선으로 매개화 가능함을 보여 주는 예시이다.

예제 9.2.2 곡선 $y = x^{2/3}$ 의 개형을 좌표평면에 그리고, 각 $n = 1, 2, 3$ 에 대하여 이 곡선의 매개화

$$X_n(t) = (t|t|^{n-1}, t^{2n/3}) \quad (t \in \mathbb{R})$$

의 미분가능성 계층을 조사하시오.

풀이 함수 $f(x) = x^{2/3}$ 의 도함수와 이계 도함수

$$f'(x) = \frac{2}{3}x^{-1/3}, \quad f''(x) = -\frac{2}{9}x^{-4/3}$$

를 이용하여 f 의 그래프를 그리면 다음과 같다.

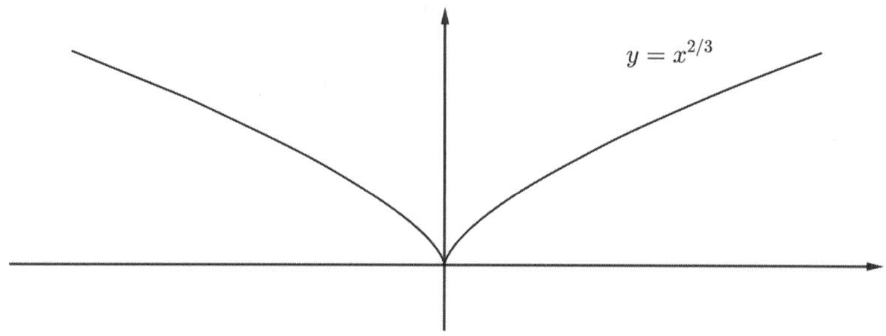

한편

$$X_1(t) = (t, t^{2/3}) \quad (t \in \mathbb{R})$$

의 두 번째 성분함수 $t^{2/3}$이 원점에서 미분불가능하므로 매개화 X_1은 원점에서 미분불가능하다. 또한

$$X_2(t) = (t|t|, t^{4/3}) \quad (t \in \mathbb{R})$$

의 각 성분함수 $t|t|, t^{4/3}$에 대하여

$$\frac{d}{dt}t|t| = 2|t|, \quad \frac{d}{dt}t^{4/3} = \frac{4}{3}t^{1/3}$$

가 모두 연속함수이므로 매개화 X_2는 일급이다. 마지막으로

$$X_3(t) = (t^3, t^2) \quad (t \in \mathbb{R})$$

의 각 성분함수 t^3, t^2이 무한급 함수이므로 매개화 X_3는 무한급이다. □

매개화된 곡선 X에 대하여 곡선 X를 따라 운동하는 물체의 시각 t에서의 위치가 $X(t)$일 때, 시각 t에서 시각 $t+h$까지 변할 때 이 물체의 평균속도는

$$\frac{X(t+h) - X(t)}{h} = \left(\frac{x_1(t+h) - x_1(t)}{h}, \cdots, \frac{x_n(t+h) - x_n(t)}{h}\right)$$

이다. 다음 극한

$$\lim_{h\to 0} \frac{X(t+h) - X(t)}{h} = \left(\lim_{h\to 0} \frac{x_1(t+h) - x_1(t)}{h}, \cdots, \lim_{h\to 0} \frac{x_n(t+h) - x_n(t)}{h}\right)$$

가 존재할 때, 이 극한을 속도벡터라고 하고 $X'(t)$로 나타낸다. 기하학적으로 속도벡터 $X'(t)$는 점 $X(t)$에서 곡선 X에 접하는 접벡터를 나타낸다. 특히 미분가능 곡선

$$X : [a, b] \to \mathbb{R}^n, \quad X(t) = \big(x_1(t), x_2(t), \cdots, x_n(t)\big)$$

에 대하여

$$X'(t) = \big(x_1'(t), x_2'(t), \cdots, x_n'(t)\big)$$

이다. 또한 속도벡터의 크기

$$v(t) = |X'(t)|$$

를 속력이라고 부른다.

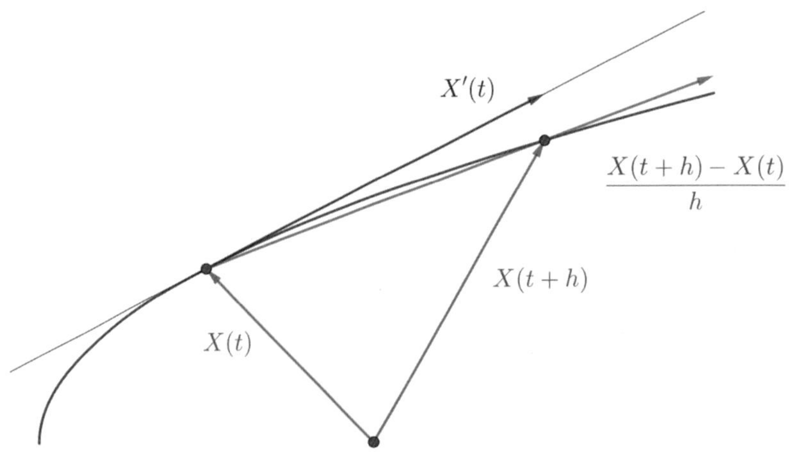

예제 9.2.3 다음에 답하시오.

(1) 곡선

$$X(t) = (t^2 + 1, e^{3t}, \sin 4t)$$

의 속도벡터를 구하시오.

(2) $t = 0$ 일 때, 곡선에 접하는 단위벡터를 구하시오.

풀이 (1) 속도벡터는 곡선 X 의 각 성분함수를 미분한 벡터함수이므로

$$X'(t) = (2t, 3e^{3t}, 4\cos 4t)$$

이다.

(2) 속도벡터는 곡선에 접하는 벡터이므로 구하는 단위벡터는

$$\mathbf{u} = \frac{X'(0)}{|X'(0)|} = \frac{(0,3,4)}{\sqrt{0^2+3^2+4^2}} = \left(0, \frac{3}{5}, \frac{4}{5}\right)$$

이다.

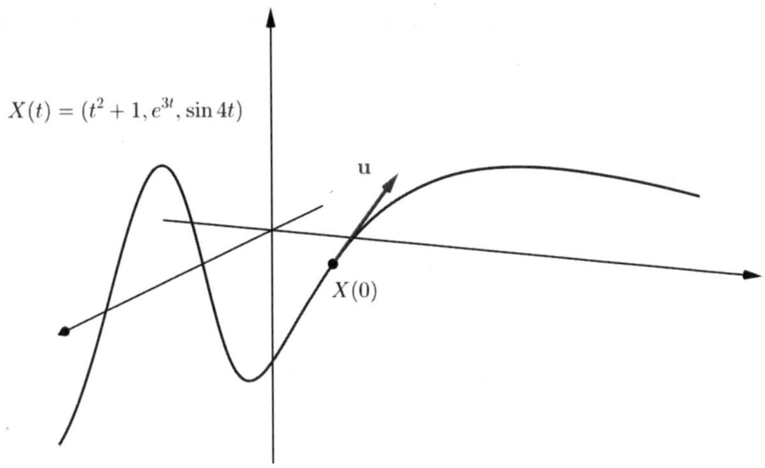

□

미분가능한 곡선 $X:[a,b] \to \mathbb{R}^n$ 에 대하여 $t=c$ 에서 접선은 점 $X(c)$ 를 지나고 방향벡터가 $X'(c)$ 인 직선이므로 접선의 매개화는

$$l(t) = X(c) + tX'(c) \quad (t \in \mathbb{R})$$

이다.

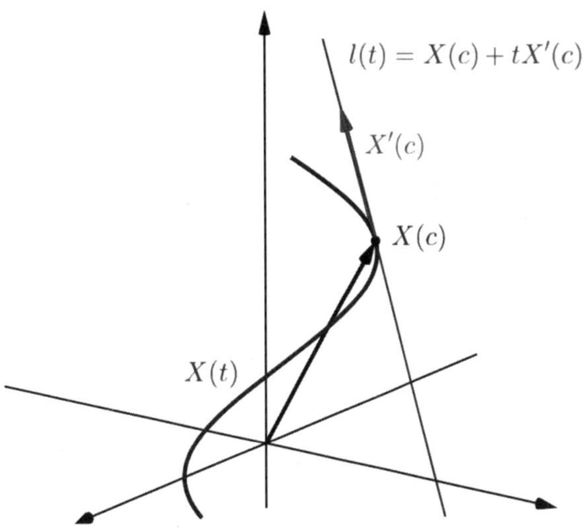

예제 9.2.4 다음 매개화된 곡선의 개형을 그리고, 주어진 점에서 접선의 매개화를 구하시오.

(1) $X(t) = (4\cos t, 2\sin t), \quad t = \pi/4$

(2) $X(t) = (t\cos t, t\sin t, t), \quad t = \pi$

풀이 (1) 주어진 곡선의 각 성분함수

$$x = 4\cos t, \quad y = 2\sin t$$

를 연립하여 매개변수 t를 소거하면

$$\frac{x^2}{4^2} + \frac{y^2}{2^2} = 1$$

이므로 타원의 방정식이다.

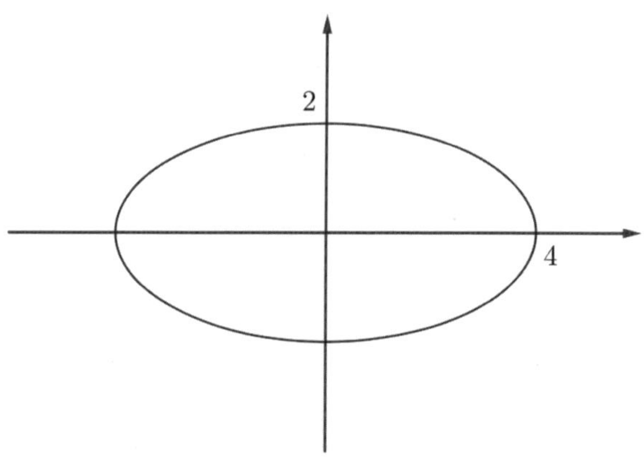

한편 속도벡터는

$$X'(t) = (-4\sin t, 2\cos t)$$

이므로 $t = \pi/4$ 에서의 접선의 매개화는

$$l(t) = X\left(\frac{\pi}{4}\right) + tX'\left(\frac{\pi}{4}\right) = (2\sqrt{2}, \sqrt{2}) + t(-2\sqrt{2}, \sqrt{2}) = \sqrt{2}(2-2t, 1+t) \quad (t \in \mathbb{R})$$

이다.

(2) 주어진 곡선의 각 성분함수

$$x = t\cos t, \quad y = t\sin t, \quad z = t$$

를 연립하여 매개변수 t를 소거하면

$$x^2 + y^2 = z^2$$

이므로 주어진 곡선은 원뿔면 $x^2 + y^2 = z^2$ 위의 곡선이며 t가 증가함에 따라 원뿔면을 반시계방향으로 감아 올라가는 곡선이다.

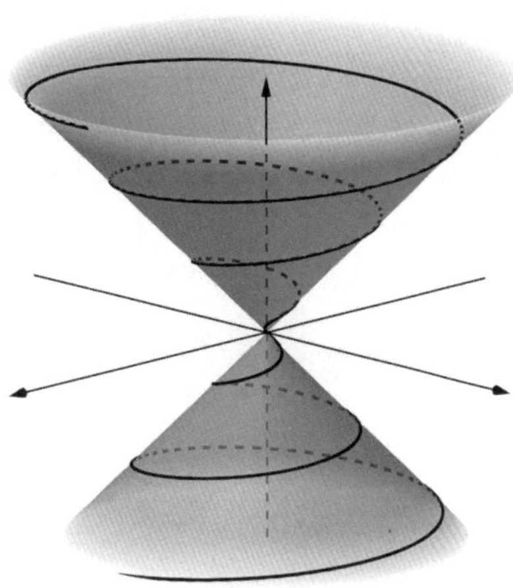

한편 속도벡터는

$$X'(t) = (\cos t - t\sin t, \sin t + t\cos t, 1)$$

이므로 $t = \pi$ 에서의 접선의 매개화는

$$\begin{aligned} l(t) &= X(\pi) + tX'(\pi) \\ &= (-\pi, 0, \pi) + t(-1, -\pi, 1) \\ &= (-\pi - t, -\pi t, \pi + t) \quad (t \in \mathbb{R}) \end{aligned}$$

이다. □

정의 9.2.5 매개화된 일급 곡선 $X : [a,b] \to \mathbb{R}^n$ 가 모든 실수 $t \in (a,b)$ 에 대하여

$$X'(t) \neq \mathbf{0}$$

이면 곡선 X 를 정규곡선이라고 부른다.

일급 곡선 $X : [a,b] \to \mathbb{R}^n$ 가 모든 실수 $t \in (a,b)$ 에 대하여

$$X'(t) \neq \mathbf{0}$$

이면 곡선 X 위의 양 끝점을 제외한 모든 점에서 접벡터의 방향이 항상 존재하고, 그 접벡터의 변화가 연속이므로 이 곡선의 그래프는 뾰족점이 없는 매끄러운 곡선이 된다. 즉 정규곡선은 뾰족점이 없는 매끄러운 곡선이다.

정리 9.2.6 $\mathbb{R}^n$ 의 미분가능한 두 곡선 $X(t), Y(t)$ 와 미분가능한 함수 $f(t)$ 및 실수 c 에 대하여 다음이 성립한다.

(i) $\big(X(t)+Y(t)\big)' = X'(t)+X'(t)$

(ii) $\big(cX(t)\big)' = cX'(t)$

(iii) $\big(X(t)\cdot Y(t)\big)' = X'(t)\cdot Y(t)+X(t)\cdot Y'(t)$

(iv) $\big(f(t)X(t)\big)' = f'(t)X(t)+f(t)X'(t)$

(v) $\big(X(t)\times Y(t)\big)' = X'(t)\times Y(t)+X(t)\times Y'(t)$ $\quad (n=3$ 인 경우$)$

예제 9.2.7 3차원 공간에서 원점을 지나지 않는 미분가능한 두 곡선 X, Y 가

$$|X(t)\times Y(t)| = |X(t)\cdot Y(t)| \qquad (\star)$$

를 만족할 때, 다음 등식이 성립함을 보이시오.

$$\frac{d}{dt}|X(t)\times Y(t)|^2 = |Y(t)|^2\, X(t)\cdot X'(t) + |X(t)|^2\, Y(t)\cdot Y'(t).$$

풀이 X 와 Y 가 이루는 각을 θ 라 두면

$$(X\cdot X)(Y\cdot Y) - |X\times Y|^2 = |X|^2|Y|^2 - |X|^2|Y|^2\sin^2\theta = |X|^2|Y|^2\cos^2\theta = |X\cdot Y|^2$$

이므로 식 $(\star)$에 의해

$$|X \times Y|^2 = \frac{1}{2}(X \cdot X)(Y \cdot Y)$$

임을 안다. 따라서

$$\begin{aligned}
\frac{d}{dt}|X \times Y|^2 &= \frac{d}{dt}\left(\frac{1}{2}(X \cdot X)(Y \cdot Y)\right) \\
&= \frac{1}{2}\big((X \cdot X)'(Y \cdot Y) + (X \cdot X)(Y \cdot Y)'\big) \\
&= \frac{1}{2}\big((X' \cdot X + X \cdot X')(Y \cdot Y) + (X \cdot X)(Y' \cdot Y + Y \cdot Y')\big) \\
&= |Y|^2\, X \cdot X' + |X|^2\, Y \cdot Y'
\end{aligned}$$

을 얻는다. □

예제 9.2.8 극좌표계로 주어진 곡선

$$r = f(\theta) \quad (\alpha \le \theta \le \beta)$$

와 극좌표가 $\big(f(c), c\big)$ 인 점 P 에 대하여 벡터 $\overrightarrow{OP}$ 와 점 P 에서 곡선 $r = f(\theta)$ 의 접선이 이루는 각을 γ 라 두면

$$\cos\gamma = \frac{f'(c)}{\sqrt{\big(f'(c)\big)^2 + \big(f(c)\big)^2}}$$

임을 보이시오.

풀이 주어진 곡선은 직교좌표계에서

$$x = r\cos\theta = f(\theta)\cos\theta, \qquad y = r\sin\theta = f(\theta)\sin\theta$$

이므로 곡선 $r = f(\theta)$ 은 다음과 같이 매개화할 수 있다.

$$X(\theta) = f(\theta)(\cos\theta, \sin\theta) \quad (\alpha \le \theta \le \beta).$$

곱의 미분법에 의해

$$\begin{aligned}
X'(\theta) &= f'(\theta)(\cos\theta, \sin\theta) + f(\theta)(\cos\theta, \sin\theta)' \\
&= f'(\theta)(\cos\theta, \sin\theta) + f(\theta)(-\sin\theta, \cos\theta)
\end{aligned}$$

임을 안다. 이제

$$\mathbf{u}(\theta) = (\cos\theta, \sin\theta), \qquad \mathbf{v}(\theta) = (-\sin\theta, \cos\theta)$$

라 두면

$$|\mathbf{u}(\theta)| = 1, \quad |\mathbf{v}(\theta)| = 1, \quad \mathbf{u}(\theta)\cdot\mathbf{v}(\theta) = 0$$

이므로

$$\begin{aligned}
|X'(\theta)| &= \sqrt{X'(\theta)\cdot X'(\theta)} = \sqrt{\big(f'(\theta)\mathbf{u}(\theta) + f(\theta)\mathbf{v}(\theta)\big)\cdot\big(f'(\theta)\mathbf{u}(\theta) + f(\theta)\mathbf{v}(\theta)\big)} \\
&= \sqrt{\big(f'(\theta)\big)^2|\mathbf{u}(\theta)|^2 + 2f'(\theta)f(\theta)\mathbf{u}(\theta)\cdot\mathbf{v}(\theta) + \big(f(\theta)\big)^2|\mathbf{v}(\theta)|^2} \\
&= \sqrt{\big(f'(\theta)\big)^2 + \big(f(\theta)\big)^2}
\end{aligned}$$

이다. 한편 $\overrightarrow{OP} = X(c)$ 이고, 점 P 에서 곡선 X 의 접벡터는 $X'(c)$ 이므로

$$\begin{aligned}
\cos\gamma &= \frac{X(c)\cdot X'(c)}{|X(c)||X'(c)|} = \frac{f(c)\mathbf{u}(c)\cdot\big(f'(c)\mathbf{u}(c) + f(c)\mathbf{v}(c)\big)}{f(c)\sqrt{\big(f'(c)\big)^2 + \big(f(c)\big)^2}} \\
&= \frac{f'(c)|\mathbf{u}(c)|^2}{\sqrt{\big(f'(c)\big)^2 + \big(f(c)\big)^2}} = \frac{f'(c)}{\sqrt{\big(f'(c)\big)^2 + \big(f(c)\big)^2}}
\end{aligned}$$

를 얻는다.

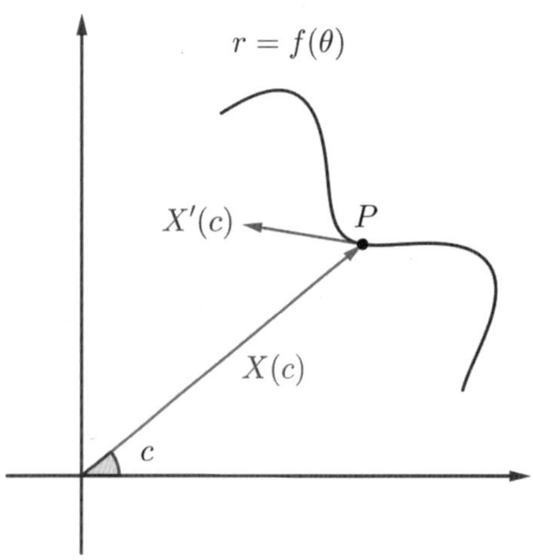

□

예제 9.2.9 정규곡선 $X : [a,b] \to \mathbb{R}^n$ 에 대하여 다음에 답하시오.

(1) 곡선 X 가 미분가능하면

$$\frac{d}{dt}|X(t)| = \frac{X(t) \cdot X'(t)}{|X(t)|}$$

임을 보이시오.

(2) 곡선 X 가 이급이면

$$\frac{d}{dt}\left(\frac{X'(t)}{|X'(t)|}\right) = \frac{1}{|X'(t)|}\left(X''(t) - \frac{X'(t) \cdot X''(t)}{|X'(t)|^2}X'(t)\right)$$

임을 보이시오.

풀이 (1) 연쇄법칙에 의해

$$\begin{aligned}
\frac{d}{dt}|X(t)| &= \frac{d}{dt}\big(X(t) \cdot X(t)\big)^{1/2} \\
&= \frac{1}{2}\big(X(t) \cdot X(t)\big)^{-1/2}\big(X(t) \cdot X(t)\big)' \\
&= \frac{1}{2}\big(X(t) \cdot X(t)\big)^{-1/2}\big(X'(t) \cdot X(t) + X(t) \cdot X'(t)\big) \\
&= \frac{X(t) \cdot X'(t)}{|X(t)|}
\end{aligned}$$

이다.

(2) 연쇄법칙에 의해

$$\frac{d}{dt}|X'(t)|^{-1} = -\frac{1}{|X'(t)|^2}\frac{d}{dt}|X'(t)|$$

이고, X 는 정규곡선이므로 (1)의 결과로부터

$$\frac{d}{dt}|X'(t)| = \frac{X'(t) \cdot X''(t)}{|X'(t)|}$$

이다. 따라서

$$\begin{aligned}\frac{d}{dt}\left(\frac{X'(t)}{|X'(t)|}\right) &= X'(t)\,\frac{d}{dt}|X'(t)|^{-1} + \frac{1}{|X'(t)|}\,\frac{d}{dt}X'(t) \\ &= -\frac{X'(t)}{|X'(t)|^2}\,\frac{d}{dt}|X'(t)| + \frac{X''(t)}{|X'(t)|} \\ &= -\frac{X'(t)}{|X'(t)|^2}\,\frac{X'(t)\cdot X''(t)}{|X'(t)|} + \frac{X''(t)}{|X'(t)|} \\ &= \frac{1}{|X'(t)|}\left(X''(t) - \frac{X'(t)\cdot X''(t)}{|X'(t)|^2}\,X'(t)\right)\end{aligned}$$

를 얻는다. □

9.2.2 가속도벡터

두 번 미분가능한 곡선 $X : [a,b] \to \mathbb{R}^n$ 에 대하여

$$X''(t) = \frac{d}{dt}X'(t)$$

를 가속도벡터라고 부른다. 또한 가속도벡터의 크기

$$a(t) = |X''(t)|$$

를 가속력이라고 부른다.

예제 9.2.10 곡선

$$X(t) = (\cos t, \sin t, e^t)$$

의 속도벡터, 가속도벡터 및 가속력을 구하시오.

풀이 곡선 X 의 속도벡터, 가속도벡터, 가속력은 차례로

$$\begin{aligned}X'(t) &= (-\sin t, \cos t, e^t), \\ X''(t) &= (-\cos t, -\sin t, e^t), \\ a(t) &= |X''(t)| = \sqrt{1+e^{2t}}\end{aligned}$$

이다. □

예제 9.2.11 질량 m 인 물체가 각속도 ω 로 원 $x^2 + y^2 = r^2$ 위에서 등속 원운동을 하고 있다. 이때 물체에 가해진 힘을 구하시오.

풀이 시각 t 에서의 물체의 위치는

$$X(t) = r(\cos\omega t, \sin\omega t)$$

로 표현된다. 가속도벡터를 구하면

$$X''(t) = -r\omega^2(\cos\omega t, \sin\omega t)$$

이므로 뉴턴의 제2법칙에 의해 구하는 힘은

$$\mathbf{F}(t) = mX''(t) = -mr\omega^2(\cos\omega t, \sin\omega t)$$

이다. □

예제 9.2.11 에서 물체가 받는 힘은

$$\mathbf{F}(t) = -m\omega^2 X(t)$$

와 같이 표현되므로 원점을 향하고 있음을 알 수 있다. 이와 같은 힘을 구심력이라고 부른다.

정의 9.2.12 매개화된 곡선

$$X : [a, b] \to \mathbb{R}^n, \quad X(t) = \big(x_1(t), x_2(t), \cdots, x_n(t)\big)$$

에 대하여

$$\int_a^b X(t)\,dt = \left(\int_a^b x_1(t)\,dt, \int_a^b x_2(t)\,dt, \cdots, \int_a^b x_n(t)\,dt\right)$$

로 정의한다.

곡선의 적분은 단순히 각 성분함수의 적분이므로 일변수 함수의 미적분학의 기본정리는 자연스럽게 곡선의 적분으로 확장된다.

정리 9.2.13 일급 곡선 $X : [a,b] \to \mathbb{R}^n$ 에 대하여

$$\int_a^b X'(t)\,dt = X(b) - X(a)$$

이다.

예제 9.2.14 발사체를 원점에서 x-축의 양의 방향과 이루는 각이 θ가 되도록 하고, 초기 속력 v_0로 발사하였다. 공기저항을 무시하고 외부에서 받는 힘은 중력뿐이라고 가정할 때, 발사체가 그리는 곡선의 매개화 $X(t)$를 구하시오. 또 발사체가 가장 멀리 날아가는 각도 θ를 구하시오.

풀이 물체가 받는 힘은 중력뿐이므로 가속도벡터는 중력가속도와 같다. 즉

$$X''(t) = (0, -g) \quad (g \approx 9.80665)$$

이므로 양변 적분하면

$$X'(t) - X'(0) = \int_0^t X''(u)\,du = (0, -gt)$$

가 된다. 발사체의 초기 속도벡터는

$$X'(0) = (v_0 \cos\theta, v_0 \sin\theta)$$

이므로

$$X'(t) = X'(0) + (0, -gt) = (v_0 \cos\theta, v_0 \sin\theta - gt)$$

이다. 이 식을 다시 양변 적분하면

$$X(t) - X(0) = \int_0^t X'(u)\,du = \left(v_0 t \cos\theta, v_0 t \sin\theta - \frac{1}{2}gt^2\right)$$

이고, 발사체의 초기 위치는 원점이므로

$$X(t) = \left(v_0 t \cos\theta, v_0 t \sin\theta - \frac{1}{2}gt^2\right)$$

을 얻는다. 한편 발사체가 지면에 도달하는 데 걸리는 시간은 다음 방정식

$$y = v_0 t \sin\theta - \frac{1}{2}gt^2 = 0$$

의 영이 아닌 해이므로

$$t = \frac{2v_0 \sin\theta}{g}$$

이다. 따라서 발사체가 날아간 거리는

$$x = \frac{2v_0^2 \sin\theta\cos\theta}{g} = \frac{v_0^2 \sin 2\theta}{g}$$

이고

$$\theta = \frac{\pi}{4}$$

일 때 최댓값을 가진다.

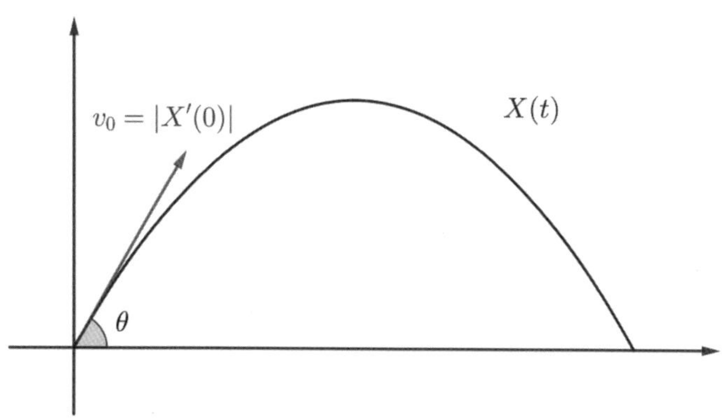

□

9.3 접촉평면

정의 9.3.1 두 번 미분가능한 곡선 $X : [a, b] \to \mathbb{R}^n$ 에 대하여 평면

$$\{X(c) + sX'(c) + tX''(c) \mid s, t \in \mathbb{R}\} \subset \mathbb{R}^n$$

을 점 $X(c)$ 에서 X 의 접촉평면이라고 한다.

접촉평면의 기하학적 의미는 곡선에 가장 가까운 평면이다. 특히 3차원 공간일 경우 점 $X(c)$ 에서 접촉평면의 법선벡터는

$$X'(c) \times X''(c)$$

이므로 다음 정리를 얻는다.

정리 9.3.2 두 번 미분가능한 곡선

$$X : [a, b] \to \mathbb{R}^3, \quad X(t) = \big(x_1(t), x_2(t), x_3(t)\big)$$

에 대하여 점 $X(c)$ 에서 X 의 접촉평면의 방정식은 다음과 같다.

$$\det \begin{pmatrix} x - x_1(c) & y - x_2(c) & z - x_3(c) \\ x_1'(c) & x_2'(c) & x_3'(c) \\ x_1''(c) & x_2''(c) & x_3''(c) \end{pmatrix} = 0.$$

예제 9.3.3 다음 곡선에 대하여 $t = \pi$ 인 점에서 접촉평면의 방정식을 구하시오.

$$X(t) = (2\cos t, 2\sin t, t).$$

풀이 곡선 X 의 속도벡터와 가속도벡터는

$$X'(t) = (-2\sin t, 2\cos t, 1), \qquad X''(t) = (-2\cos t, -2\sin t, 0)$$

이므로

$$X(\pi) = (-2, 0, \pi), \qquad X'(\pi) = (0, -2, 1), \qquad X''(\pi) = (2, 0, 0)$$

이고, 따라서 접촉평면의 방정식은

$$\det \begin{pmatrix} x + 2 & y & z - \pi \\ 0 & -2 & 1 \\ 2 & 0 & 0 \end{pmatrix} = 0 \quad \Longleftrightarrow \quad y + 2z = 2\pi$$

이다.

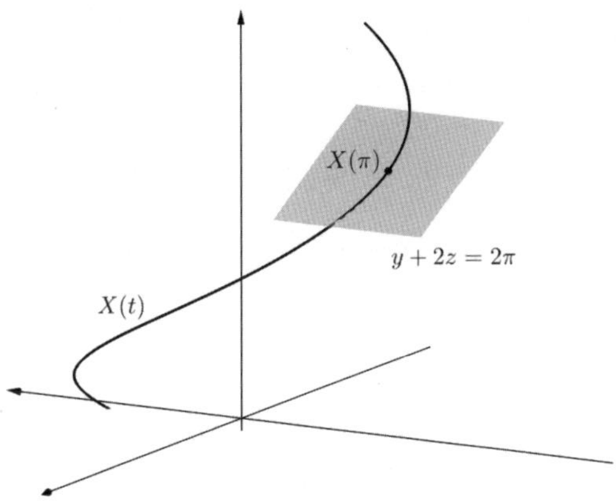

□

9.4 극좌표계와 영역의 넓이

정리 9.4.1 연속함수 $f : [\alpha, \beta] \to \mathbb{R}$에 대하여 극좌표계로 표현된 영역

$$0 \leq r \leq f(\theta) \quad (\alpha \leq \theta \leq \beta)$$

의 넓이는 다음과 같다.

$$\int_\alpha^\beta \frac{1}{2}\big(f(\theta)\big)^2 \, d\theta.$$

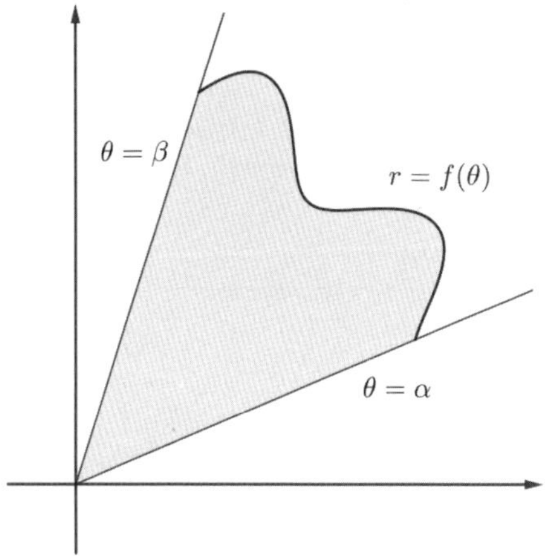

예제 9.4.2 다음 곡선으로 둘러싸인 부분의 넓이를 구하시오.

(1) $r = \cos 3\theta$ (2) $r = \tan \dfrac{\pi - |\theta|}{6} \quad (-\pi \le \theta \le \pi)$

(3) $r = a \sin n\theta \quad (a > 0,\ n \in \mathbb{N})$ (4) $(x^2 + y^2)^2 = a^2(x^2 - y^2) \quad (a > 0)$

풀이 (1) 주어진 곡선의 개형을 그리면 다음과 같다.

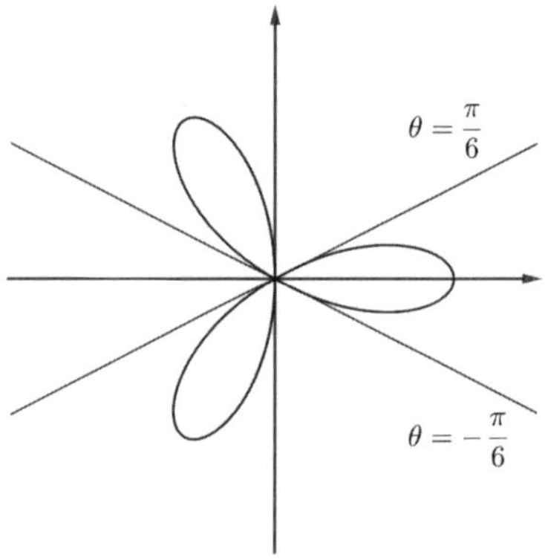

곡선의 대칭성에 의해 주어진 곡선으로 둘러싸인 부분의 넓이는

$$3 \int_{-\pi/6}^{\pi/6} \frac{1}{2} \cos^2 3\theta \, d\theta = \frac{3}{4} \int_{-\pi/6}^{\pi/6} (1 + \cos 6\theta) \, d\theta = \frac{\pi}{4}$$

이다.

(2) 주어진 곡선의 개형을 그리면 다음과 같다.

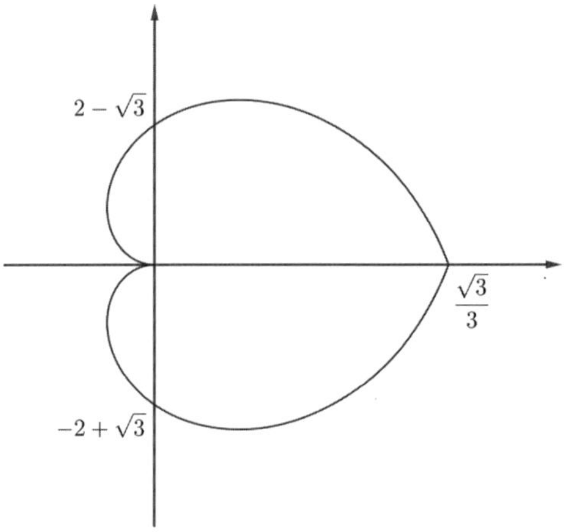

곡선의 대칭성에 의해 주어진 곡선으로 둘러싸인 부분의 넓이는

$$
\begin{aligned}
2\int_0^{\pi} \frac{1}{2}\tan^2\frac{\pi-\theta}{6}\,d\theta &= \int_0^{\pi}\left(-1+\sec^2\frac{\theta-\pi}{6}\right)d\theta \\
&= \left[-\theta+6\tan\frac{\theta-\pi}{6}\right]_0^{\pi} = 2\sqrt{3}-\pi
\end{aligned}
$$

이다.

(3) 주어진 곡선은 n 이 홀수이면 n 개의 잎을 가지고, n 이 짝수이면 $2n$ 개의 잎을 가진다. 한편 한 잎의 개형은

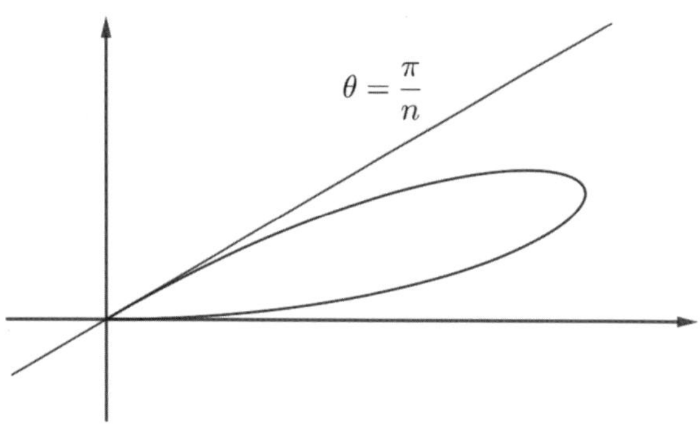

이고, 넓이는

$$
\int_0^{\pi/n} \frac{1}{2}a^2\sin^2 n\theta\,d\theta = \int_0^{\pi/n}\frac{a^2}{4}(1-\cos 2n\theta)\,d\theta = \frac{a^2}{4}\left[\theta-\frac{1}{2n}\sin 2n\theta\right]_0^{\pi/n} = \frac{\pi a^2}{4n}
$$

이므로 구하는 넓이는

$$
\begin{cases}
\dfrac{\pi a^2}{4} & (n\text{ 이 홀수일 때}) \\
\dfrac{\pi a^2}{2} & (n\text{ 이 짝수일 때})
\end{cases}
$$

이다.

(4) 주어진 곡선에

$$
x = r\cos\theta, \qquad y = r\sin\theta
$$

를 대입하여 극좌표계의 방정식으로 변환하면 $r^2 = a^2\cos 2\theta$ 이고, 이 곡선의 개형을 그리면 다음과 같다.

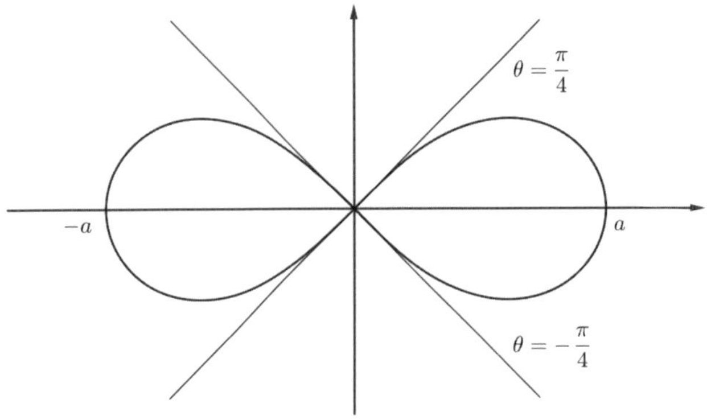

곡선의 대칭성에 의해 주어진 곡선으로 둘러싸인 부분의 넓이는

$$4\int_0^{\pi/4} \frac{1}{2}a^2 \cos 2\theta \, d\theta = 2a^2 \left[\frac{1}{2}\sin 2\theta\right]_0^{\pi/4} = a^2$$

이다. □

예제 9.4.3 직교좌표계로 주어진 원 $x^2 + y^2 - x = 0$ 의 내부와 극좌표계로 주어진 곡선 $r = 1 + \sin\theta$ 의 외부로 이루어진 영역의 넓이를 구하시오.

풀이 직교좌표계의 원의 방정식을 극좌표계의 방정식으로 바꾸면 $r = \cos\theta$ 이고, 주어진 두 곡선을 좌표평면에 그리면 다음과 같다.

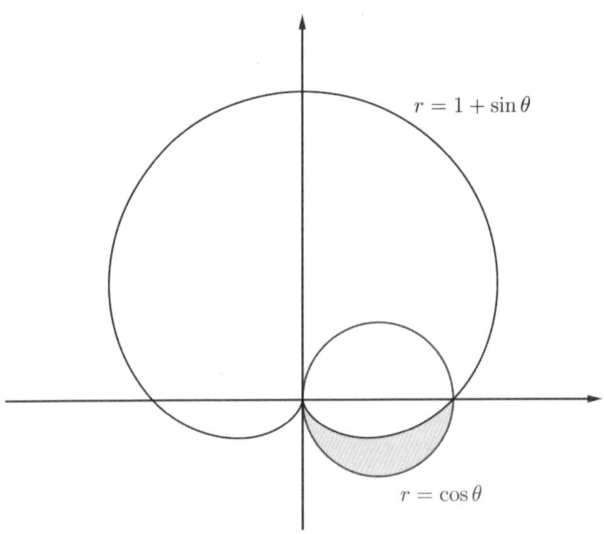

따라서 곡선 $r = \cos\theta$의 내부와 곡선 $r = 1 + \sin\theta$의 외부로 이루어진 영역의 넓이는

$$\begin{aligned}\frac{1}{2} \times \pi \left(\frac{1}{2}\right)^2 - \int_{3\pi/2}^{2\pi} \frac{1}{2}(1+\sin\theta)^2\, d\theta &= \frac{\pi}{8} - \frac{1}{2}\int_{3\pi/2}^{2\pi} (1 + 2\sin\theta + \sin^2\theta)\, d\theta \\ &= \frac{\pi}{8} - \frac{1}{2}\int_{3\pi/2}^{2\pi} \left(1 + 2\sin\theta + \frac{1-\cos 2\theta}{2}\right) d\theta \\ &= \frac{\pi}{8} - \frac{1}{2}\left[\frac{3}{2}\theta - 2\cos\theta - \frac{1}{4}\sin 2\theta\right]_{3\pi/2}^{2\pi} \\ &= 1 - \frac{\pi}{4}\end{aligned}$$

이다. □

예제 9.4.4 양의 실수 $a > 0$에 대하여 극좌표계로 주어진 곡선 $r = a(1 + 2\cos\theta)$의 큰 고리의 내부와 작은 고리의 외부로 둘러싸인 영역의 넓이를 구하시오.

풀이 주어진 곡선의 개형을 그리면 다음과 같다.

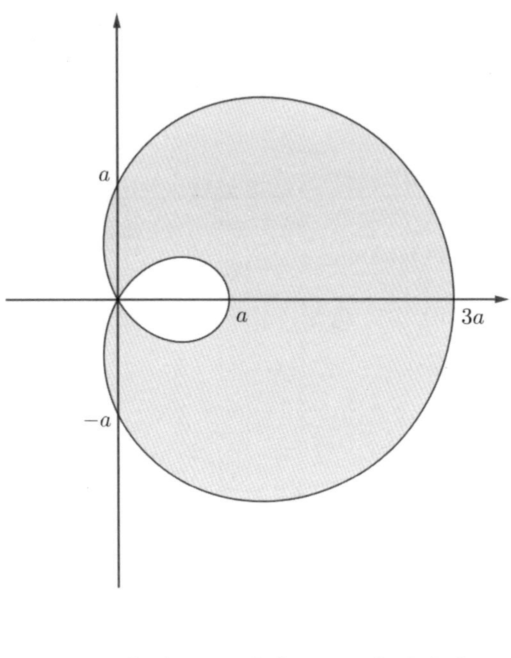

주어진 곡선은 $0 \le \theta \le 2\pi/3$일 때 큰 고리의 $y \ge 0$인 부분이고, $2\pi/3 \le \theta \le \pi$일 때 작은 고리의 $y \le 0$인 부분이다. 따라서 구하는 넓이는

$$
\begin{aligned}
&2\left(\int_0^{2\pi/3}\frac{1}{2}a^2(1+2\cos\theta)^2\,d\theta-\int_{2\pi/3}^{\pi}\frac{1}{2}a^2(1+2\cos\theta)^2\,d\theta\right)\\
&\quad=\int_0^{2\pi/3}a^2(1+4\cos\theta+4\cos^2\theta)\,d\theta-\int_{2\pi/3}^{\pi}a^2(1+4\cos\theta+4\cos^2\theta)\,d\theta\\
&\quad=\int_0^{2\pi/3}a^2(3+4\cos\theta+2\cos 2\theta)\,d\theta-\int_{2\pi/3}^{\pi}a^2(3+4\cos\theta+2\cos 2\theta)\,d\theta\\
&\quad=a^2\Big[3\theta+4\sin\theta+\sin 2\theta\Big]_0^{2\pi/3}-a^2\Big[3\theta+4\sin\theta+\sin 2\theta\Big]_{2\pi/3}^{\pi}\\
&\quad=(\pi+3\sqrt{3})a^2
\end{aligned}
$$

이다.

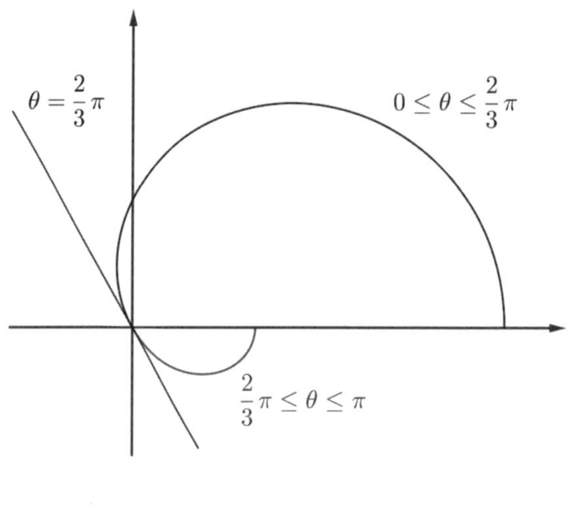

□

9.5 재매개화와 곡선의 길이

곡선의 기하학적 성질이란 매개화의 방법에 의존하지 않는 성질을 말한다. 우리가 주로 관심이 있는 것은 곡선이 가지고 있는 기하학적 성질이다. 주어진 곡선을 매개화하는 방법은 무수히 많으며 일반적으로 매개변수 t를 이용한 매개화 $X(t)$는 곡선의 기하학적 성질과 무관한 방법으로 매개화가 된다. 따라서 곡선의 기하학적 성질을 반영하는 표준화된 매개변수로 곡선을 매개화할 필요가 있다. 이 절의 목적은 매개화된 곡선의 기존 매개변수 t를 곡선의 기하학적 성질을 반영하는 변수인 호의 길이 s로 재매개화하는 것이며 호의 길이로 재매개화된 곡선이 단위속력곡선임을 이해하는 것이다.

9.5.1 재매개화

정의 9.5.1 (재매개화) 매개화된 k급 곡선 $X : [a,b] \to \mathbb{R}^n$와 k급 가역 함수

$$g : [\alpha,\beta] \to [a,b], \quad s \mapsto t = g(s)$$

에 대하여 곡선

$$\widetilde{X} = X \circ g : [\alpha,\beta] \to \mathbb{R}^n, \quad s \mapsto \widetilde{X}(s) = X\big(g(s)\big) = X(t)$$

를 곡선 X의 k급 재매개화라고 부른다.

재매개화는 곡선의 속도벡터를 변화시킨다. 연쇄법칙은 두 곡선 X와 $\widetilde{X}$의 속도벡터의 관계를 보여 준다.

정리 9.5.2 (연쇄법칙) 미분가능한 함수 $g : [\alpha,\beta] \to [a,b]$와 미분가능한 곡선 $X : [a,b] \to \mathbb{R}^n$에 대하여

$$(X \circ g)'(s) = g'(s)X'\big(g(s)\big) \quad (\alpha < s < \beta)$$

이다.

연쇄법칙으로부터 곡선 X의 속도벡터와 재매개화 $\widetilde{X}$의 속도벡터 사이의 관계는

$$\widetilde{X}'(s) = (X \circ g)'(s) = g'(s)X'\big(g(s)\big) = g'(s)X'(t)$$

임을 안다.

미분가능한 곡선 $X : [a,b] \to \mathbb{R}^n$가

$$|X'(t)| = 1 \quad (a < t < b)$$

을 만족할 때, 곡선 X를 단위속력곡선이라고 부른다. 재매개화는 곡선의 속도벡터를 변화시키므로 적절한 재매개 함수 g를 이용하여 주어진 곡선을 단위속력곡선으로 재매개화할 수 있다.

예제 9.5.3 나선

$$X(t) = (\cos t, \sin t, t) \quad (t \in \mathbb{R})$$

에 대하여 다음에 답하시오.

(1) 나선 X의 개형을 그리시오.

(2) 나선 X가 단위속력곡선이 되는 일급 재매개화 $\widetilde{X}$를 구하시오. (단, $\widetilde{X}(0) = (1, 0, 0)$이다.)

풀이 (1) 주어진 곡선의 두 성분함수

$$x = \cos t, \qquad y = \sin t$$

를 연립하여 매개변수 t를 소거하면

$$x^2 + y^2 = 1$$

이므로 주어진 곡선은 원기둥 $x^2+y^2 = 1$ 위의 곡선이다. 한편 $z = t$이므로 이 곡선은 t가 증가함에 따라 원기둥을 반시계방향으로 감아 올라가는 곡선이다.

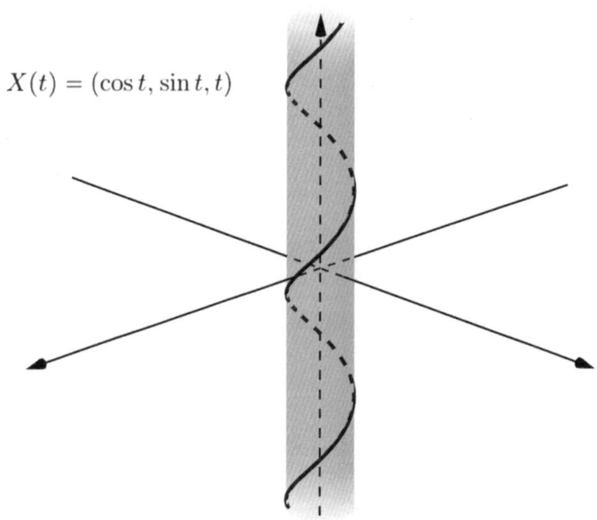

(2) 일급 가역 함수 $g : \mathbb{R} \to \mathbb{R}$에 대하여 $\widetilde{X} = X \circ g$라 두면 연쇄법칙에 의해

$$\widetilde{X}'(s) = g'(s)X'\big(g(s)\big) = g'(s)X'(t)$$

임을 안다. 재매개화 $\widetilde{X}$가 단위속력곡선이 되려면 재매개 함수 g는

$$|g'(s)| = \frac{|\widetilde{X}'(s)|}{|X'(t)|} = \frac{1}{|(-\sin t, \cos t, 1)|} = \frac{1}{\sqrt{2}}$$

을 만족해야 한다. g는 일급이므로

$$g'(s) = \frac{1}{\sqrt{2}} \qquad \text{또는} \qquad g'(s) = -\frac{1}{\sqrt{2}}$$

이고, 따라서 적당한 상수 C가 존재하여

$$g(s) = \frac{s}{\sqrt{2}} + C \qquad \text{또는} \qquad g(s) = -\frac{s}{\sqrt{2}} + C$$

이다. 한편

$$(1, 0, 0) = \widetilde{X}(0) = X\big(g(0)\big) = X(C) = (\cos C, \sin C, C)$$

이므로 $C = 0$이고, 따라서 구하는 재매개화는

$$\widetilde{X}(s) = \left(\cos\frac{s}{\sqrt{2}}, \sin\frac{s}{\sqrt{2}}, \frac{s}{\sqrt{2}}\right) \qquad \text{또는} \qquad \widetilde{X}(s) = \left(\cos\frac{s}{\sqrt{2}}, -\sin\frac{s}{\sqrt{2}}, -\frac{s}{\sqrt{2}}\right)$$

이다. □

예제 9.5.3에서 재매개 함수가

$$g(s) = \frac{s}{\sqrt{2}}$$

이면

$$\widetilde{X}'(s) = g'(s)X'(t) = \frac{1}{\sqrt{2}}X'(t)$$

이므로 두 속도벡터 $X'(t), \widetilde{X}'(s)$는 같은 방향이고, 이것은 매개변수 t와 s가 증가함에 따라 각 곡선 위의 점 $X(t), \widetilde{X}(s)$의 진행 방향이 같음을 의미한다. 마찬가지로 재매개 함수가

$$g(s) = -\frac{s}{\sqrt{2}}$$

이면, 각 곡선 위의 점 $X(t), \widetilde{X}(s)$의 진행 방향은 서로 반대 방향이다. 일반적으로 두 곡선 X와 $\widetilde{X}$의 진행 방향의 관계는 재매개 함수의 도함수 g'의 부호와 관련이 있다.

정의 9.5.4 매개화된 곡선 $X : [a, b] \to \mathbb{R}^n$ 와 일급 가역 함수

$$g : [\alpha, \beta] \to [a, b], \quad s \mapsto t = g(s)$$

에 대하여

(i) 모든 $s \in (\alpha, \beta)$ 에 대하여 $g'(s) > 0$ 이면 재매개화

$$\widetilde{X} = X \circ g$$

를 동향 재매개화라고 부른다.

(ii) 모든 $s \in (\alpha, \beta)$ 에 대하여 $g'(s) < 0$ 이면 재매개화

$$\widetilde{X} = X \circ g$$

를 역향 재매개화라고 부른다.

특히

$$g : [a, b] \to [a, b], \quad t = g(s) = a + b - s$$

이면

$$X_- = X \circ g : [a, b] \to \mathbb{R}^n, \quad X_-(s) = X(a + b - s)$$

를 역향곡선이라고 부른다.

예제 9.5.5 곡선

$$X(t) = (t, t^2, t^3) \quad (-1 \leq t \leq 2)$$

에 대하여 다음에 답하시오.

(1) 곡선 X 의 속도벡터와 가속도벡터를 구하시오.

(2) 곡선 X 의 역향곡선 X_- 을 구하시오. 또 역향곡선의 속도벡터와 가속도벡터를 구하시오.

풀이 (1) 곡선 X 의 속도벡터와 가속도벡터는 차례로

$$X'(t) = (1, 2t, 3t^2), \quad X''(t) = (0, 2, 6t)$$

이다.

(2) $t = g(s) = 1 - s$ 라 두면, 곡선 X 의 역향곡선과 역향곡선의 속도벡터 및 가속도 벡터는 차례로

$$\begin{aligned} X_{-}(s) &= X(1-s) = \big(1-s, (1-s)^2, (1-s)^3\big), \\ X_{-}'(s) &= \big(-1, -2(1-s), -3(1-s)^2\big) = -X'(t), \\ X_{-}''(s) &= \big(0, 2, 6(1-s)\big) = X''(t) \end{aligned}$$

이다.

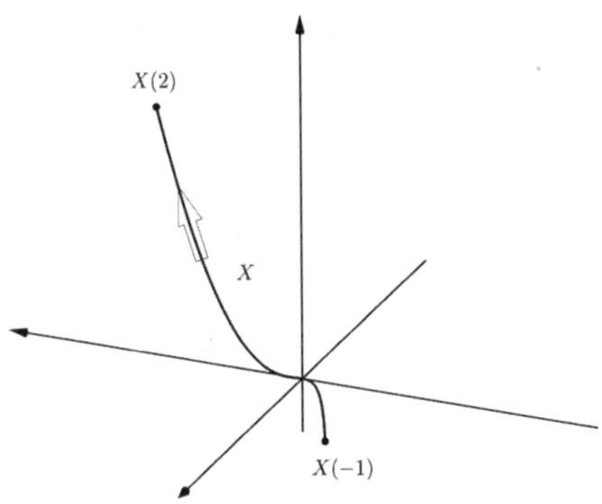

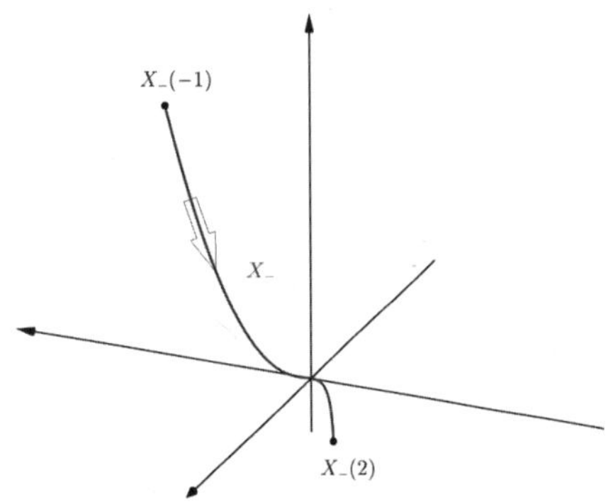

□

예제 9.5.6 곡선

$$y^2 = x^3 - x^2 \quad (x > 0)$$

에 대하여 다음에 답하시오.

(1) 극좌표계를 이용하여 주어진 곡선을 매개화하시오.

(2) (1)의 매개화에 대한 역향곡선을 구하시오.

풀이 (1) 주어진 곡선은 제일사분면의 곡선이므로

$$x = r\cos\theta, \quad y = r\sin\theta \quad \left(-\frac{\pi}{2} < \theta < \frac{\pi}{2}\right)$$

라 두면

$$\begin{aligned} x^3 = x^2 + y^2 \quad &\Longrightarrow \quad r^3 \cos^3\theta = r^2\cos^2\theta + r^2\sin^2\theta \\ &\Longrightarrow \quad r = \sec^3\theta \\ &\Longrightarrow \quad x = \sec^2\theta, \quad y = \sec^3\theta\sin\theta \end{aligned}$$

이므로 주어진 곡선의 매개화는

$$X(\theta) = (\sec^2\theta, \sec^3\theta\sin\theta) \quad \left(-\frac{\pi}{2} < \theta < \frac{\pi}{2}\right)$$

이다.

(2) $\theta = g(s) = -s$ 라 두면 주어진 곡선의 역향곡선은

$$X_-(s) = X(-s) = (\sec^2 s, -\sec^3 s\sin s) \quad \left(-\frac{\pi}{2} < s < \frac{\pi}{2}\right)$$

이다.

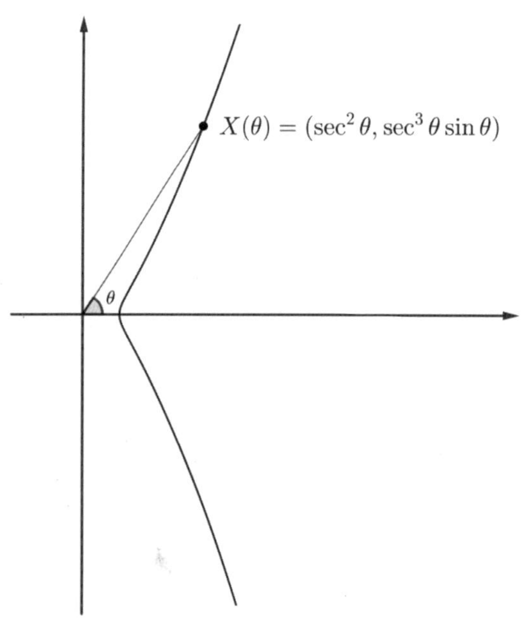

□

9.5.2 곡선의 길이

매개화된 곡선 X의 기존 매개변수 t를 호의 길이 s로 재매개화하기 위해 먼저 주어진 매개화 X를 이용하여 곡선의 길이를 구하는 방법부터 살펴본다.

> **정리 9.5.7** 일급 곡선 $X : [a,b] \to \mathbb{R}^n$에 대하여 곡선 X의 길이는 다음과 같다.
>
> $$\text{length}(X) = \int_a^b |X'(t)|\, dt.$$

예제 9.5.8 양수 a, b에 대하여, 곡선

$$X(t) = (t\cos t, t\sin t, at) \quad (0 \le t \le \sqrt{a^2+1}\sinh b)$$

의 길이를 구하시오.

풀이 곡선의 속력은

$$|X'(t)| = |(\cos t - t\sin t, \sin t + t\cos t, a)| = \sqrt{t^2 + a^2 + 1}$$

이므로 곡선의 길이는

$$\begin{aligned}
\text{length}(X) &= \int_0^{\sqrt{a^2+1}\sinh b} |X'(t)|\, dt = \int_0^{\sqrt{a^2+1}\sinh b} \sqrt{t^2+a^2+1}\, dt \\
&= \int_0^b (a^2+1)\cosh^2 u\, du \quad (\because t = \sqrt{a^2+1}\sinh u,\ dt = \sqrt{a^2+1}\cosh u\, du) \\
&= \frac{a^2+1}{2}\int_0^b (1+\cosh 2u)\, du = \frac{a^2+1}{2}\left[u + \frac{1}{2}\sinh 2u\right]_0^b \\
&= \frac{a^2+1}{2}\left(b + \frac{1}{2}\sinh 2b\right)
\end{aligned}$$

이다. □

곡선 $X : [a,b] \to \mathbb{R}^n$에 대하여 함수 $g : [\alpha, \beta] \to [a,b]$에 의한 재매개화

$$\widetilde{X} = X \circ g$$

가 동향 재매개화이면

$$\begin{aligned}
\text{length}(\widetilde{X}) &= \int_\alpha^\beta |\widetilde{X}'(s)|\,ds \\
&= \int_\alpha^\beta g'(s)\big|X'\big(g(s)\big)\big|\,ds \quad (\because \text{ 연쇄법칙}) \\
&= \int_a^b |X'(t)|\,dt \quad (\because \text{ 치환적분법}) \\
&= \text{length}(X)
\end{aligned}$$

임을 안다. 같은 방법으로 $\widetilde{X} = X \circ g$가 역향 재매개화인 경우도 위 등식이 성립함을 확인할 수 있고, 이것은 곡선의 길이가 매개화에 의존하지 않음을 의미한다. 따라서 매개화가 구체적으로 주어져 있지 않은 곡선의 경우 속력의 정적분을 구하기 쉽도록 하는 매개화를 적절히 선택하여 곡선의 길이를 구할 수 있다.

예제 9.5.9 좌표평면 위의 곡선

$$x^2 - 2xy + y^2 - 2x - 2y + 1 = 0, \quad 0 \le x \le 1, \quad 0 \le y \le 1$$

의 길이를 구하시오.

풀이 주어진 식의 좌변을 인수분해하면

$$\begin{aligned}
&x^2 - 2xy + y^2 - 2x - 2y + 1 \\
&\quad = (x + y - 1)^2 - 4xy \\
&\quad = (x + y - 1 - 2\sqrt{xy})(x + y - 1 + 2\sqrt{xy}) \\
&\quad = \big((\sqrt{x} - \sqrt{y})^2 - 1\big)\big((\sqrt{x} + \sqrt{y})^2 - 1\big) \\
&\quad = (\sqrt{x} - \sqrt{y} - 1)(\sqrt{x} - \sqrt{y} + 1)(\sqrt{x} + \sqrt{y} - 1)(\sqrt{x} + \sqrt{y} + 1)
\end{aligned}$$

이므로

$$x^2 - 2xy + y^2 - 2x - 2y + 1 = 0, \quad 0 \le x \le 1, \quad 0 \le y \le 1 \quad \Longleftrightarrow \quad \sqrt{x} + \sqrt{y} = 1$$

임을 안다. 이제 곡선 $\sqrt{x} + \sqrt{y} = 1$을 다음과 같이 매개화하면

$$X(t) = \big(t^2, (1-t)^2\big) \quad (0 \le t \le 1)$$

이므로 구하는 곡선의 길이는

$$\begin{aligned}\text{length}(X) &= \int_0^1 |X'(t)|\,dt = \int_0^1 \sqrt{(2t)^2 + \big(-2(1-t)\big)^2}\,dt \\ &= \sqrt{2}\int_0^1 \sqrt{(2t-1)^2+1}\,dt \\ &= \frac{\sqrt{2}}{2}\int_{-\log(\sqrt{2}+1)}^{\log(\sqrt{2}+1)} \cosh^2 u\,du \quad (\because 2t-1 = \sinh u,\ 2\,dt = \cosh u\,du) \\ &= \frac{\sqrt{2}}{4}\int_{-\log(\sqrt{2}+1)}^{\log(\sqrt{2}+1)} (1+\cosh 2u)\,du = \frac{\sqrt{2}}{4}\left[u + \frac{1}{2}\sinh 2u\right]_{-\log(\sqrt{2}+1)}^{\log(\sqrt{2}+1)} \\ &= 1 + \frac{\sqrt{2}}{2}\log(\sqrt{2}+1)\end{aligned}$$

이다.

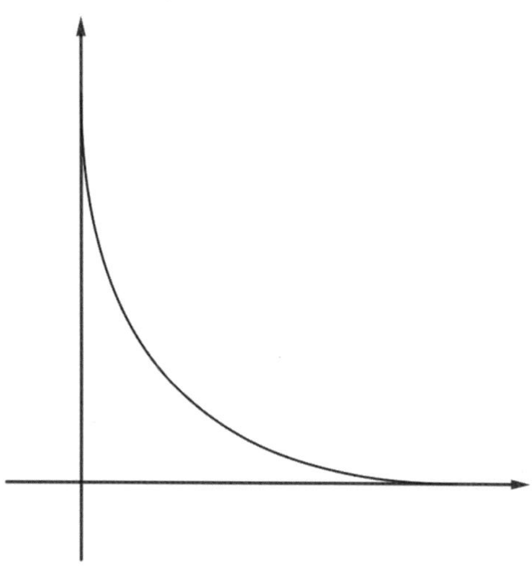

□

정리 9.5.10 일급 함수 $f : [a,b] \to \mathbb{R}$ 의 그래프의 길이는

$$\int_a^b \sqrt{1 + \big(f'(x)\big)^2}\,dx$$

이다.

예제 9.5.11 다음 함수에 대하여 그래프의 길이를 구하시오.

(1) $f(x) = x^{3/2} \quad (1 \le x \le 4)$ (2) $g(x) = \log x \quad (\sqrt{3} \le x \le 2\sqrt{2})$

풀이 (1) $f'(x) = \frac{3}{2}x^{1/2}$ 이므로 그래프의 길이는

$$\begin{aligned}\int_1^4 \sqrt{1 + \big(f'(x)\big)^2}\, dx &= \int_1^4 \sqrt{1 + \frac{9}{4}x}\, dx = \left[\frac{8}{27}\left(1 + \frac{9}{4}x\right)^{3/2}\right]_1^4 \\ &= \frac{1}{27}(80\sqrt{10} - 13\sqrt{13})\end{aligned}$$

이다.

(2) $g'(x) = 1/x$ 이므로 그래프의 길이는 다음 적분값

$$\int_{\sqrt{3}}^{2\sqrt{2}} \sqrt{1 + \big(g'(x)\big)^2}\, dx = \int_{\sqrt{3}}^{2\sqrt{2}} \sqrt{1 + \frac{1}{x^2}}\, dx = \int_{\sqrt{3}}^{2\sqrt{2}} \frac{\sqrt{x^2+1}}{x}\, dx$$

로 주어진다. 이때

$$\begin{aligned}\int \frac{\sqrt{x^2+1}}{x}\, dx &= \int \frac{u^2}{u^2-1}\, du \quad (\because u = \sqrt{x^2+1}) \\ &= \int \left\{1 + \frac{1}{2}\left(\frac{1}{u-1} - \frac{1}{u+1}\right)\right\} du \\ &= u + \frac{1}{2}\big(\log(u-1) - \log(u+1)\big) + C \\ &= \sqrt{x^2+1} + \frac{1}{2}\log\frac{\sqrt{x^2+1}-1}{\sqrt{x^2+1}+1} + C\end{aligned}$$

이므로 구하는 그래프의 길이는

$$\begin{aligned}\int_{\sqrt{3}}^{2\sqrt{2}} \frac{\sqrt{x^2+1}}{x}\, dx &= \left[\sqrt{x^2+1} + \frac{1}{2}\log\frac{\sqrt{x^2+1}-1}{\sqrt{x^2+1}+1}\right]_{\sqrt{3}}^{2\sqrt{2}} \\ &= 1 + \frac{1}{2}\log\frac{3}{2}\end{aligned}$$

이다. □

정리 9.5.12 극좌표계로 표현된 곡선

$$r = f(\theta) \quad (\alpha \le \theta \le \beta)$$

의 길이는

$$\int_{\alpha}^{\beta} \sqrt{\big(f(\theta)\big)^2 + \big(f'(\theta)\big)^2}\, d\theta$$

이다.

예제 9.5.13 극좌표계로 주어진 다음 곡선의 개형을 그리고, 곡선의 길이를 구하시오.

(1) $r = 4 + 3\sqrt{2}\cos\dfrac{\theta}{3}$ (2) $r = \dfrac{1}{\theta}$ $(\sinh 1 \le \theta \le \sinh 2)$

풀이 (1) 주어진 곡선의 개형은 다음과 같다.

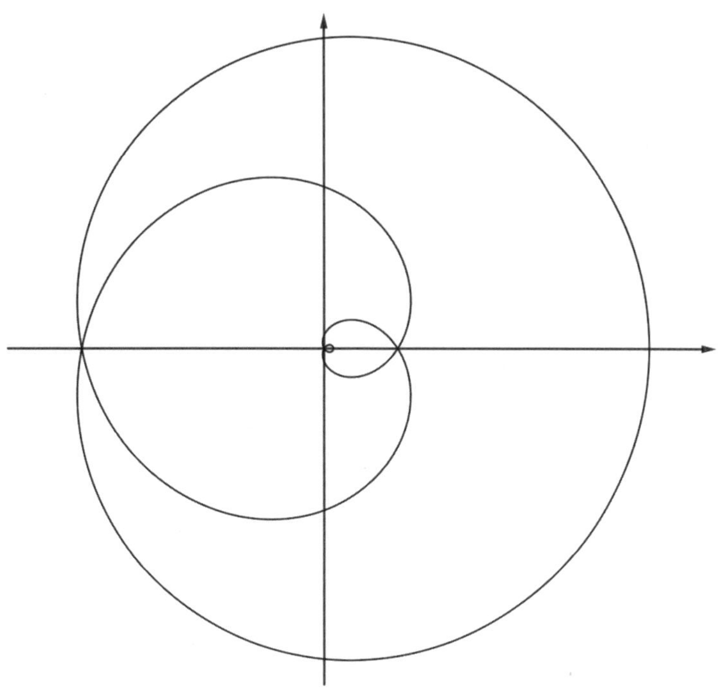

$f(\theta) = 4 + 3\sqrt{2}\cos\dfrac{\theta}{3}$ 라 두면 구하는 곡선의 길이는

$$\begin{aligned}
\int_0^{6\pi} \sqrt{\big(f(\theta)\big)^2 + \big(f'(\theta)\big)^2}\, d\theta &= \int_0^{6\pi} \sqrt{\left(4 + 3\sqrt{2}\cos\frac{\theta}{3}\right)^2 + 2\sin^2\frac{\theta}{3}}\, d\theta \\
&= \int_0^{6\pi} \sqrt{18 + 24\sqrt{2}\cos\frac{\theta}{3} + 16\cos^2\frac{\theta}{3}}\, d\theta \\
&= \int_0^{6\pi} \left(3\sqrt{2} + 4\cos\frac{\theta}{3}\right) d\theta = \left[3\sqrt{2}\theta + 12\sin\frac{\theta}{3}\right]_0^{6\pi} \\
&= 18\sqrt{2}\pi
\end{aligned}$$

이다.

(2) 주어진 곡선의 개형은 다음과 같다.

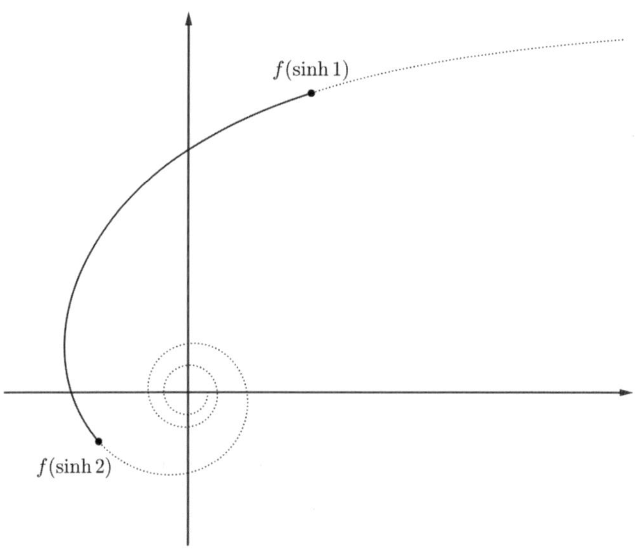

$f(\theta) = 1/\theta$ 이라 두면 곡선의 길이는 다음 적분값

$$\int_{\sinh 1}^{\sinh 2} \sqrt{\big(f(\theta)\big)^2 + \big(f'(\theta)\big)^2}\, d\theta = \int_{\sinh 1}^{\sinh 2} \sqrt{\frac{1}{\theta^2} + \frac{1}{\theta^4}}\, d\theta = \int_{\sinh 1}^{\sinh 2} \frac{\sqrt{\theta^2+1}}{\theta^2}\, d\theta$$

로 주어진다. 이때

$$\begin{aligned}\int \frac{\sqrt{\theta^2+1}}{\theta^2}\,d\theta &= \int \coth^2 u\,du \quad (\because \theta = \sinh u,\ d\theta = \cosh u\,du) \\ &= \int (1+\operatorname{csch}^2 u)\,du = u - \coth u + C \\ &= u - \frac{\sqrt{\sinh^2 u + 1}}{\sinh u} + C = \operatorname{arsinh}\theta - \frac{\sqrt{\theta^2+1}}{\theta} + C \\ &= \log(\theta + \sqrt{\theta^2+1}) - \frac{\sqrt{\theta^2+1}}{\theta} + C\end{aligned}$$

이므로 구하는 곡선의 길이는

$$\int_{\sinh 1}^{\sinh 2} \frac{\sqrt{\theta^2+1}}{\theta^2}\,d\theta = \left[\log(\theta+\sqrt{\theta^2+1}) - \frac{\sqrt{\theta^2+1}}{\theta}\right]_{\sinh 1}^{\sinh 2} = \frac{e^4+2e^2-1}{e^4-1}$$

이다. □

9.5.3 호의 길이와 재매개화

정규곡선 $X : [a,b] \to \mathbb{R}^n$ 에 대하여 곡선 X 의 호의 길이 함수 s 는 다음과 같이 정의한다.

$$s = s(t) = \int_a^t |X'(u)|\,du \quad (a \le t \le b).$$

이때 X 는 정규곡선이므로

$$s'(t) = |X'(t)| \neq 0$$

이고, 따라서 역함수 정리에 의해 호의 길이 함수 s 의 역함수

$$g : [0,L] \to [a,b], \quad s \mapsto t = g(s)$$

가 존재하며

$$g'(s) = \frac{1}{s'(t)} = \frac{1}{|X'(t)|}$$

이다. 여기서 L 은 곡선 X 의 길이이다. 함수 g 는 매개변수 t 와 호의 길이 s 사이의 관계식이며, 함수 g 를 재매개 함수로 하는 곡선 X 의 재매개화

$$\widetilde{X} = X \circ g : [0,L] \to \mathbb{R}^n, \quad \widetilde{X}(s) = X\big(g(s)\big)$$

를 호의 길이에 대한 재매개화라고 부른다. 한편 연쇄법칙에 의해

$$|\widetilde{X}'(s)| = |g'(s)X'\big(g(s)\big)| = \frac{1}{|X'(t)|}\,|X'(t)| = 1$$

이므로 곡선 $\widetilde{X}$ 는 단위속력곡선이다.

> **정리 9.5.14** 정규곡선 $X : [a,b] \to \mathbb{R}^n$ 은 호의 길이로 재매개화할 수 있다.

정규곡선 $X : [a,b] \to \mathbb{R}^n$ 을 호의 길이로 재매개화하는 방법을 정리하면 다음과 같다.

1. 호의 길이 함수 s 를 구한다.

$$s = s(t) = \int_a^t |X'(u)|\,du \quad (a \le t \le b)$$

2. 호의 길이 함수 s 의 역함수 $g : [0,L] \to [a,b]$ 를 구한다.

3. 곡선 X 와 재매개 함수 g 를 합성하여 호의 길이로 매개화된 곡선 $\widetilde{X}$ 를 얻는다.

이론적으로는 정규곡선은 항상 호의 길이로 재매개화가 가능하지만 호의 길이로 재매개화된 곡선을 직접 구하는 것은 매우 어렵다. 첫 번째 어려움은 호의 길이 함수를 구하기 위해 무리함수의 적분

$$\int_a^t \sqrt{\big(x_1'(u)\big)^2 + \big(x_2'(u)\big)^2 + \cdots + \big(x_n'(u)\big)^2}\,du$$

를 계산하는 것이다. 이와 같은 형태를 가지는 무리함수의 부정적분은 경우에 따라 구하는 과정이 어려울 뿐만 아니라 초등함수로 표현되지 않는 경우가 발생한다. 호의 길이 함수를 초등함수로 표현했다 할지라도 그 역함수를 구하는 과정이 어려울 수 있다. 역함수 정리가 필요했던 이유는 역함수를 직접 구하기가 어렵기 때문이었음을 상기하자. 이 절에서 다루는 곡선들은 모두 호의 길이로 재매개화가 쉽게 계산이 되는 경우만을 다룬다.

예제 9.5.15 사이클로이드

$$X(t) = r(t - \sin t, 1 - \cos t) \quad (0 \le t \le 2\pi)$$

를 호의 길이로 재매개화하시오. (단, r 은 양의 실수이다.)

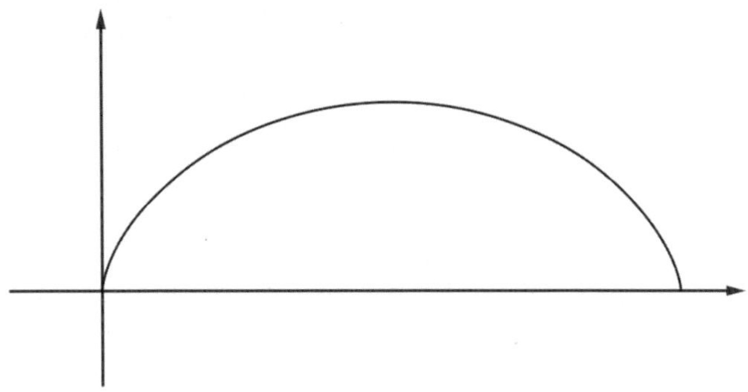

풀이 곡선의 속력은

$$\begin{aligned}|X'(t)| &= |r(1-\cos t, \sin t)| = r\sqrt{1-2\cos t+\cos^2 t+\sin^2 t}\\ &= r\sqrt{2(1-\cos t)} = r\sqrt{4\sin^2\frac{t}{2}} = 2r\sin\frac{t}{2}\end{aligned}$$

이므로 호의 길이 함수는

$$s = \int_0^t |X'(u)|\,du = \int_0^t 2r\sin\frac{u}{2}\,du = \left(4-4\cos\frac{t}{2}\right)r$$

이다. 이 식을 t에 관하여 풀면

$$t = 2\arccos\frac{4r-s}{4r}$$

이므로 호의 길이에 대한 재매개화는

$$\begin{aligned}\widetilde{X}(s) &= X\left(2\arccos\frac{4r-s}{4r}\right)\\ &= r\left(2\arccos\frac{4r-s}{4r} - \sin\left(2\arccos\frac{4r-s}{4r}\right), 1-\cos\left(2\arccos\frac{4r-s}{4r}\right)\right)\end{aligned}$$

이다. 한편

$$\begin{aligned}\sin\left(2\arccos\frac{4r-s}{4r}\right) &= 2\sin\left(\arccos\frac{4r-s}{4r}\right)\cos\left(\arccos\frac{4r-s}{4r}\right)\\ &= 2\sqrt{1-\cos^2\left(\arccos\frac{4r-s}{4r}\right)}\frac{4r-s}{4r} \quad \left(\because \arccos\frac{4r-s}{4r}\in[0,\pi]\right)\\ &= \frac{(4r-s)\sqrt{8rs-s^2}}{8r^2}\end{aligned}$$

이고

$$\cos\left(2\arccos\frac{4r-s}{4r}\right) = 2\cos^2\left(\arccos\frac{4r-s}{4r}\right) - 1 = \frac{8r^2-8rs+s^2}{8r^2}$$

이므로

$$\widetilde{X}(s) = \left(2r\arccos\frac{4r-s}{4r} - \frac{(4r-s)\sqrt{8rs-s^2}}{8r}, \frac{8rs-s^2}{8r}\right) \quad (0 \le s \le 8r)$$

을 얻는다. □

예제 9.5.16 다음에 답하시오.

(1) 곡선 $X : [a,b] \to \mathbb{R}^n$ 에 대하여 일급 가역 함수 $f : [\alpha,\beta] \to [a,b]$ 에 의한 재매개화 $Y = X \circ f$ 가 동향 재매개화이면

$$\widetilde{X}(s) = \widetilde{Y}(s) \quad (0 \le s \le L)$$

임을 보이시오. (단, 두 곡선 $\widetilde{X}$ 와 $\widetilde{Y}$ 는 각각 X 와 Y 의 호의 길이에 대한 재매개화이다.)

(2) 함수 $\alpha(t) = e^{\sqrt{t}} + e^{-1/t} - e^{-1}$ 에 대하여 좌표평면 위의 곡선

$$X(t) = \alpha(t)\big(\cos\log\alpha(t), \sin\log\alpha(t)\big) \quad (t \ge 1)$$

의 호의 길이에 의한 재매개화 $\widetilde{X}(s)$ 를 구하시오. (단, 매개화된 곡선 $\widetilde{X}$ 는 $\widetilde{X}(0) = e(\cos 1, \sin 1)$ 을 만족한다.)

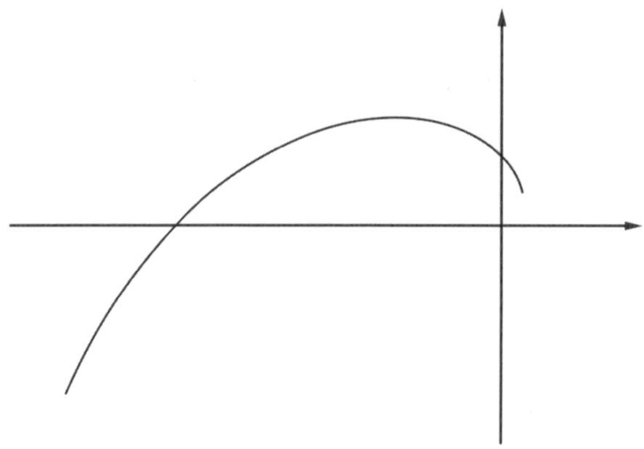

풀이 (1) 곡선 X 의 호의 길이 함수 s 의 역함수를 $g : [0, L] \to [a, b]$ 라 하면 $\widetilde{X}(s) = (X \circ g)(s)$ 이다. 한편 곡선 Y 의 호의 길이 함수는

$$\begin{aligned} s &= \int_\alpha^t |Y'(u)|\, du = \int_\alpha^t |X'\big(f(u)\big)| f'(u)\, du \\ &= \int_a^{f(t)} |X'(v)|\, dv = g^{-1}\big(f(t)\big) = (g^{-1} \circ f)(t) \end{aligned}$$

이므로

$$\widetilde{Y}(s) = Y\big((g^{-1} \circ f)^{-1}(s)\big) = (X \circ f)\big((f^{-1} \circ g)(s)\big) = (X \circ g)(s) = \widetilde{X}(s)$$

임을 안다.

(2) 곡선 X 의 동향 재매개화

$$Y(t) = e^t(\cos t, \sin t) \quad (t \geq 1)$$

의 호의 길이에 의한 매개화를 구해도 된다.

$$|Y'(t)| = \sqrt{(e^t \cos t - e^t \sin t)^2 + (e^t \sin t + e^t \cos t)^2} = \sqrt{2}e^t$$

이므로 호의 길이 함수는

$$s = \int_1^t |Y'(u)|\, du = \int_1^t \sqrt{2}\, e^u\, du = \Big[\sqrt{2}e^u\Big]_1^t = \sqrt{2}(e^t - e)$$

이고, 이 식을 t 에 관하여 풀면

$$t = \log\left(\frac{s}{\sqrt{2}} + e\right)$$

이므로 호의 길이에 대한 재매개화는

$$\widetilde{X}(s) = Y\left(\log\left(\frac{s}{\sqrt{2}} + e\right)\right) = \left(\frac{s}{\sqrt{2}} + e\right)\left(\cos\log\left(\frac{s}{\sqrt{2}} + e\right), \sin\log\left(\frac{s}{\sqrt{2}} + e\right)\right)$$

이다. □

정리 9.5.14는 정규곡선이 아니면 호의 길이로 재매개화할 수 없음을 의미하는 것은 아니다. 다음 예제는 정규곡선이 아닌 곡선도 호의 길이로 매개화할 수 있음을 보여 준다.

예제 9.5.17 좌표평면 위의 곡선 $y = x^{2/3}$의 매개화 $X : \mathbb{R} \to \mathbb{R}^2$를 구하고, $X(t)$의 호의 길이에 의한 재매개화 $\widetilde{X}(s)$를 구하시오. (단, 매개화된 곡선 $\widetilde{X}$는 $\widetilde{X}(0) = (0, 0)$을 만족한다.)

풀이 주어진 곡선을 매개화하면 다음과 같다.

$$X(t) = (t^3, t^2) \quad (t \in \mathbb{R})$$

곡선의 속력은

$$|X'(t)| = |(3t^2, 2t)| = \sqrt{9t^4 + 4t^2} = |t|\sqrt{9t^2 + 4}$$

이므로 호의 길이 함수는

$$\begin{aligned} s &= \int_0^t |X'(u)|\,du = \int_0^t |u|\sqrt{9u^2+4}\,du \\ &= \begin{cases} \dfrac{1}{27}\big((9t^2+4)^{3/2} - 8\big) & (t \ge 0) \\ -\dfrac{1}{27}\big((9t^2+4)^{3/2} - 8\big) & (t < 0) \end{cases} \end{aligned}$$

이다. 이 식을 t에 관하여 풀면

$$t = \begin{cases} \dfrac{1}{3}\sqrt{(8+27s)^{2/3} - 4} & (s \ge 0) \\ -\dfrac{1}{3}\sqrt{(8-27s)^{2/3} - 4} & (s < 0) \end{cases}$$

이므로 호의 길이에 대한 재매개화는

$$\widetilde{X}(s) = \begin{cases} \dfrac{1}{27}\Big(\big((8+27s)^{2/3} - 4\big)^{3/2}, 3\big((8+27s)^{2/3} - 4\big)\Big) & (s \ge 0) \\ \dfrac{1}{27}\Big(-\big((8-27s)^{2/3} - 4\big)^{3/2}, 3\big((8-27s)^{2/3} - 4\big)\Big) & (s < 0) \end{cases}$$

이다.

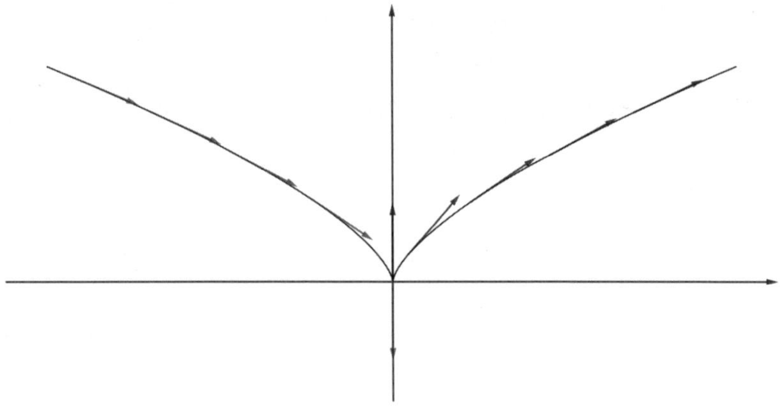

□

예제 9.5.17 에서

$$\lim_{s\to 0^+} \widetilde{X}'(s) = (0,1), \quad \lim_{s\to 0^-} \widetilde{X}'(s) = (0,-1)$$

임을 안다. 즉 호의 길이에 대한 매개화 $\widetilde{X}$ 는 일급이 아니므로 정규곡선이 아니다.

예제 9.5.18 극좌표계로 주어진 곡선

$$r = 1 + \cos\theta \quad (0 \le \theta \le \pi)$$

의 호의 길이에 의한 매개화를 구하시오.

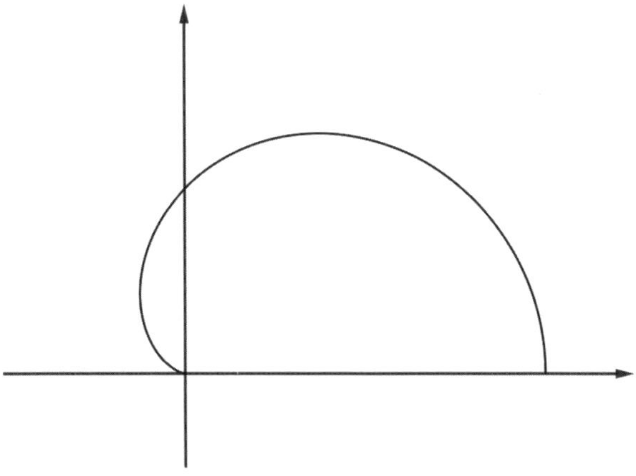

풀이 주어진 곡선의 매개화는 다음과 같다.

$$X(\theta) = (1 + \cos\theta)(\cos\theta, \sin\theta) \quad (0 \le \theta \le \pi).$$

$f(\theta) = 1 + \cos\theta$ 라 두면 호의 길이 함수는

$$\begin{aligned} s &= \int_0^\theta \sqrt{\big(f(u)\big)^2 + \big(f'(u)\big)^2}\, du = \int_0^\theta \sqrt{(1+\cos u)^2 + \sin^2 u}\, du \\ &= \int_0^\theta \sqrt{2(1+\cos u)}\, du = \int_0^\theta \sqrt{4\cos^2\frac{u}{2}}\, du = \int_0^\theta 2\cos\frac{u}{2}\, du \\ &= 4\sin\frac{\theta}{2} \end{aligned}$$

이고, $0 \le \theta \le \pi$ 로부터 $0 \le s \le 4$ 임을 안다. 이제 위의 식을 θ 에 관하여 풀면

$$t = 2\arcsin\frac{s}{4}$$

이므로 호의 길이에 대한 재매개화는

$$\widetilde{X}(s) = X\left(2\arcsin\frac{s}{4}\right) = \left(1 + \cos\left(2\arcsin\frac{s}{4}\right)\right)\left(\cos\left(2\arcsin\frac{s}{4}\right), \sin\left(2\arcsin\frac{s}{4}\right)\right)$$

이다. 한편

$$\begin{aligned} \sin\left(2\arcsin\frac{s}{4}\right) &= 2\sin\left(\arcsin\frac{s}{4}\right)\cos\left(\arcsin\frac{s}{4}\right) \\ &= \frac{s}{2}\sqrt{1 - \sin^2\left(\arcsin\frac{s}{4}\right)} \quad \left(\because 0 \le \arcsin\frac{s}{4} \le \frac{\pi}{2}\right) \\ &= \frac{s\sqrt{16 - s^2}}{8} \end{aligned}$$

이고

$$\cos\left(2\arcsin\frac{s}{4}\right) = 1 - 2\sin^2\left(\arcsin\frac{s}{4}\right) = \frac{8 - s^2}{8}$$

이므로

$$\widetilde{X}(s) = \frac{16 - s^2}{64}\left(8 - s^2, s\sqrt{16 - s^2}\right)$$

을 얻는다. □

9.6 선적분

이 절에서는 다변수함수의 적분의 한 종류인 선적분에 대해 공부한다. 일변수 함수의 정적분은 정의역에 속하는 구간 $[a,b]$ 에서 정의하였다. 그러나 다변수함수에서는 정의역에는 더 이상 구간이라는 개념이 존재하지 않으므로 다변수함수의 적분을 정의하기 위해서는 일변수 함수의 구간에 해당되는 개념이 필요하다. 구간 $[a,b]$ 를 점 $A=(a,0)$ 과 $B=(b,0)$ 을 잇는 선분으로 이해하면 정적분

$$\int_a^b f(x)\,dx$$

는 선분 AB 에서 함수를 적분하는 것으로 이해할 수 있다. 일변수 함수의 구간에 해당되는 개념은 다변수함수에서는 정의역에 존재하는 1차원 부분집합인 곡선 X 로 이해할 수 있으며, 곡선 X 에서 다변수함수를 적분한 것을 선적분이라고 한다.

9.6.1 선적분의 정의

정의 9.6.1 (선적분) $\mathbb{R}^n$ 의 부분집합 D 에서 정의된 연속함수 $f : D \to \mathbb{R}$ 에 대하여 일급 곡선 $X : [a,b] \to D$ 를 따르는 f 의 선적분은

$$\int_X f\,ds = \int_a^b f\big(X(t)\big)|X'(t)|\,dt$$

로 정의한다.

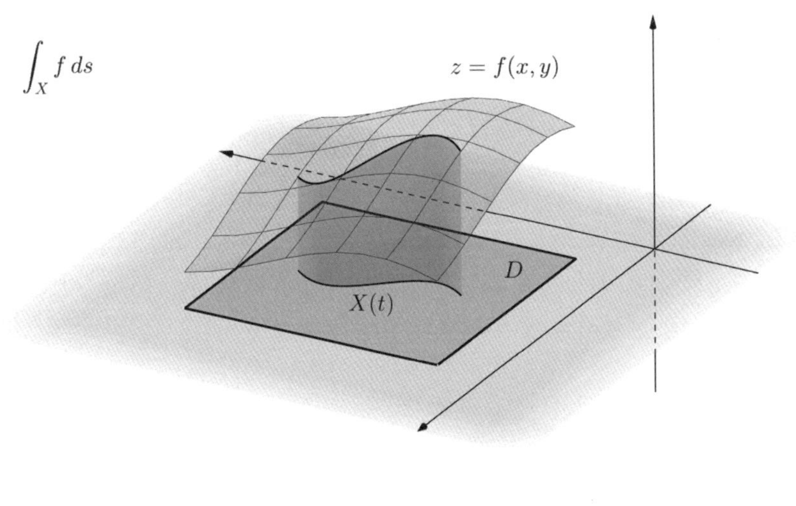

특히 $n = 2$ 인 경우, 이변수 함수 $f : D \to [0, \infty)$ 와 일급 곡선 $X : [a, b] \to D$ 에 대하여 선적분

$$\int_X f\,ds$$

의 기하학적 의미는 함수 $z = f(x, y)$ 의 그래프와 곡선 X 사이에 생기는 커튼 모양의 곡면의 넓이이다.

예제 9.6.2 나선

$$X(t) = (\cos t, \sin t, t) \quad \left(0 \le t \le \frac{\pi}{2}\right)$$

를 따르는 함수

$$f(x, y, z) = x^2 y^2 \cos(x^2 + y^2 + z - 1)$$

의 선적분을 구하시오.

풀이 선적분의 정의에 의해

$$\begin{aligned}
\int_X f\,ds &= \int_0^{\pi/2} f\big(X(t)\big)|X'(t)|\,dt = \int_0^{\pi/2} \cos^3 t \sin^2 t \sqrt{\sin^2 t + \cos^2 t + 1}\,dt \\
&= \sqrt{2}\int_0^{\pi/2} \cos t(1 - \sin^2 t)\sin^2 t\,dt = \sqrt{2}\left[\frac{1}{3}\sin^3 t - \frac{1}{5}\sin^5 t\right]_0^{\pi/2} \\
&= \frac{2\sqrt{2}}{15}
\end{aligned}$$

를 얻는다. □

> **정리 9.6.3** $\mathbb{R}^n$ 의 부분집합 D 에서 정의된 연속함수 $f : D \to \mathbb{R}$ 에 대하여 일급 곡선 $X : [a, b] \to D$ 의 재매개화를 $\widetilde{X}$ 라 하면
>
> $$\int_X f\,ds = \int_{\widetilde{X}} f\,ds$$
>
> 가 성립한다.

정리 9.6.3 에 의해 선적분은 곡선의 매개화 방법과 무관함을 알 수 있다. 따라서 매개화가 구체적으로 주어져 있지 않은 곡선의 경우 함수

$$f\big(X(t)\big)|X'(t)|$$

의 정적분을 구하기 쉽도록 하는 매개화를 적절히 선택하여 선적분을 구할 수 있다.

예제 9.6.4 곡선

$$x^2 + y^2 = 1, \quad y \geq 0, \quad x \geq 0$$

을 따르는 함수

$$f(x, y) = 2 + xy^2 - x^2 y$$

의 선적분을 구하시오.

풀이 주어진 곡선을 매개화하면

$$X(t) = (\cos t, \sin t) \quad \left(0 \leq t \leq \frac{\pi}{2}\right)$$

이므로 구하는 선적분은

$$\begin{aligned}\int_X f\, ds &= \int_0^{\pi/2} f\big(X(t)\big)|X'(t)|\, dt \\ &= \int_0^{\pi/2} (2 + \cos t \sin^2 t - \cos^2 t \sin t)\sqrt{\sin^2 t + \cos^2 t}\, dt \\ &= \left[2t + \frac{1}{3}\sin^3 t + \frac{1}{3}\cos^3 t\right]_0^{\pi/2} = \pi\end{aligned}$$

이다.

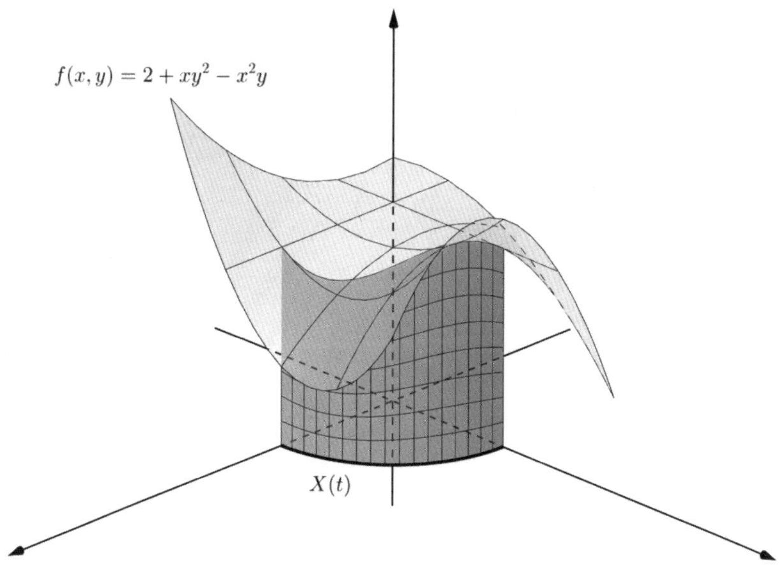

□

9.6.2 함수의 평균값

정의 9.6.5 (함수의 평균값) $\mathbb{R}^n$ 의 부분집합 D 에서 정의된 연속함수 $f : D \to \mathbb{R}$ 에 대하여 일급 곡선 $X : [a,b] \to D$ 에서 함수 f 의 평균값은

$$\overline{f} = \frac{1}{\text{length}(X)} \int_X f\, ds$$

로 정의한다.

예제 9.6.6 양수 a, b 에 대하여 타원

$$\frac{x^2}{a^2} + \frac{y^2}{b^2} = 1$$

에서 정의된 함수

$$f(x,y) = x^3 + 2y$$

의 평균값을 구하시오.

풀이 타원을 매개화하면

$$X(t) = (a\cos t, b\sin t) \quad (0 \le t \le 2\pi)$$

이므로 X 에서 함수 f 의 평균값은

$$\begin{aligned}\overline{f} &= \frac{1}{\text{length}(X)} \int_X f\, ds = \frac{1}{\text{length}(X)} \int_0^{2\pi} f\big(X(t)\big)|X'(t)|\, dt \\ &= \frac{1}{\text{length}(X)} \bigg(a^3 \int_0^{2\pi} \cos^3 t \sqrt{a^2 \sin^2 t + b^2 \cos^2 t}\, dt \\ &\qquad\qquad + 2b \int_0^{2\pi} \sin t \sqrt{a^2 \sin^2 t + b^2 \cos^2 t}\, dt \bigg)\end{aligned}$$

이다.

$$g_1(t) = \cos^3 t \sqrt{a^2 \sin^2 t + b^2 \cos^2 t}, \qquad g_2(t) = \sin t \sqrt{a^2 \sin^2 t + b^2 \cos^2 t}$$

라 두면

$$\begin{aligned} g_1(\pi - t) &= -\cos^3 t \sqrt{a^2 \sin^2 t + b^2 \cos^2 t} = g_1(\pi + t), \\ g_2(\pi - t) &= \sin t \sqrt{a^2 \sin^2 t + b^2 \cos^2 t} = -g_2(\pi + t) \end{aligned}$$

이므로

$$\int_0^{2\pi} g_1(t)\,dt = 2\int_0^{\pi} g_1(t)\,dt, \qquad \int_0^{2\pi} g_2(t)\,dt = 0$$

이다. 또한

$$g_1\left(\frac{\pi}{2} - t\right) = \sin^3 t\sqrt{a^2\cos^2 t + b^2\sin^2 t} = -g_1\left(\frac{\pi}{2} + t\right)$$

이므로

$$\int_0^{\pi} g_1(t)\,dt = 0$$

이다. 따라서

$$\overline{f} = 0$$

을 얻는다. □

9.6.3 곡선의 중심과 질량중심

정의 9.6.7 곡선 $X : [a,b] \to \mathbb{R}^n$ 의 중심 $(\overline{x}_1, \overline{x}_2, \cdots, \overline{x}_n)$ 는

$$\overline{x}_i = \frac{1}{\text{length}(X)}\int_X x_i\,ds \quad (i = 1, 2, \cdots, n)$$

로 정의한다.

예제 9.6.8 다음 곡선의 중심을 구하시오.

$$X(t) = (\cos 3t, \sin 3t, 4t) \quad (0 \le t \le \pi).$$

풀이 주어진 곡선의 속력은

$$|X'(t)| = |(-3\sin 3t, 3\cos 3t, 4)| = 5$$

이므로 곡선의 길이는

$$\text{length}(X) = \int_0^{\pi} |X'(t)|\,dt = \int_0^{\pi} 5\,dt = 5\pi$$

이다. 따라서

$$\overline{x} = \frac{1}{\text{length}(X)} \int_X x\,ds = \frac{1}{5\pi} \int_0^\pi (\cos 3t) \cdot 5\,dt = 0,$$
$$\overline{y} = \frac{1}{\text{length}(X)} \int_X y\,ds = \frac{1}{5\pi} \int_0^\pi (\sin 3t) \cdot 5\,dt = \frac{2}{3\pi},$$
$$\overline{z} = \frac{1}{\text{length}(X)} \int_X z\,ds = \frac{1}{5\pi} \int_0^\pi (4t) \cdot 5\,dt = 2\pi$$

이다.

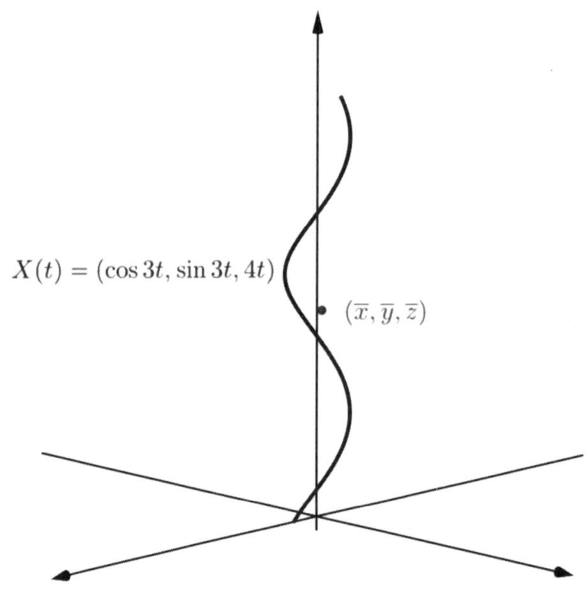

□

예제 9.6.9 곡선

$$x^{2/3} + y^{2/3} = r^{2/3}, \quad y \geq 0$$

의 중심을 구하시오. (단, r은 양의 실수이다.)

풀이 주어진 곡선을 매개화하면

$$X(t) = (r\cos^3 t, r\sin^3 t) \quad (0 \leq t \leq \pi)$$

이고, 곡선의 속력은

$$
\begin{aligned}
|X'(t)| &= |(-3r\cos^2 t\sin t, 3r\sin^2 t\cos t)| \\
&= 3r|\cos t\sin t| = \begin{cases} 3r\cos t\sin t & \left(0 \le t \le \dfrac{\pi}{2}\right) \\ -3r\cos t\sin t & \left(\dfrac{\pi}{2} < t \le \pi\right) \end{cases}
\end{aligned}
$$

이므로 곡선의 길이는

$$
\operatorname{length}(X) = \int_0^\pi |X'(t)|\,dt = \int_0^{\pi/2} 3r\cos t\sin t\,dt - \int_{\pi/2}^\pi 3r\cos t\sin t\,dt = 3r
$$

이다. 따라서

$$
\begin{aligned}
\overline{x} &= \frac{1}{\operatorname{length}(X)}\int_X x\,ds = \frac{1}{3r}\left(\int_0^{\pi/2} 3r^2\cos^4 t\sin t\,dt - \int_{\pi/2}^\pi 3r^2\cos^4 t\sin t\,dt\right) = 0, \\
\overline{y} &= \frac{1}{\operatorname{length}(X)}\int_X y\,ds = \frac{1}{3r}\left(\int_0^{\pi/2} 3r^2\cos t\sin^4 t\,dt - \int_{\pi/2}^\pi 3r^2\cos t\sin^4 t\,dt\right) = \frac{2}{5}r
\end{aligned}
$$

이다.

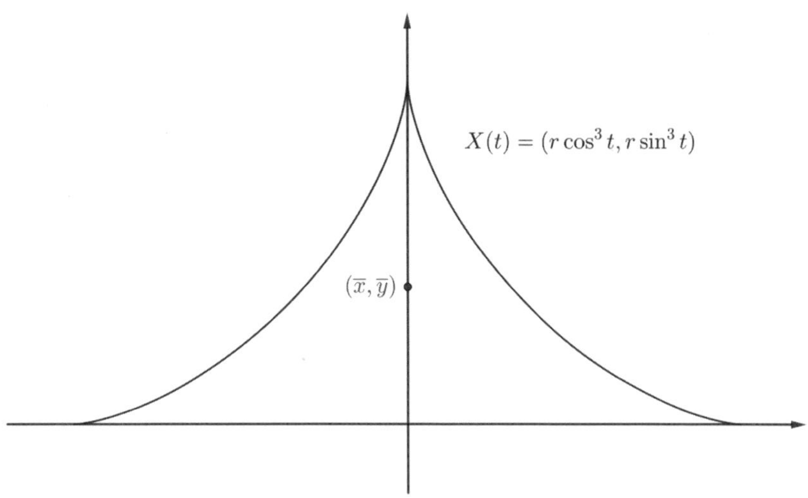

□

곡선 $X : [a,b] \to \mathbb{R}^n$ 의 밀도함수가 $\mu : \mathbb{R}^n \to \mathbb{R}$ 이면, 선적분

$$m = \int_X \mu \, ds$$

는 곡선의 질량을 나타낸다.

정의 9.6.10 곡선 $X : [a,b] \to \mathbb{R}^n$ 의 밀도함수가 $\mu : \mathbb{R}^n \to \mathbb{R}$ 일 때, 곡선의 질량중심 $\overline{X} = (\overline{x}_1, \overline{x}_2, \cdots, \overline{x}_n)$ 는

$$\overline{x}_i = \frac{1}{m} \int_X x_i \mu \, ds \quad (i = 1, 2, \cdots, n)$$

로 정의한다. 단, m 은 곡선의 질량이다.

예제 9.6.11 곡선

$$X(t) = (\cos 2t, \sin 2t, t) \quad (0 \le t \le \pi)$$

의 밀도함수가

$$\mu(x, y, z) = e^{3z}$$

일 때, 다음에 답하시오.

(1) 실수 a, b 에 대하여 다음 등식이 성립함을 보이시오.

$$\int e^{ax} \sin bx \, dx = \frac{1}{a^2 + b^2} e^{ax} (a \sin bx - b \cos bx) + C,$$
$$\int e^{ax} \cos bx \, dx = \frac{1}{a^2 + b^2} e^{ax} (a \cos bx + b \sin bx) + C.$$

(2) 곡선 X 의 질량과 질량중심을 구하시오.

풀이 (1) 부분적분법에 의해

$$\begin{aligned}
\int e^{ax} \sin bx \, dx &= \frac{1}{a} e^{ax} \sin bx - \frac{b}{a} \int e^{ax} \cos bx \, dx \\
&= \frac{1}{a} e^{ax} \sin bx - \frac{b}{a} \left(\frac{1}{a} e^{ax} \cos bx + \frac{b}{a} \int e^{ax} \sin bx \, dx \right) \\
&= \frac{1}{a^2} e^{ax} (a \sin bx - b \cos bx) - \frac{b^2}{a^2} \int e^{ax} \sin bx \, dx
\end{aligned}$$

이고

$$\begin{aligned}\int e^{ax}\cos bx\,dx &= \frac{1}{a}\,e^{ax}\cos bx + \frac{b}{a}\int e^{ax}\sin bx\,dx\\ &= \frac{1}{a}\,e^{ax}\cos bx + \frac{b}{a}\left(\frac{1}{a}\,e^{ax}\sin bx - \frac{b}{a}\int e^{ax}\cos bx\,dx\right)\\ &= \frac{1}{a^2}\,e^{ax}(a\cos bx + b\sin bx) - \frac{b^2}{a^2}\int e^{ax}\cos bx\,dx\end{aligned}$$

이므로

$$\begin{aligned}\int e^{ax}\sin bx\,dx &= \frac{1}{a^2+b^2}\,e^{ax}(a\sin bx - b\cos bx) + C,\\ \int e^{ax}\cos bx\,dx &= \frac{1}{a^2+b^2}\,e^{ax}(a\cos bx + b\sin bx) + C\end{aligned}$$

를 얻는다.

(2) 주어진 곡선의 속력은

$$|X'(t)| = |(-2\sin 2t, 2\cos 2t, 1)| = \sqrt{5}$$

이므로 곡선의 질량은

$$m = \int_X \mu\,ds = \int_0^\pi \mu\big(X(t)\big)|X'(t)|\,dt = \int_0^\pi \sqrt{5}e^{3t}\,dt = \left[\frac{\sqrt{5}}{3}e^{3t}\right]_0^\pi = \frac{\sqrt{5}}{3}(e^{3\pi}-1)$$

이다. 따라서

$$\begin{aligned}\overline{x} &= \frac{1}{m}\int_X x\mu\,ds = \frac{1}{m}\int_0^\pi (\cos 2t)\mu\big(X(t)\big)|X'(t)|\,dt\\ &= \frac{3}{\sqrt{5}(e^{3\pi}-1)}\int_0^\pi \sqrt{5}e^{3t}\cos 2t\,dt = \frac{3}{e^{3\pi}-1}\left[\frac{1}{13}\,e^{3t}(3\cos 2t + 2\sin 2t)\right]_0^\pi = \frac{9}{13},\end{aligned}$$

$$\begin{aligned}\overline{y} &= \frac{1}{m}\int_X y\mu\,ds = \frac{1}{m}\int_0^\pi (\sin 2t)\mu\big(X(t)\big)|X'(t)|\,dt\\ &= \frac{3}{\sqrt{5}(e^{3\pi}-1)}\int_0^\pi \sqrt{5}e^{3t}\sin 2t\,dt = \frac{3}{e^{3\pi}-1}\left[\frac{1}{13}\,e^{3t}(3\sin 2t - 2\cos 2t)\right]_0^\pi = -\frac{6}{13},\end{aligned}$$

$$\begin{aligned}\overline{z} &= \frac{1}{m}\int_X z\mu\,ds = \frac{1}{m}\int_0^\pi t\mu\big(X(t)\big)|X'(t)|\,dt \\ &= \frac{3}{\sqrt{5}(e^{3\pi}-1)}\int_0^\pi \sqrt{5}te^{3t}\,dt = \frac{3}{e^{3\pi}-1}\left[\frac{3t-1}{9}e^{3t}\right]_0^\pi = -\frac{1}{3}+\frac{\pi}{1-e^{-3\pi}}\end{aligned}$$

이다. □

예제 9.6.12 곡선

$$x^2+y^2=1, \quad y\geq 0$$

의 밀도함수가 곡선 위의 각 점에서 직선 $y=a$ 와의 거리의 제곱에 비례할 때, 곡선의 질량과 질량중심을 구하시오.

풀이 주어진 곡선을 매개화하면 다음과 같다.

$$X(t)=(\cos t, \sin t) \quad (0\leq t\leq \pi).$$

밀도함수를 $\mu(x,y)=k(a-y)^2$ 이라 두면, 곡선의 속력은

$$|X'(t)|=|(-\sin t, \cos t)|=1$$

이므로 곡선의 질량은

$$m=\int_X \mu\,ds=\int_0^\pi \mu\big(X(t)\big)|X'(t)|\,dt=\int_0^\pi k(a-\sin t)^2\,dt=k\left(\pi a^2-4a+\frac{\pi}{2}\right)$$

이고 대칭성에 의해 $\overline{x}=0$ 임을 안다. 또한

$$\begin{aligned}\overline{y} &= \frac{1}{m}\int_X y\mu\,ds = \frac{1}{m}\int_0^\pi (\sin t)\mu\big(X(t)\big)|X'(t)|\,dt \\ &= \frac{1}{k\left(\pi a^2-4a+\frac{\pi}{2}\right)}\int_0^\pi k(a-\sin t)^2\sin t\,dt = \frac{2(6a^2-3\pi a+4)}{3(2\pi a^2-8a+\pi)}\end{aligned}$$

이다. □

9.7 곡선의 곡률

이 절에서는 곡선의 기하학적 성질인 곡률에 대해 공부한다. 곡선의 곡률이란 곡선이 휘어진 정도를 정량적으로 나타낸 양으로, 주어진 점에서의 곡률은 그 점에서 접벡터의 변화량을 이용하여 계산할 수 있다. 곡률은 기하학적 성질이므로 매개화에 의존하

지 않도록 접벡터의 변화량을 측정하는 것이 중요하다. 곡선 $X(t)$ 의 단위접선벡터를

$$\mathbf{t}(t) = \frac{X'(t)}{|X'(t)|}$$

라 두면, 호의 길이에 대한 $\mathbf{t}$ 의 변화량을 측정하여 매개화와 무관하게 곡률을 구할 수 있다.

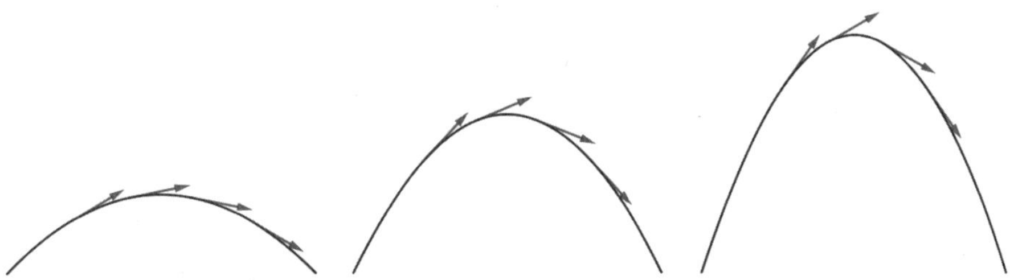

9.7.1 곡률의 정의

정의 9.7.1 (곡률) 이급 정규곡선 $X : [a, b] \to \mathbb{R}^n$ 에 대하여 곡률벡터는

$$\boldsymbol{\kappa}(t) = \frac{d\mathbf{t}}{ds} = \frac{dt}{ds}\frac{d\mathbf{t}}{dt} = \frac{1}{|X'|}\left(\frac{X'}{|X'|}\right)' = \frac{1}{|X'|^2}\left(X'' - \frac{X' \cdot X''}{|X'|^2}X'\right)$$

으로 정의한다. 이때

$$\kappa = |\boldsymbol{\kappa}| = \frac{\sqrt{|X'|^2|X''|^2 - (X' \cdot X'')^2}}{|X'|^3}$$

을 곡률이라고 부른다.

특히 호의 길이로 매개화된 곡선 $X(s)$ 는 단위속력곡선이므로 곡선의 곡률벡터는 가속도벡터와 같다.

$$\boldsymbol{\kappa}(s) = X''(s).$$

예제 9.7.2 $\mathbb{R}^4$ 의 곡선

$$X(t) = (\cos 3t, \sin 3t, \cos 4t, \sin 4t)$$

의 곡률벡터와 곡률을 구하시오.

풀이 곡선 X 의 속도벡터와 속력은 각각

$$X'(t) = (-3\sin 3t, 3\cos 3t, -4\sin 4t, 4\cos 4t), \quad |X'(t)| = 5$$

이므로 곡률벡터는

$$\boldsymbol{\kappa}(t) = \frac{1}{|X'(t)|}\left(\frac{X'(t)}{|X'(t)|}\right)' = -\frac{1}{25}(9\cos 3t, 9\sin 3t, 16\cos 4t, 16\sin 4t)$$

이고 곡률은

$$\kappa(t) = |\boldsymbol{\kappa}(t)| = \frac{\sqrt{337}}{25}$$

이다. □

반지름이 작은 공, 예컨대 탁구공의 표면은 평면이 아니라는 사실은 누구나 잘 알지만 지구의 표면이 평면이 아니라는 것을 인류가 인지하기까지는 꽤나 오랜 시간이 걸렸다. 지표면을 평면이라고 착각한 이유는 지구 중심을 지나는 평면과 지표면이 만나서 생기는 원의 곡률이 매우 작기 때문이다. 같은 이유로 탁구공의 곡률은 지구의 곡률보다 상대적으로 크기 때문에 탁구공의 표면이 휘어져 있다고 느낀 것이다. 이와 같은 관찰로부터 원의 곡률은 반지름에 반비례한다는 것을 알 수 있고, 따라서 원의 곡률을 반지름의 역수로 정의하는 것이 타당해 보인다. 역사적으로 곡률에 대한 연구는 원의 곡률을 먼저 정의하고, 일반적인 곡선의 경우는 그 곡선에 가장 가까운 원인 접촉원을 구해 접촉원의 곡률로 곡선의 곡률을 정의하였다. 다음 절에서 접촉원을 공부하면 접촉원을 이용하여 정의한 곡률과 정의 9.7.1 이 동치임을 알 수 있다.

예제 9.7.3 $\mathbb{R}^n$ 의 서로 수직인 단위벡터 $\mathbf{u}, \mathbf{v}$ 에 대하여, 원점을 지나는 평면 $\{s\mathbf{u}+t\mathbf{v} \mid s, t \in \mathbb{R}\}$ 을 α 라 하자. 평면 α 위에 있으며 중심이 원점이고 반지름이 r 인 원을 매개화하고, 곡률을 구하시오.

풀이 $\{\mathbf{u}, \mathbf{v}\}$ 는 평면 α 의 기저이므로 평면 위의 임의의 벡터는 $\mathbf{u}, \mathbf{v}$ 의 일차결합으로 표현된다. 즉 구하는 원의 방정식은

$$X(t) = a(t)\mathbf{u} + b(t)\mathbf{v}$$

의 표현을 가진다. 한편

$$\begin{aligned}|X(t)|^2 &= |a(t)\mathbf{u} + b(t)\mathbf{v}|^2 \\ &= \big(a(t)\big)^2|\mathbf{u}|^2 + 2a(t)b(t)\mathbf{u}\cdot\mathbf{v} + \big(b(t)\big)^2|\mathbf{v}|^2 \\ &= \big(a(t)\big)^2 + \big(b(t)\big)^2\end{aligned}$$

이고, 곡선 X는 중심이 원점이고 반지름이 r인 원이므로 $|X(t)| = r$이다. 따라서

$$\big(a(t)\big)^2 + \big(b(t)\big)^2 = r^2$$

을 얻는다. 이제

$$a(t) = r\cos t, \quad b(t) = r\sin t \quad (0 \le t \le 2\pi)$$

라 두면, 중심이 원점이고 반지름이 r인 원의 매개화는

$$X(t) = (r\cos t)\mathbf{u} + (r\sin t)\mathbf{v} \quad (0 \le t \le 2\pi)$$

이다.

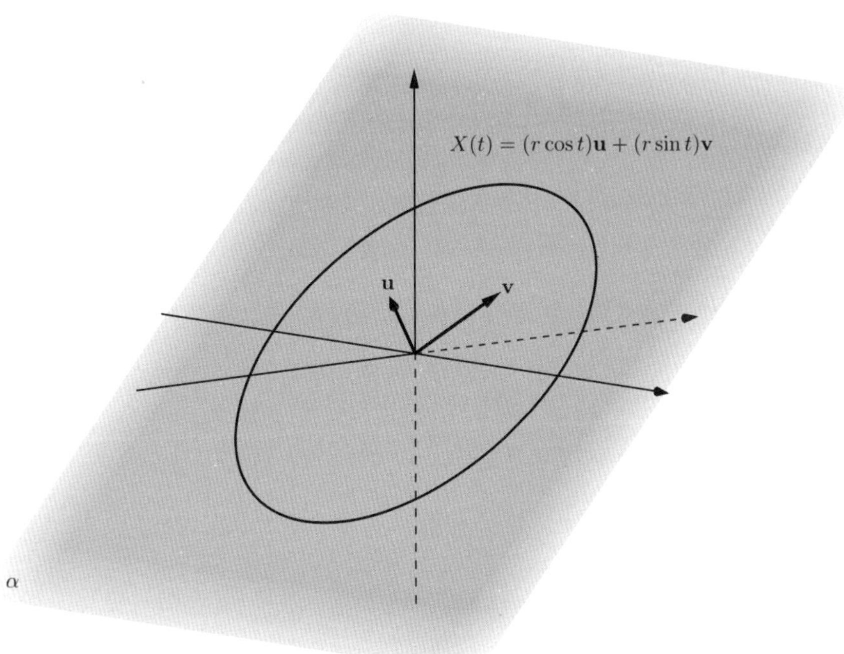

곡선 X 의 속도벡터와 속력은

$$X'(t) = (-r\sin t)\mathbf{u} + (r\cos t)\mathbf{v}, \quad |X'(t)| = r$$

이므로 곡률벡터는

$$\boldsymbol{\kappa}(t) = \frac{1}{|X'(t)|}\left(\frac{X'(t)}{|X'(t)|}\right)' = \frac{(-r\cos t)\mathbf{u} + (-r\sin t)\mathbf{v}}{r^2} = -\frac{X(t)}{r^2}$$

이고 따라서 곡률은

$$\kappa(t) = |\boldsymbol{\kappa}(t)| = \left|-\frac{X(t)}{r^2}\right| = \frac{1}{r}$$

이다. □

예제 9.7.3 에서 원의 반지름은 곡률의 역수임을 안다.

$$r = \frac{1}{\kappa(t)}.$$

일반적으로 곡선 X 에 대하여 곡률의 역수 $1/\kappa$ 를 곡선 X 의 곡률반경이라고 부른다. 곡률반경의 기하학적 의미는 접촉원의 반지름이다.

예제 9.7.4 구간 $[a,b]$ 에서 정의된 연속함수 $f:[a,b]\to[0,\infty)$ 에 대하여

$$X(a) = (0,0), \quad X'(a) = (1,0), \quad X''(a) = \big(0, f(a)\big)$$

이고

$$\kappa(s) = f(s) \quad (a \le s \le b)$$

를 만족하는 이급 단위속력곡선 $X:[a,b]\to\mathbb{R}^2$ 를 구하시오.

풀이 곡선 X 는 $X'(a) = (1,0)$ 를 만족하는 이급 단위속력곡선이므로

$$X'(s) = \big(\cos\theta(s), \sin\theta(s)\big), \quad \theta(a) = 0$$

이 되는 일급 함수 $\theta:[a,b]\to\mathbb{R}$ 가 존재한다. 이때 곡률벡터와 곡률은

$$\boldsymbol{\kappa}(s) = X''(s) = \theta'(s)\big(-\sin\theta(s), \cos\theta(s)\big), \quad \kappa(s) = |\boldsymbol{\kappa}(s)| = |\theta'(s)|$$

이고 $\kappa = f$ 이므로 $|\theta'| = f$ 이다. 그런데 $f \geq 0$ 이므로 θ' 과 f 의 연속성에 의해

$$\theta'(s) = f(s) \quad (a \leq s \leq b) \qquad \text{또는} \qquad \theta'(s) = -f(s) \quad (a \leq s \leq b)$$

가 성립한다. 한편 $X''(a) = \big(0, f(a)\big)$ 이므로 $\theta'(a) = f(a)$ 이고, 따라서 $\theta' = f$ 이다. 즉 $\theta(s) = \int_a^s f(u)\,du$ 이므로

$$X'(s) = \left(\cos\Big(\int_a^s f(u)\,du\Big), \sin\Big(\int_a^s f(u)\,du\Big)\right)$$

이고, $X(a) = (0, 0)$ 이므로

$$X(s) = \left(\int_a^s \cos\Big(\int_a^v f(u)\,du\Big)dv, \int_a^s \sin\Big(\int_a^v f(u)\,du\Big)dv\right)$$

를 얻는다. □

예제 9.7.4 로부터 임의로 주어진 곡률을 가지는 평면곡선이 존재함을 안다.

9.7.2 평면곡선과 공간곡선의 곡률

좌표평면 $\mathbb{R}^2$ 와 좌표공간 $\mathbb{R}^3$ 의 곡선의 곡률은 성분함수를 이용하여 공식을 단순화할 수 있다.

정리 9.7.5 이급 정규곡선

$$X : [a, b] \to \mathbb{R}^2, \quad X(t) = \big(x(t), y(t)\big)$$

의 곡률은

$$\kappa(t) = \frac{\big|\det\big(X'(t), X''(t)\big)\big|}{|X'(t)|^3} = \frac{|x'(t)y''(t) - x''(t)y'(t)|}{\Big(\big(x'(t)\big)^2 + \big(y'(t)\big)^2\Big)^{3/2}}$$

이다.

예제 9.7.6 사이클로이드

$$X(t) = (t - \sin t, 1 - \cos t) \quad (0 \leq t \leq 2\pi)$$

의 곡률을 구하시오.

풀이 곡선 X 의 속도벡터와 가속도벡터는 각각

$$X'(t) = (1 - \cos t, \sin t), \quad X''(t) = (\sin t, \cos t)$$

이고 속력은

$$|X'(t)| = \sqrt{1 - 2\cos t + \cos^2 t + \sin^2 t} = \sqrt{2(1 - \cos t)} = 2\sin\frac{t}{2}$$

이므로 곡률은

$$\kappa(t) = \frac{\left|\det\left(X'(t), X''(t)\right)\right|}{|X'(t)|^3} = \frac{1}{8\sin^3\dfrac{t}{2}}\left|\det\begin{pmatrix} 1-\cos t & \sin t \\ \sin t & \cos t \end{pmatrix}\right| = \frac{1-\cos t}{8\sin^3\dfrac{t}{2}} = \frac{1}{4\sin\dfrac{t}{2}}$$

이다. □

예제 9.7.7 양수 a, b 에 대하여 타원

$$\frac{x^2}{a^2} + \frac{y^2}{b^2} = 1$$

의 곡률을 구하시오.

풀이 주어진 타원을 다음과 같이 매개화하면

$$X(t) = (a\cos t, b\sin t) \quad (0 \le t \le 2\pi)$$

이다. 이때 곡선 X 의 속도벡터와 가속도벡터는 각각

$$X'(t) = (-a\sin t, b\cos t), \quad X''(t) = (-a\cos t, -b\sin t)$$

이므로 곡률은

$$\begin{aligned}\kappa(t) &= \frac{\left|\det\left(X'(t), X''(t)\right)\right|}{|X'(t)|^3} = \frac{1}{(a^2\sin^2 t + b^2\cos^2 t)^{3/2}}\left|\det\begin{pmatrix} -a\sin t & -a\cos t \\ b\cos t & -b\sin t \end{pmatrix}\right| \\ &= \frac{ab}{(a^2\sin^2 t + b^2\cos^2 t)^{3/2}}\end{aligned}$$

이다. □

곡선 $X : [a, b] \to \mathbb{R}^n$ 의 곡률 κ에 대하여

$$\int_X \kappa\, ds = \int_a^b \kappa(t)|X'(t)|\, dt$$

를 X의 전곡률이라고 한다.

예제 9.7.8 양수 a, b에 대하여 다음 곡선의 전곡률을 구하시오.

(1) $X(t) = (a\cos t, b\sin t) \quad (0 \le t \le 2\pi)$

(2) $X(t) = (a\cos t, a\sin t, bt) \quad (\alpha \le t \le \beta)$

풀이 (1) 곡선 X 의 속력은

$$|X'(t)| = |(-a\sin t, b\cos t)| = (a^2\sin^2 t + b^2\cos^2 t)^{1/2}$$

이고, 예제 9.7.7 로부터 곡률은

$$\kappa(t) = \frac{ab}{(a^2\sin^2 t + b^2\cos^2 t)^{3/2}}$$

임을 안다. 타원의 대칭성에 의해 전곡률은

$$\begin{aligned}\int_X \kappa\, ds = \int_0^{2\pi} \kappa(t)|X'(t)|\, dt &= \int_0^{2\pi} \frac{ab}{a^2\sin^2 t + b^2\cos^2 t}\, dt \\ &= 4\int_0^{\pi/2} \frac{ab}{a^2\sin^2 t + b^2\cos^2 t}\, dt\end{aligned}$$

이다. 그런데

$$\begin{aligned}\int \frac{ab}{a^2\sin^2 t + b^2\cos^2 t}\, dt &= ab\int \frac{\sec^2 t}{a^2\tan^2 t + b^2}\, dt \\ &= \frac{b}{a}\int \frac{1}{u^2 + \dfrac{b^2}{a^2}}\, du \quad (\because u = \tan t,\ du = \sec^2 t\, dt) \\ &= \frac{b}{a}\cdot\frac{a}{b}\arctan\left(\frac{au}{b}\right) + C \\ &= \arctan\left(\frac{a}{b}\tan t\right) + C\end{aligned}$$

이므로

$$\int_X \kappa\, ds = 4\left[\arctan\left(\frac{a}{b}\tan t\right)\right]_0^{\pi/2} = 4\,(\arctan\infty - \arctan 0) = 2\pi$$

를 얻는다.

(2) 곡선 X 의 속력은

$$|X'(t)| = |(-a\sin t, a\cos t, b)| = (a^2\sin^2 t + a^2\cos^2 t + b^2)^{1/2} = (a^2+b^2)^{1/2}$$

이고, 곡률은

$$\kappa(t) = |\boldsymbol{\kappa}(t)| = \frac{1}{|X'(t)|}\left|\left(\frac{X'(t)}{|X'(t)|}\right)'\right| = \frac{|X''(t)|}{a^2+b^2} = \frac{|(-a\cos t, -a\sin t, 0)|}{a^2+b^2} = \frac{a}{a^2+b^2}$$

이므로 전곡률은

$$\int_X \kappa\, ds = \int_\alpha^\beta \kappa(t)|X'(t)|\, dt = \int_\alpha^\beta \frac{a}{(a^2+b^2)^{1/2}}\, dt = \frac{a(\beta-\alpha)}{(a^2+b^2)^{1/2}}$$

이다. □

> **정리 9.7.9** 이급 함수 $f : [a,b] \to \mathbb{R}$ 의 그래프의 곡률은
>
> $$\kappa(x) = \frac{|f''(x)|}{\left(1+\left(f'(x)\right)^2\right)^{3/2}}$$
>
> 이다.

예제 9.7.10 함수

$$f(x) = ax^2 + bx + c$$

의 그래프의 곡률을 구하시오.

풀이 함수 f 의 도함수와 이계 도함수는

$$f'(x) = 2ax + b, \qquad f''(x) = 2a$$

이므로

$$\kappa(x) = \frac{|f''(x)|}{\left(1+\left(f'(x)\right)^2\right)^{3/2}} = \frac{2|a|}{\left(1+(2ax+b)^2\right)^{3/2}}$$

를 얻는다. □

정리 9.7.11 극좌표계로 주어진 곡선 $r = f(\theta)$ 의 곡률은

$$\kappa(\theta) = \frac{\left|\left(f(\theta)\right)^2 + 2\left(f'(\theta)\right)^2 - f(\theta)f''(\theta)\right|}{\left(\left(f(\theta)\right)^2 + \left(f'(\theta)\right)^2\right)^{3/2}}$$

이다.

예제 9.7.12 극좌표계로 주어진 곡선

$$r = ae^{b\theta}$$

의 곡률을 구하시오. (단, $a > 0$, $b \in \mathbb{R}$ 이다.)

풀이 $f(\theta) = ae^{b\theta}$ 라 두면

$$f'(\theta) = abe^{b\theta}, \quad f''(\theta) = ab^2e^{b\theta}$$

이므로

$$\begin{aligned}\kappa(\theta) &= \frac{\left|\left(f(\theta)\right)^2 + 2\left(f'(\theta)\right)^2 - f(\theta)f''(\theta)\right|}{\left(\left(f(\theta)\right)^2 + \left(f'(\theta)\right)^2\right)^{3/2}} \\ &= \frac{|a^2e^{2b\theta} + 2a^2b^2e^{2b\theta} - a^2b^2e^{2b\theta}|}{(a^2e^{2b\theta} + a^2b^2e^{2b\theta})^{3/2}} \\ &= \frac{a^2e^{2b\theta}(1+b^2)}{a^3e^{3b\theta}(1+b^2)^{3/2}} \\ &= \frac{1}{ae^{b\theta}\sqrt{1+b^2}}\end{aligned}$$

을 얻는다. □

정리 9.7.13 이급 정규곡선 $X : [a, b] \to \mathbb{R}^3$ 의 곡률은

$$\kappa(t) = \frac{|X'(t) \times X''(t)|}{|X'(t)|^3}$$

이다.

예제 9.7.14 곡선

$$X(t) = (t, t^2, t^3)$$

의 곡률을 구하시오.

풀이 곡선 X 의 속도벡터와 가속도벡터는 각각

$$X'(t) = (1, 2t, 3t^2), \quad X''(t) = (0, 2, 6t)$$

이고 속력은

$$|X'(t)| = \sqrt{9t^4 + 4t^2 + 1}$$

이므로 곡률은

$$\begin{aligned}\kappa(t) &= \frac{|X'(t) \times X''(t)|}{|X'(t)|^3} = \frac{1}{(9t^4 + 4t^2 + 1)^{3/2}} \left| \det \begin{pmatrix} \mathbf{e}_1 & \mathbf{e}_2 & \mathbf{e}_3 \\ 1 & 2t & 3t^2 \\ 0 & 2 & 6t \end{pmatrix} \right| \\ &= \frac{|(6t^2, -6t, 2)|}{(9t^4 + 4t^2 + 1)^{3/2}} = \frac{2(9t^4 + 9t^2 + 1)^{1/2}}{(9t^4 + 4t^2 + 1)^{3/2}}\end{aligned}$$

이다. □

9.7.3 접촉원

곡선 X 의 한 점 $X(c)$ 에 대하여 다음 세 점

$$P_- = X(c - h), \quad P = X(c), \quad P_+ = X(c + h)$$

를 지나는 원을 $Y_h(t)$ 라 하자. 이때 점 P_- 와 점 P_+ 가 곡선의 호를 따라 동시에 점 P 로 다가갈 때, 원 $Y_h(t)$ 의 극한

$$Y(t) = \lim_{h \to 0} Y_h(t)$$

를 점 $X(c)$ 에서 곡선 X 의 접촉원이라고 부르고, 접촉원의 중심과 반지름을 각각 곡률중심, 곡률반경이라고 부른다.

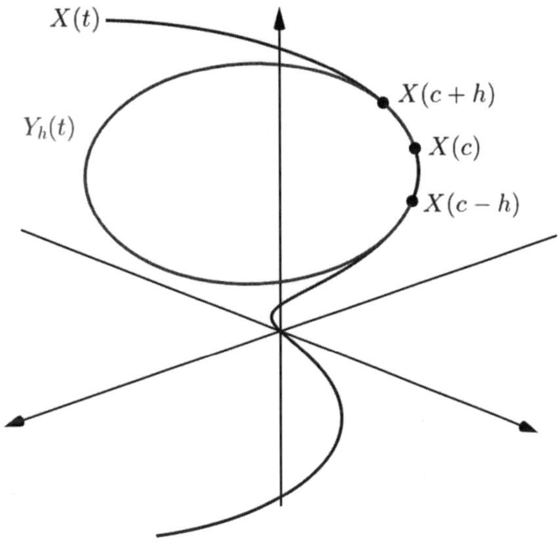

예제 9.7.15 좌표평면에서 곡선 $y = \cos 2x$ 위의 세 점

$$P_- = (-h, \cos 2h), \quad P = (0, 1), \quad P_+ = (h, \cos 2h)$$

를 지나는 원의 중심과 반지름을 각각 $C(h), r(h)$ 라고 하자.

(1) 점 P 에서 곡선 $y = \cos 2x$ 의 곡률을 구하시오.

(2) $\lim_{h\to 0} C(h)$ 와 $\lim_{h\to 0} r(h)$ 를 구하시오.

(3) 점 P 에서 곡선 $y = \cos 2x$ 의 접촉원의 방정식을 구하시오.

풀이 (1) $f(x) = \cos 2x$ 라 두면

$$f'(x) = -2\sin 2x, \quad f''(x) = -4\cos 2x$$

이므로

$$\kappa(x) = \frac{|f''(x)|}{\left(1 + \left(f'(x)\right)^2\right)^{3/2}} = \frac{4|\cos 2x|}{(1 + 4\sin^2 2x)^{3/2}}$$

이다. 따라서 점 P 에서 곡률은 $\kappa(0) = 4$ 이다.

(2) 세 점 P_-, P, P_+ 를 지나는 원의 중심은 현의 수직 이등분선 위에 있다. $\overline{PP_+}$ 의 수직 이등분선은 $\overline{PP_+}$ 의 중점을 지나고 기울기가 $h/(1-\cos 2h)$ 인 직선이므로

$$l : y = \frac{h}{1-\cos 2h}x + \frac{1+\cos 2h}{2} - \frac{h^2}{2(1-\cos 2h)}$$

이다. 또한 $\overline{P_-P_+}$ 의 수직 이등분선은 y-축이므로 원의 중심 $C(h)$ 와 반지름 $r(h)$ 는 각각

$$C(h) = \left(0, \frac{1+\cos 2h}{2} - \frac{h^2}{2(1-\cos 2h)}\right),$$
$$r(h) = \operatorname{dist}\big(C(h), P\big) = \frac{1-\cos 2h}{2} + \frac{h^2}{2(1-\cos 2h)}$$

이다.

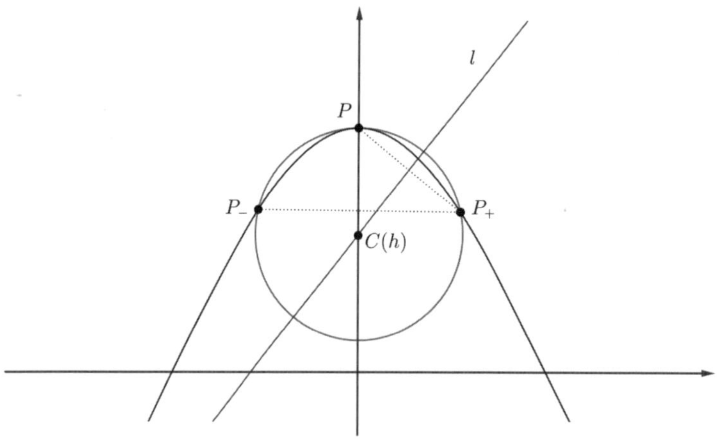

한편 로피탈의 정리에 의해

$$\lim_{h\to 0}\frac{h^2}{2(1-\cos 2h)} = \lim_{h\to 0}\frac{2h}{4\sin 2h} = \frac{1}{4}$$

이므로

$$\lim_{h\to 0} C(h) = \left(\lim_{h\to 0} 0, \lim_{h\to 0}\left(\frac{1+\cos 2h}{2} - \frac{h^2}{2(1-\cos 2h)}\right)\right) = \left(0, \frac{3}{4}\right),$$
$$\lim_{h\to 0} r(h) = \lim_{h\to 0}\left(\frac{1-\cos 2h}{2} + \frac{h^2}{2(1-\cos 2h)}\right) = \frac{1}{4}$$

을 얻는다.

(3) 점 P 에서 곡선 $y=\cos 2x$ 의 곡률중심과 곡률반경이 각각

$$\lim_{h\to 0} C(h) = \left(0, \frac{3}{4}\right), \quad \lim_{h\to 0} r(h) = \frac{1}{4}$$

이므로 접촉원의 방정식은

$$x^2 + \left(y - \frac{3}{4}\right)^2 = \frac{1}{16}$$

이다.

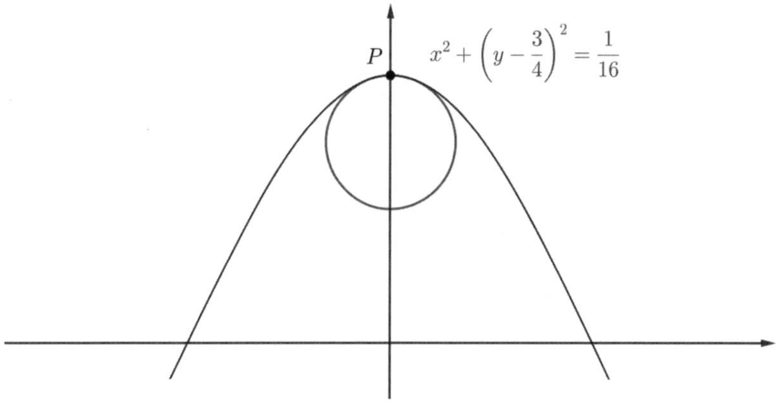

□

정리 9.7.16 이급 정규곡선 $X : [a,b] \to \mathbb{R}^n$ 의 한 점 $X(c)$ 에서 접촉원은 점 $X(c)$ 에서 X 의 접촉평면 위에 있고, 곡률중심 C 와 곡률반경 r 은 각각

$$C = X(c) + \frac{\boldsymbol{\kappa}(c)}{\left(\kappa(c)\right)^2}, \quad r = \frac{1}{\kappa(c)}$$

이다.

예제 9.7.17 곡선

$$X(t) = (t\cos t, t\sin t, t)$$

에 대하여 다음에 답하시오.

(1) $t=0$ 인 점에서 접촉평면의 방정식과 기저를 구하시오. (단, 기저의 원소는 서로 수직인 단위벡터로 구한다.)

(2) $t=0$ 인 점에서 곡률중심과 곡률반경을 구하시오.

(3) $t=0$ 인 점에서 접촉원을 매개화하시오.

풀이 (1) 곡선의 속도벡터와 가속도벡터는 각각

$$X'(t) = (\cos t - t\sin t, \sin t + t\cos t, 1),$$
$$X''(t) = (-2\sin t - t\cos t, 2\cos t - t\sin t, 0)$$

이므로

$$X(0) = (0,0,0), \quad X'(0) = (1,0,1), \quad X''(0) = (0,2,0)$$

이고, 따라서 $t=0$ 인 점에서 접촉평면의 방정식은

$$\det\begin{pmatrix} x & y & z \\ 1 & 0 & 1 \\ 0 & 2 & 0 \end{pmatrix} = 0 \quad \Longleftrightarrow \quad x - z = 0$$

이다. 한편 접촉평면은 두 벡터 $X'(0), X''(0)$ 가 이루는 평면이고 $X'(0)\cdot X''(0) = 0$ 이므로

$$\mathbf{u} = \frac{X'(0)}{|X'(0)|} = \frac{1}{\sqrt{2}}(1,0,1), \quad \mathbf{v} = \frac{X''(0)}{|X''(0)|} = (0,1,0)$$

이라 두면 구하는 기저는 $\mathscr{B} = \{\mathbf{u}, \mathbf{v}\}$ 이다.

(2) $t=0$ 인 점에서 곡률벡터는

$$\boldsymbol{\kappa}(0) = \frac{1}{|X'(0)|^2}\left(X''(0) - \frac{X'(0)\cdot X''(0)}{|X'(0)|^2}X'(0)\right) = (0,1,0)$$

이므로

$$\kappa(0) = |\boldsymbol{\kappa}(0)| = 1$$

이고 따라서 곡률중심 C 와 곡률반경 r 은

$$C = X(0) + \frac{\boldsymbol{\kappa}(0)}{\big(\kappa(0)\big)^2} = (0,1,0), \quad r = \frac{1}{\kappa(0)} = 1$$

이다.

(3) 벡터 $\overrightarrow{OC} = (0, 1, 0)$ 만큼 평행이동을 생각하면, 예제 9.7.3 으로부터 접촉원의 매개화는

$$\begin{aligned} Y(t) &= (0, 1, 0) + (\cos t)\mathbf{u} + (\sin t)\mathbf{v} \\ &= \left(\frac{1}{\sqrt{2}} \cos t, 1 + \sin t, \frac{1}{\sqrt{2}} \cos t \right) \quad (0 \le t \le 2\pi) \end{aligned}$$

임을 안다.

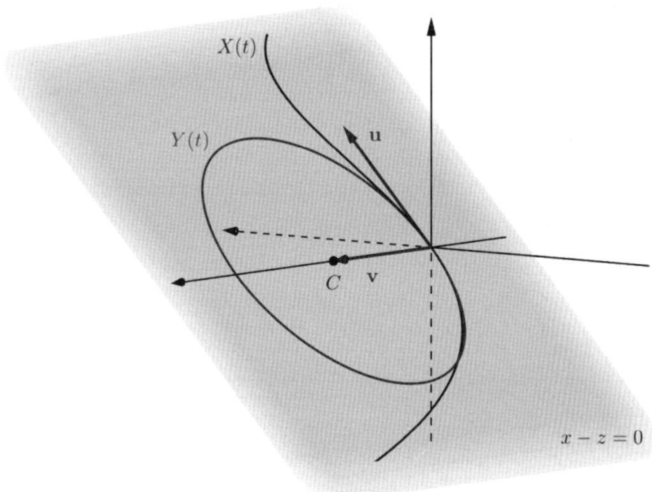

□

9.7.4 평면곡선의 곡률벡터와 곡률중심

정의 9.7.1 을 이용하면 좌표평면 위의 이급 정규곡선

$$X : [a, b] \to \mathbb{R}^2, \quad X(t) = \big(x(t), y(t)\big)$$

의 곡률벡터는

$$\boldsymbol{\kappa} = \frac{1}{|X'|} \left(\frac{X'}{|X'|} \right)' = \frac{x'y'' - x''y'}{\big((x')^2 + (y')^2\big)^2} (-y', x') = \frac{\det(X', X'')}{|X'|^4} (-y', x')$$

임을 안다.

예제 9.7.18 곡선 $X(t) = (t^2, e^{3t})$ 의 곡률벡터를 구하시오.

풀이 곡선 X 의 속도벡터와 가속도벡터는 각각

$$X'(t) = (2t, 3e^{3t}), \quad X''(t) = (2, 9e^{3t})$$

이므로 곡률벡터는

$$\begin{aligned}\boldsymbol{\kappa}(t) &= \frac{\det\big(X'(t), X''(t)\big)}{|X'(t)|^4}\big(-y'(t), x'(t)\big) \\ &= \frac{1}{(4t^2+9e^{6t})^2}\det\begin{pmatrix} 2t & 2 \\ 3e^{3t} & 9e^{3t}\end{pmatrix}(-3e^{3t}, 2t) \\ &= \frac{(18t-6)e^{3t}}{(4t^2+9e^{6t})^2}(-3e^{3t}, 2t)\end{aligned}$$

이다. □

정리 9.7.5 와 정리 9.7.16 을 이용하면 매개화된 평면곡선의 곡률중심은 성분함수를 이용하여 다음과 같이 표현할 수 있다.

정리 9.7.19 이급 정규곡선

$$X : [a, b] \to \mathbb{R}^2, \quad X(t) = \big(x(t), y(t)\big)$$

의 한 점 $X(c)$ 에서 곡률중심 C 는

$$\begin{aligned}C &= X(c) + \frac{|X'(c)|^2}{\det\big(X'(c), X''(c)\big)}\big(-y'(c), x'(c)\big) \\ &= \big(x(c), y(c)\big) + \frac{\big(x'(c)\big)^2 + \big(y'(c)\big)^2}{x'(c)y''(c) - x''(c)y'(c)}\big(-y'(c), x'(c)\big)\end{aligned}$$

이다.

예제 9.7.20 사이클로이드

$$X(t) = (t - \sin t, 1 - \cos t)$$

위의 점 $(\pi, 2)$ 에서 곡률중심을 구하시오.

풀이 곡선 X 의 속도벡터와 가속도벡터는 각각

$$X'(t) = (1 - \cos t, \sin t), \quad X''(t) = (\sin t, \cos t)$$

이므로

$$X(\pi) = (\pi, 2), \quad X'(\pi) = (2, 0), \quad X''(\pi) = (0, -1), \quad |X'(\pi)| = 2$$

이다. 따라서 점 $(\pi, 2)$ 에서 곡률중심 C 는

$$\begin{aligned} C &= X(\pi) + \frac{|X'(\pi)|^2}{\det\big(X'(\pi), X''(\pi)\big)}\big(-y'(\pi), x'(\pi)\big) \\ &= (\pi, 2) + \frac{4}{\det\begin{pmatrix} 2 & 0 \\ 0 & -1 \end{pmatrix}}(0, 2) \\ &= (\pi, -2) \end{aligned}$$

이다. □

참고문헌

[1] 김홍종, 미적분학 1 (제3개정판), 서울대학교출판문화원, 2023

[2] 김홍종, 미적분학 2 (제3개정판), 서울대학교출판문화원, 2023

[3] 이인석, 선형대수와 군 (개정판), 서울대학교출판문화원, 2015

[4] 김성기, 김도한, 계승혁, 해석개론 (제2개정판), 서울대학교출판문화원, 2011

[5] 김성기, 김홍종, 계승혁, 다변수해석학, 경문사, 1997

[6] James Stewart, Daniel K. Clegg, Saleem Watson, *Calculus* (9th Edition), Cengage Learning, 2020

[7] Joel R. Hass, Christopher D. Heil, Maurice D. Weir, *Thomas' Calculus* (14th Edition), Pearson, 2017

[8] Jerrold E. Marsden, Anthony Tromba, *Vector Calculus* (6th Edition), W. H. Freeman and Company Publishers, 2011

[9] Michael Spivak, *Calculus on Manifolds*, CRC Press, 1965

[10] Stephen H. Friedberg, Arnold J. Insel, Lawrence E. Spence, *Linear Algebra* (4th Edition), Pearson, 2003

[11] Manfredo P. do Carmo, *Differential Geometry of Curves and Surfaces: Revised and Updated Second Edition*, Dover Publications, 2016

[12] William E. Boyce, Richard C. DiPrima, Douglas B. Meade, *Elementary Differential Equations and Boundary Value Problems* (11th Edition), Wiley, 2017

[13] C. Pozrikidis, *The Fractional Laplacian*, CRC Press, 2016

[14] Lawrence C. Evans, *Partial Differential Equations* (2nd Edition), American Mathematical Society, 2010

찾아보기

(i, j)항, 190
i번째 행, 189

j번째 열, 190

Little-o 표기법, 104

n-공간, 125
n-치환, 218
n급 함수, 92
n차원 좌표공간, 125

p-급수, 22, 37

가속도벡터, 272
가속력, 272
가역 함수, 77
가역행렬, 213, 228, 235
감소수열, 10
거듭제곱근 극한, 24
거듭제곱근 판정법, 24
거듭제곱급수, 51
거듭제곱급수의 기본정리, 56
거리공간, 129
거리함수, 129
계승함수, 97
곡률, 313
곡률반경, 316, 323
곡률벡터, 313
곡률중심, 323
곡선의 매개화, 259
곡선의 중심, 307
곡선의 질량, 310
곡선의 질량중심, 310
교대급수, 42
교대급수 판정법, 44
구면좌표계, 145
극점, 133
극좌표, 133
극좌표계, 133
극축, 133
극한, 5
극한비교 판정법, 20
근사다항식, 107, 119
급수, 13
급수해, 87
기저, 183
기하급수, 56
기하학적 중심, 177

나란히꼴, 236
내적, 158

단위벡터, 156
단위속력곡선, 283
단위행렬, 192
단조 수렴 정리, 10
단조수열, 10
대각성분, 196
대각합, 223
대각행렬, 196, 225
동향 재매개화, 286
등비급수, 24

라이프니츠 정리, 2
라플라스 전개, 227
로피탈의 정리, 93

무한급 함수, 92
미분가능 곡선, 262
미분가능성 계층, 91
미분방정식, 87
미분방정식의 해, 87
미적분학의 기본정리, 37

방향, 172
방향각, 162
방향벡터, 172
방향코사인, 162
방향코사인 벡터, 162
법선벡터, 170
베르누이 수, 65
벡터, 151
벡터곱, 247
벡터공간, 155
벡터의 상수배, 153
벡터의 크기, 152
벡터의 합, 152
부분공간, 182
부분합수열, 13
부호, 220
비교 판정법, 16
비율 판정법, 31

삼각부등식, 169
삼각행렬, 225
상계, 8
상극한, 9
상미분방정식, 87
상삼각행렬, 225
상한, 8
선적분, 303
선형대수학의 기본정리, 203
선형사상, 199
선형성, 199
소행렬, 226
소행렬식, 226
속도벡터, 262, 263
속력, 263
수렴, 5
수렴반경, 53
수반행렬, 227
수열, 5
순환치환, 219
스칼라 삼중곱, 253
시점, 151
신발끈 공식, 238
쌍곡선, 139
쌍곡함수, 71

아래로 유계, 7, 8
여인자, 227
역사인 함수, 78
역삼각함수, 78

역쌍곡함수, 84
역원, 155
역치환, 218
역코사인 함수, 80
역탄젠트 함수, 81
역함수 정리, 77
역행렬, 213
역향 재매개화, 286
역향곡선, 286
연속, 200
연쇄법칙, 283
열벡터, 190
영벡터, 152
영행렬, 190
오일러 수, 65
원기둥좌표계, 145
원뿔곡선, 140
위로 유계, 7, 8
위치벡터, 153
위치벡터의 성분, 153
유계, 7, 8
유계수열, 7
유향선분, 151
이심률, 140
이항급수, 63
일반항 판정법, 14
일차결합, 180
일차독립, 180, 234
일차종속, 180

재매개 함수, 283
재매개화, 283
적분 판정법, 37
전곡률, 319
전치행렬, 192
절대수렴, 45
접벡터, 263
접촉원, 314, 323
접촉평면, 275
정규곡선, 268
정방행렬, 192
정사각행렬, 192
정사영, 165
조건수렴, 45
조화급수, 20
종점, 151
좌표, 187
준선, 140
증가수열, 10
직선, 172
직선의 방정식, 172
질량중심, 177

차원, 178, 186
초등함수, 1
초점, 140
초평면, 170
초평면의 방정식, 170
치환, 218

케일리-해밀턴 정리, 193, 223
코시-슈바르츠 부등식, 168
코시 응집 판정법, 21

타원, 139
테일러 급수, 117, 122
테일러 나머지항, 112, 121
테일러 정리, 112, 121
특이적분, 36

편미분방정식, 87

평행사변형, 167
평행체, 236
포물선, 139
표준단위벡터, 156

하계, 8
하극한, 9
하삼각행렬, 225
하한, 8
함수공간, 91
함수의 평균값, 306
항등원, 155, 191, 192
항등치환, 218
항등행렬, 192
해석함수, 92
행렬, 189
행렬식, 220
행벡터, 189
호환, 219
확장된 실수, 93
회전변환, 204